国家"十二五"规划重点图书
中国地质调查局
青藏高原1：25万区域地质调查成果系列

中华人民共和国

区域地质调查报告

比例尺 1:250 000

土则岗日幅

(I44C002003)

项目名称： 西藏1:25万土则岗日幅区域地质调查
项目编号： 200313000011
项目负责： 魏荣珠 魏云峰
图幅负责： 魏荣珠 魏云峰
报告编写： 魏荣珠 魏云峰 董挨管 杨五宝 柴金钟
张宏伟 王 权 王致山 武俊高 段春森
杨月生 田志勇 吴仲华 潘永胜
编写单位： 山西省地质调查院
单位负责： 李德胜(院长、总工程师)

中国地质大学出版社
ZHONGGUO DIZHI DAXUE CHUBANSHE

内容简介

西藏 1∶25 万 I44C002003(土则岗日幅)区域地质调查报告共分为七章。其中第一章简要说明调查任务和调查区自然地理背景概况。第二章利用板块结合带及大断裂进行了地层区的划分，建立了完整的地层系统。第三章对图幅内各类岩浆岩地质特征、岩石化学特征、时代及大地构造背景等进行了详细研究，为重塑本区古特提斯洋的演化提供了依据。第四章对区内不同地质单元内各类变质岩石特征进行了系统总结研究。第五章确定了土则岗日构造带为龙木错-双湖结合带的西延，是北羌塘地块和南羌塘地块的分界断裂，基本查明了构造带特征及构造属性。第六章专项地质调查，新发现各类矿(化)点两处，并对区内不同种类动物的分布、活动范围及数量进行了初步的统计，收集了丰富的第一手资料。

图书在版编目(CIP)数据

中华人民共和国区域地质调查报告 · 土则岗日幅(I44C002003):比例尺 1∶250 000/魏荣珠，魏云峰等著.
—武汉:中国地质大学出版社，2013.06

ISBN 978-7-5625-2975-0

Ⅰ. ①中…
Ⅱ. ①魏…②魏…
Ⅲ. ①区域地质-地质调查-调查报告-中国②区域地质-地质调查-调查报告-西藏
Ⅳ. ①P562

中国版本图书馆 CIP 数据核字(2012)第 235868 号

中华人民共和国区域地质调查报告
土则岗日幅(I44C002003)　比例尺 1∶250 000　　魏荣珠　魏云峰　等著

责任编辑:王　荣　刘桂涛　　责任校对:张咏梅

出版发行:中国地质大学出版社(武汉市洪山区鲁磨路 388 号)　　邮政编码:430074
电　话:(027)67883511　　传　真:(027)67883580　　E-mail:cbb@cug.edu.cn
经　销:全国新华书店　　http://www.cugp.cug.edu.cn

开本:880 毫米×1 230 毫米 1/16　　字数:368 千字　印张:10.75　图版:14　附图:1
版次:2013 年 6 月第 1 版　　印次:2013 年 6 月第 1 次印刷
印刷:武汉中远印务有限公司　　印数:1—1 500 册

ISBN 978-7-5625-2975-0　　定价:460.00 元

前　言

青藏高原包括西藏自治区、青海省及新疆维吾尔自治区南部、甘肃省南部、四川省西部和云南省西北部，面积达 260 万 km^2，是我国藏民族聚居地区，平均海拔 4 500m 以上，被誉为“地球第三极”。青藏高原是全球最年轻、最高的高原，记录着地球演化最新历史，是研究岩石圈形成演化过程和动力学的理想区域，是“打开地球动力学大门的金钥匙”。

青藏高原蕴藏着丰富的矿产资源，是我国重要的资源后备基地。青藏高原是地球表面的一道天然屏障，影响着中国乃至全球的气候变化。青藏高原也是我国主要大江大河和一些重要国际河流的发源地，孕育着中华民族的繁生和发展。开展青藏高原地质调查与研究，对于推动地球科学研究、保障我国资源战略储备、促进边疆经济发展、维护民族团结、巩固国防建设具有非常重要的现实意义和深远的历史意义。

1999 年国家启动了“新一轮国土资源大调查”专项，按照温家宝总理“新一轮国土资源大调查要围绕填补和更新一批基础地质图件”的指示精神，中国地质调查局组织开展了青藏高原空白区 1∶25 万区域地质调查攻坚战，历时 6 年多，投入 3 亿多，调集 25 个来自全国省（自治区）地质调查院、研究所、大专院校等单位组成的精干区域地质调查队伍。每年近千名地质工作者，奋战在世界屋脊，徒步遍及雪域高原，实测完成了全部空白区 158 万 km^2 共 112 个图幅的区域地质调查工作，实现了我国陆域中比例尺区域地质调查的全面覆盖，在中国地质工作历史上树立了新的丰碑。

西藏 1∶25 万 I44C002003（土则岗日幅）区域地质调查项目，由山西省地质调查院承担，工作区位于藏北羌塘高原腹地。目的是参照造山带填图的新方法，充分利用遥感等新技术手段，以区域构造调查与研究为先导，合理划分调查区的构造单元，对调查区不同地质单元、不同构造-地层单位采用不同的填图方法进行全面的区域地质调查。最终通过对沉积建造、变质变形、岩浆作用的综合分析，反演区域地质演化史，建立构造模式。本着图幅带专题的原则，在区域地质调查的基础上，探讨青藏高原环境变化趋势和隆升过程。进行新生代岩浆活动、新构造活动和第四纪地质的调查研究，对调查区具有代表性的各种沉积物的时空分布、古地理、古气候和古生态环境进行调查研究，探讨青藏高原环境变化趋势和隆升过程及其对成矿条件的影响；采用有效的技术方法和方法组合，注意对生态环境、旅游资源、矿产资源和灾害地质的调查研究。

I44C002003（土则岗日幅）地质调查工作时间为 2003—2005 年，累计完成地质填图面积为 15 450km^2，实测剖面 48.2km，地质路线 2 196.4km，采集种类样品 1 149 件，全面完成了设计工作量。主要成果有：①在泥盆纪地层中采集到珊瑚、腕足类和腹足类等古生物化石，共计 56 属 69 种；在展金组灰岩中获得下-中二叠统化石，其中单通道䗴属冷水型动物群；在原泥盆系雅西尔群和拉竹龙组中，采获腹足类、双壳类化石，共 15 属 21 种，时代为早三叠世，沉积环境为浅海，新建下三叠统万泉河群；在侏罗系中采集到腕足类、双壳类化石，共 8 属 13 种，时代均为中侏罗世。②确定了土则岗日构造带为龙木错-双湖-查吾拉结合带的西延，为北羌塘地块和南羌塘地块的分界，为探讨、恢复该区的构造演化历史提供了重要依据。

2006 年 4 月，中国地质调查局组织专家对项目进行最终成果验收。专家组成员由潘桂棠、王立全、杜子图、谭富文、于庆文、胡世华、尹福光、陈智梁、李荣社、王尚彦、秦德厚、曹德斌、雍永源、王大可组成。评审认为：成果报告资料齐全，工作量达到（或超过）设计规定，技术手段、方法、测试样品质量符合有关规范、规定。报告章节齐备，论述有据，在地层、古生物、岩石和构造等方面取得了较突出的进展和重要成果，反映了测区地质构造特征和现有研究程度，经评审委员会认真评议，一致建议项目报告通过评审，土则岗日幅成果报告被评为优秀级。

参加报告编写的主要有魏荣珠、董挨管、魏云峰、王权、王致山、武俊高、段春森、杨月生、田志勇、柴金钟、张宏伟、杨五宝、吴仲华、潘永胜，由魏荣珠、魏云峰编纂定稿。

先后参加野外工作的还有续世朝、王根根、康元顺、张作功、郭建忠、杨晋锋、刘文明、潘建国、魏海伟、续子超。在整个项目实施和报告编写过程中，得益于许多单位和领导的大力协助、支持，尤其要感谢的是中国地质调查局、西安地质矿产研究所、乌鲁木齐工作总站、拉萨工作总站、成都地质矿产研究所、新疆维吾尔自治区第一区调大队、贵州省地质调查院、陕西省地质调查院；始终得到了潘桂棠、夏代祥、王大可、王立全、刘鸿飞、王全海、武胜、李德胜、续世朝等多方指导和帮助，地质报告排版工作由王延威完成，地质图和报告插图计算机清绘由贺文莲、吕建萍、李嫣、杜艳伟等同志完成。

为了充分发挥青藏高原1∶25万区域地质调查成果的作用，全面向社会提供使用，中国地质调查局组织开展了青藏高原1∶25万地质图的公开出版工作，由中国地质调查局成都地质调查中心组织承担图幅调查工作的相关单位共同完成。出版编辑工作得到了国家测绘局孔金辉、翟义青及陈克强、王保良等一批专家的指导和帮助，在此表示诚挚的谢意。

鉴于本次区调成果出版工作时间紧、参加单位较多、项目组织协调任务重以及工作经验和水平所限，成果出版中可能存在不足与疏漏之处，敬请读者批评指正。

“青藏高原1∶25万区调成果总结”项目组

2010年9月

目　　录

第一章　绪　　论

西藏1∶25万土则岗日幅(I44C002003)、托和平错幅(I44C002004)区域地质调查项目，是中国地质调查局下达、成都地质矿产研究所实施的青藏高原南部空白区基础地质调查与研究项目。任务书说明如下。

工作内容编号：200313000011

任务书编号：中地调基[2003]002－09

工作内容名称：西藏1∶25万土则岗日幅(I44C002003)、托和平错幅(I44C002004)区域地质调查

工作性质：基础地质调查

工作年限：2003年1月—2005年12月

承担单位：山西省地质调查院

填图面积：30 900km^2

经费概算：总经费概算为520万元

所属实施项目：青藏高原南部空白区基础地质调查与研究

第一节　目的与任务

中国地质调查局编号为基[2003]002－09地质调查工作任务书中规定的总体目标任务是：按照《1∶25万区域地质调查技术要求(暂行)》、《青藏高原艰苦地区1∶25万区域地质调查技术要求(暂行)》及其他有关规范、指南，参照造山带填图的新方法，充分利用遥感等新技术手段，以区域构造调查与研究为先导，合理划分调查区的构造单元，对调查区不同地质单元、不同构造-地层单位采用不同的填图方法进行全面的区域地质调查。最终通过对沉积建造、变质变形、岩浆作用的综合分析，反演区域地质演化史，建立构造模式。

本着图幅带专题的原则，在区域地质调查的基础上，探讨青藏高原环境变化趋势和隆升过程。进行新生代岩浆活动、新构造活动和第四纪地质的调查研究，对调查区具有代表性的各种沉积物的时空分布、古地理、古气候和古生态环境进行调查研究，探讨青藏高原环境变化趋势和隆升过程及其对成矿条件的影响；采用有效的技术方法和方法组合，注意对生态环境、旅游资源、矿产资源和灾害地质的调查研究。

任务书要求于2005年12月提交最终成果，内容包括提交印刷地质图件及报告、专题报告，同时提交以ARC/INFO、MAPGIS图层格式的数据光盘及图幅与图层描述数据、报告文字数据各一套。

第二节　位置、交通

1∶25万土则岗日幅位于西藏自治区北部，行政区划属西藏自治区阿里地区日土县、改则县管辖。地理坐标：东经81°00′—82°30′，北纬34°00′—35°00′。

区内居民点寥寥无几，为藏北典型的高原荒漠区，交通极为不便。调查区北部有一简易道路(俗称测绘路)，向西约120km与新藏公路(国道219线)相连，测区中部的一条简易道路(俗称牧民路)向南约

300km 可到达日土-改则县级公路(图 1-1)。

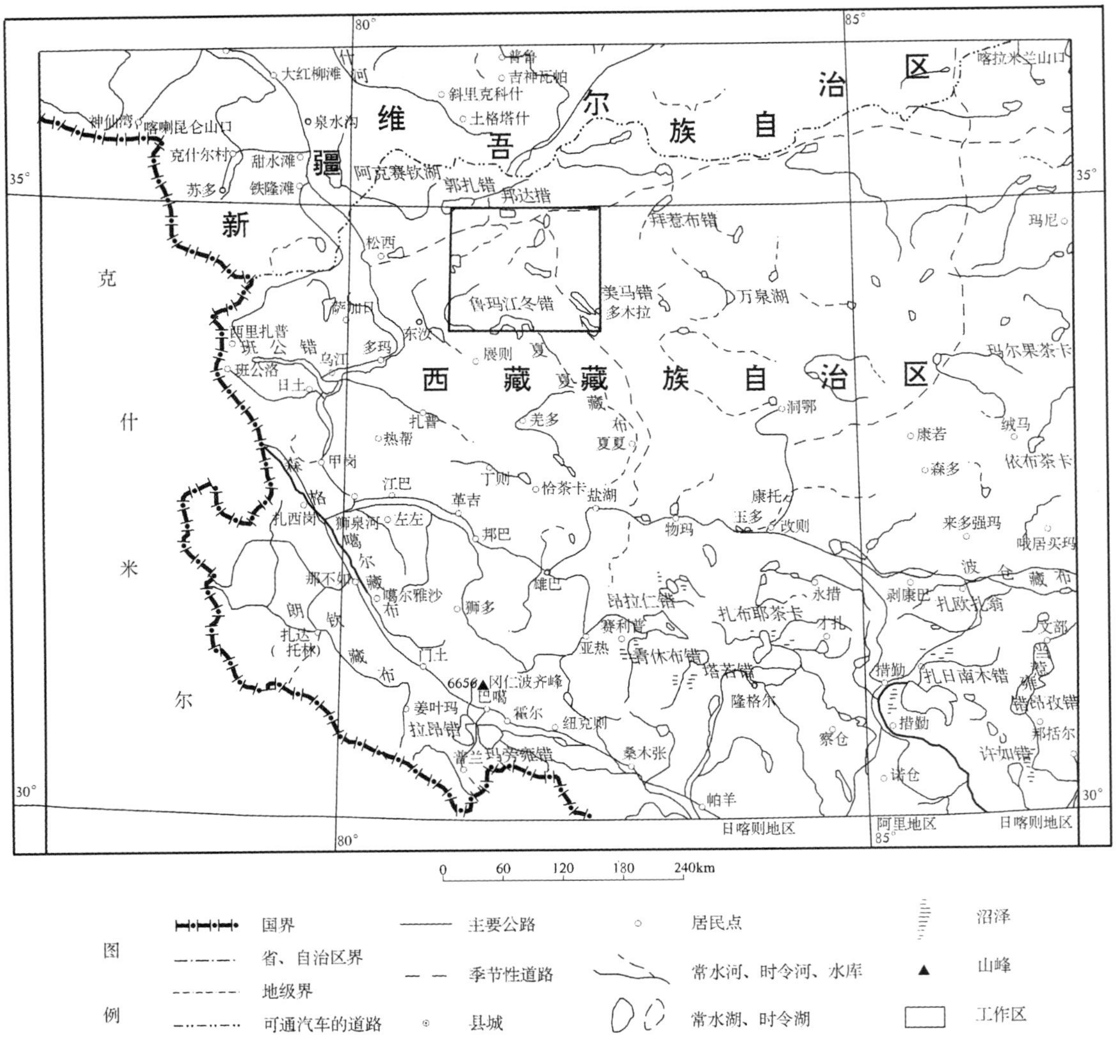

图 1-1　调查区交通位置图

此外,区内有少量可通行汽车的山路,但终年少有人行。所有道路路况极差,均属季节性道路,一般 4—6 月份、9—10 月份汽车可以通行,但逢雨季及大雪封山时难以通行。在出入工作区、野外作业和物资补充过程中,陷车事故时有发生,给工作造成巨大困难。

第三节　自然地理、经济概况

调查区地处藏北羌塘高原北部,依中国自然地理区划,属山地宽谷湖盆高寒荒漠区。

区内自然地理环境极为恶劣,戈壁广布、植被稀疏、高寒缺氧、湖水苦涩。海拔高度一般为 4 900～5 400m,有 5 处高于 6 200m 的终年积雪区,面积约 500km^2,雪线一般为 5 900m 左右,雪盖区发育有典型的冰斗、冰舌等山岳冰川地貌。最高处为阿鲁岗日山峰,海拔 6 444m,最低点位于调查区南部边缘鲁玛江冬错,湖面海拔 4 810m,相对高差 1 634m。

区内湖泊星罗棋布,有数十个,面积较大的有 25 个。湖面海拔最高的为月牙湖,为 5 110m;湖面海拔最低的为鲁玛江冬错,为 4 810m。湖泊周围多发育阶地,一般有五级以上,邦达错四周在平缓的湖岸线上，有30多道退缩的湖蚀线，最高湖蚀阶地高出湖面150m，表现出本区湖泊在新生代以来所发生的强烈抬升和退缩作用。区内河流均为内陆水系，流水汇入各个湖泊中，多数为间歇性河，有开阔的河漫滩，一般5～15km，下蚀能力较弱，构成山间平坦宽阔的滩荒漠地形。

调查区属大陆性气候，为高原亚寒干旱季风气候区。6—9月天气多云或阴，雨雪频繁，夜雨率较高，属湿季；10月至次年5月天气晴朗、少雨雪，空气干燥，风力强，属于干季。年降水量189mm，风力一般为3～4级，最大可达7～8级，6—8月昼夜平均温差为25℃左右，夜间多在−8℃以下。日照充足，太阳辐射强，总辐射值高达58～670kJ/(cm^2·a)，其中直接辐射70%～80%，散射辐射相对较少。辐射平衡值则为16～250kJ/(cm^2·a)。恶劣的自然条件除高寒、缺氧、低气压等特点外，还有雷、雹、雪、风等自然灾害。

调查区恶劣的自然地理条件决定了利于开展野外调查的有效工作时间很短，一般为5月初至6月中下旬，其他时间内由于大雪封山、气候寒冷或地表解冻、沼泽湿地陷车等原因而难以开展工作。在5月初至6月中下旬的这段时间内虽降雪也较频繁，气温一般为−10～10℃左右，人员基本能够适应，同时地表基本没有解冻，大部分地段车辆可以通行，较适宜于野外工作的开展。

调查区自然条件均极恶劣，绝大部分地区人迹未至，普遍缺氧40%～60%，仅沿河边和湖滨生长稀疏的高原植物，区内有广阔的牧场，经济以牧业为主，主要饲养牦牛、犏牛、马、绵羊、山羊等。调查区属藏北羌塘自然保护区，南部阿鲁错一带为保护区之核心地带。区内发育稀疏的高原植被，主要野生动物有野牦牛、野驴、黄羊、藏羚羊、狗熊、狼、猞猁、草狐、旱獭、雪鸡、黄白鸭等。矿产资源主要有砂金、铜、天然碱、食盐、钾盐、石膏等。此外，风能和太阳能可满足小型发电机工作。

第四节 研究程度概况

一、地质调查历史及其主要进展

调查区地质研究程度极低。19世纪后期至20世纪50年代虽有一些中外学者进行过路线地质调查，但资料零星分散，成果意义不大，不便利用。有参考价值的地质成果完成于近50年，特别是20世纪80年代完成的1：100万日土幅区域地质调查与其他专项地质调查工作(表1-1、图1-2)，以及2000—2004年刚刚完成的北部邻幅伯力克幅和西部邻幅松西幅1：25万区域地质调查工作，为本次区域地质调查打下了良好的基础。

1.20世纪50年代以前的科学考察阶段

自1888—1890年波格丹诺维奇(Bogdanovich K L)首次踏进青藏高原北部以后，一些西方学者相继深入藏北地区，以地理考察为目的，收集了大量资料。

表1-1 测区及相邻地区地质调查历史简表

工作时间(年)	调查单位或作者	工作性质	主要成果	出版单位及时间
1972	新疆地质局区域地质测量大队	矿产	新疆于田县以南昆仑山矿产调查报告	内部资料
1973—1992	苏珍等	专著	昆仑山-喀喇昆仑山地区冰川与环境	科学出版社，1998
1973—1992	邓万明	专著	青藏高原北部新生代板内火山岩	地质出版社，1998
1980—1986	杨遵仪、聂泽同等	科学考察	西藏阿里古生物	中国地质大学出版社，1990

续表 1-1

工作时间(年)	调查单位或作者	工作性质	主要成果	出版单位及时间
1980—1988	成都地质矿产研究所	科研项目	“青藏高原形成、演化及主要矿产分布规律”科研项目系列地质报告和图件	地质出版社,1999 等
1982—1987	西藏自治区地质矿产局	综合研究	西藏自治区区域地质志	地质出版社,1993
1986—1988	孙鸿烈等	综合	昆仑山-喀喇昆仑山地区综合科学考察	科学出版社,2000
1987—1992	中国科学院青藏高原综合科学考察队	科研项目	青藏高原喀喇昆仑山-昆仑山地区科学考察丛书	科学出版社,1998,1999,2000
1988	成都地质矿产研究所	科研项目	青藏高原及邻区地质图	地质出版社,1988
1987—1989	文世宜等	专著	喀喇昆仑山-昆仑山地区古生物	科学出版社,1998
1994	程裕淇	专著	中国区域地质概论	地质出版社,1994
1993—1998	赵政璋等	专著	青藏高原大地构造特征及盆地演化	科学出版社,2001
1993—1996	尹集祥	专著	青藏高原及邻区冈瓦纳相地层地质学	地质出版社,1997
1992—1995	西藏自治区地质矿产局夏代祥等	综合研究	西藏自治区岩石地层	中国地质大学出版社,1997
1998—2000	中国国土资源航空物探遥感中心熊盛青等	航磁概查	青藏高原中西部航磁调查	地质出版社,2001
2002	中国地质调查局古生物研究中心	综合研究	中国各系多重地层划分对比表及说明书(西部地区)	地质出版社,2004
2004	中国地质调查局成都地质矿产研究所	编图	1∶150 万青藏高原及邻区地质图	成都地图出版社,2004

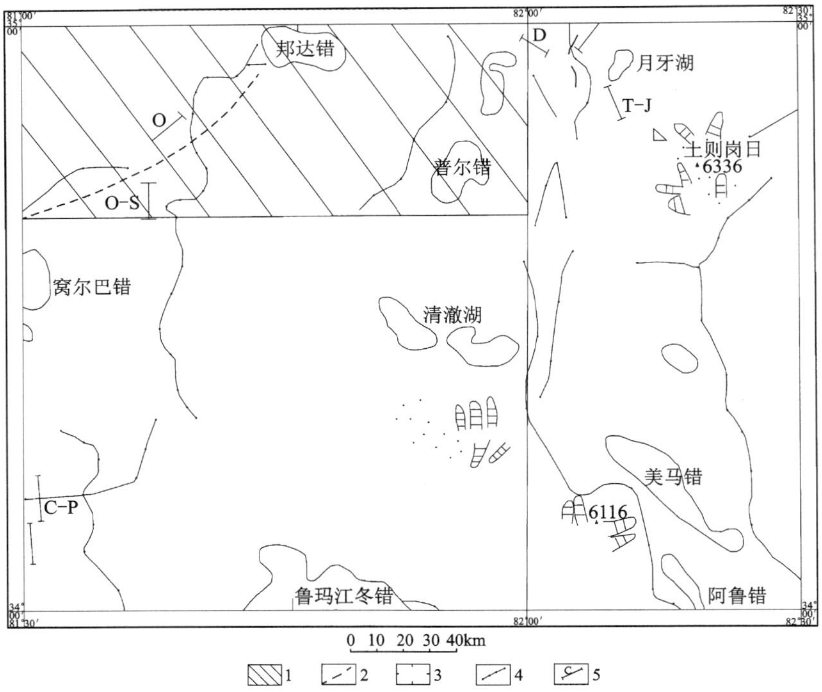

图 1-2　调查区地质研究程度图

1. 新疆区调大队 1∶100 万调查区;2. 中科院青藏高原综合考察队路线;3. 日土幅 1∶100 万区域地质矿产调查范围;4. 日土幅地质调查路线及观察点;5. 日土幅实测地层剖面及地层代号

瑞典地理学家斯文·赫定(Sven Hedin)于1895—1908年三次进入羌塘高原西部，主要进行地理考察，采集了大量标本，对考察区地理、地质、人文诸多方面有大量珍贵的发现和记载，出版了考察报告，有关资料发表于《中央亚细亚》一书。

1946年，诺林(Erik Norin)由新疆进入西藏，考察了昆仑山南缘及部分喀喇昆仑山区，报道了一些地质地理概况，记述了昆仑山南缘的几个火山群，建立了窝尔巴错系。

这一阶段的考察对于科学地认识青藏高原的自然特征积累了一定的基础资料。

2. 20世纪50年代至80年代中期地质调查阶段

1972年新疆地质局区域地质测量大队完成了《新疆于田县以南昆仑山地质矿产调查报告》(1∶100万)，工作范围：东经81°00′—82°00′，北纬34°40′—35°00′，包括了土则岗日幅西北部。报告系统总结了该区的地层、火山岩、构造和矿产，认为区域构造属于克里雅“弧形”构造，弧顶处应力集中，裂隙发育，动力变质显著，影响地壳深度大，火山群密集，岩浆岩分布广，矿化线索较多。

1976年中国科学院青藏高原综合科学考察队曾进入区内拉竹龙一带工作，获得了丰富的地质资料，特别是在古生物研究方面有重大进展，建立了调查区北西部喀喇昆仑地层区古生界地层系统，先后发表许多专著和论文。

1980—1987年，西藏自治区地质矿产局区域地质调查大队完成了1∶100万日土幅区域地质矿产调查工作，这是调查区内迄今最为全面系统的基础资料。主要地质成果为：初步建立了区域地层系统；确定了岩浆岩的时代和期次，对岩石成分、空间分布规律及其与构造的成因联系进行了分析；用传统构造分析法和地质力学分析法对区域地质构造特征进行了讨论，划分了构造带和构造体系；发现并踏勘矿产地102处。1980—1988年，中国地质矿产部高原地质研究所对青藏高原全区进行了地质矿产资料的全面研究，有22项研究报告和图件，包括《1∶150万青藏高原及邻区地质图及说明书》、《青藏高原大地构造与形成演化》(附1∶400万大地构造图)、《青藏高原构造体系》(附1∶250万构造体系图)、《西藏古生代地层及古生物》、《西藏特提斯沉积地质》、《西藏阿里地区地质》、《青藏高原三叠系》、《青藏高原盐湖及钾、硼、锂成盐环境》、《藏北地质构造与铬铁矿分布规律》、《昆仑开合构造》、《青藏高原新生代构造演化》、《青藏高原第四纪地质与环境》、《青藏高原遥感资料综合研究》和《西藏花岗岩类地球化学及成矿》等。其主要进展和成果是：补充和建立了昆仑山及其以南的地层系统，在地层划分和古生物研究方面有较大突破；对全区构造体系和分区构造、主要断裂带、地球物理场及高原地质发展与抬升进行了研究；编制了系列图件，提高了青藏高原的地质研究程度。

3. 20世纪80年代中期以来的新进展

1987—1992年中国科学院青藏高原综合科学考察队考察了青藏高原西北部的喀喇昆仑山和昆仑山地区，该项研究成果丰富，主要成果反映在《青藏高原喀喇昆仑山-昆仑山地区科学考察丛书》中，包括《喀喇昆仑山-昆仑山地区古生物》、《喀喇昆仑山-昆仑山地区地质演化》、《喀喇昆仑山-昆仑山地区晚新生代以来的环境变迁》、《喀喇昆仑山-昆仑山地区冰川与环境》、《喀喇昆仑山-昆仑山地区自然地理》等专著，为本次工作提供了地质、地理和古生物等方面非常宝贵的实际资料和研究思路。

1993年出版的《西藏自治区区域地质志》运用板块构造理论对西藏大地构造的时空结构特点和浅层地壳结构进行了论证，统一了西藏综合地层区划，调查区涉及其中羌塘-昌都地层区的羌南地层分区、羌北地层分区和喀喇昆仑地层分区。

1992—1995年，西藏自治区地质矿产局完成了全国地层多重划分对比研究项目，并出版了《西藏自治区岩石地层》，该成果运用现代地层学新理论、新方法，进行了岩石地层划分，建立了岩石地层序列。调查区分属华南地层大区羌北-昌都-思茅地层区赤布张错地层分区和藏滇地层大区羌南-保山区多玛地层分区，二者以龙木错-查桑-澜沧江断裂带为界。

1993—1997年中国石油天然气公司完成了“青藏高原石油地质综合评价与勘探目标研究”项目，下设四个专题，着重研究了羌塘及邻区的大地构造和盆地演化。

1998—2000 年，中国国土资源航空物探遥感中心对青藏高原中西部进行了 1∶100 万航磁概查工作，编制了 1∶100 万航空磁测 ΔT 平面图、剖面图，此项工作覆盖了调查区。通过对航磁资料的综合分析，对青藏高原基底和缝合带性质、断裂构造格架、构造单元划分等重大问题以及成矿地质条件等，取得了新的研究成果，对高原地质研究和矿产资源及地质环境评价，都具有重要参考价值。

《中国各系多重地层划分对比表及说明书》以霍尔巴错-西亚尔岗结合带为界，认为以南发育冈瓦纳相冰碛沉积物和冷水动物群，北为暖水动物群分布区，测区分属滇藏地层大区南羌塘地层分区和北羌塘-昌都-临沧思茅地层大区北羌塘地层区。

2000—2004 年，中国地质调查局组织了新一轮国土资源大调查，在调查区北部和西部先后完成了 1∶25万伯力克幅和松西幅区域地质调查工作，在构造地层分区以及地层、构造、岩浆岩、变质岩和矿产等方面均取得了重大发现和进展，为本次工作奠定了良好的基础。

上述成果为本次开展 1∶25 万区域地质调查提供了重要的基础地质资料。

二、地质研究程度

调查区及相邻地区的地质调查历史表明，有代表性的地质工作可分为综合性科学研究和基础性区域地质调查工作。

综合性科学研究主要是 20 世纪 80 年代以来进行的，工作范围广，涉及到多种学科。调查区及相邻地区有数条考察路线，包括古生物、自然地理环境和构造单元划分等方面的研究，在调查区内拉竹龙、普尔错、月牙湖和双点达坂等地进行了剖面测制和化石采集工作（文世宣等，1998），在双点达坂一带的泥盆系—石炭系中，均采集到有孔虫化石，共 38 属 83 种；在上泥盆统中采集到珊瑚化石 3 属 3 种；在下石炭统下部采集到珊瑚化石 9 属 15 种；在下石炭统上部采集到珊瑚化石 10 属 12 种；在上石炭统采集到珊瑚化石 7 属 7 种。将该区地层自下而上划分为下泥盆统红山达坂组、中泥盆统雅西尔组、上泥盆统拉竹龙组、下石炭统月牙湖组和双陷达坂组、上石炭统恰提尔群，地层划分依据较充分，剖面和化石采集地点明确，是本次工作调查区北部北羌塘地层区地层划分的主要参考资料。

1∶100 万日土幅区调工作是 20 世纪 80 年代完成的，涉及本区的地质路线约 1 000km，实测地质剖面 10 条，对不同的地质体均较系统地采集了各类测试样品。对区内地层、构造、岩浆岩进行了较系统的研究，基本反映了区内构造轮廓和地层展布特征。

日土幅区域地质调查报告在各个地层区内系统地建立了地层序列，部分群、组目前仍在沿用，从奥陶系—侏罗系均有剖面控制，地层划分为传统的年代地层方法，采集到一些化石，地层时代划分依据较充分。

日土幅区调在区内共发现四处面积不大的花岗岩体，获得三个同位素（K－Ar 法）年龄值，分别为 110.48Ma、100.3Ma 和 239.8Ma。除部分岩石化学和同位素年龄等资料外，岩浆演化和侵入期次划分依据尚需补充研究。

该报告以龙木错-拜惹布错深断裂为界将调查区划分为两个一级构造单元，即喀喇昆仑晚海西褶皱系和羌塘地块，其中喀喇昆仑晚海西褶皱系进一步分为林济塘中生代坳陷带和加勒万河-雅西尔隆起带；羌塘地块分为拜惹布错中生代边缘坳陷带和熊彩岗日-让布拉隆起区。

日土幅区调工作中矿产工作较为系统，重点调查了区内第四纪盐类矿产和地热活动区。

第五节　任务完成情况

2003 年项目任务书下达后，山西省地质调查院随即着手组队、资料收集、遥感图像主干路线的初步解译、野外作业物资准备等工作。2003 年，完成了土则岗日幅 8 000km^2 的填图任务，实测剖面 43.057km。当年 12 月提交了项目总体设计，2004 年 1 月在长春通过了总体设计方案的评审，获优秀级（91 分）。

2004 年，完成填图面积 15 900km²，测制剖面 76.2km；2005 年完成填图面积 7 000km²，同时进行了野外检查及补充工作，全面完成了设计工作量。项目完成的实物工作量见表 1-2。

表 1-2　完成主要工作量一览表

项目		单位	设计工作量（两幅联测）	完成工作量（两幅联测）	备注（完成率）	土则岗日幅完成工作量
区域地质矿产调查	1∶25 万填图	km²	30 900	30 900	100%	15 450
	1∶5 万填图（简测）	km²	350	350	100%	150
	实测剖面	km	139.5	119.3	101%	48.2
	主干路线剖面	km		22		
	矿点检查	个	5	5	100%	1
	地质调查路线	km	4 200	4 446.7	106%	2 196.4
遥感解译	遥感地质详细解译（1∶10 万）	km²	30 900	30 900	100%	15 450
各类样品	大古生物样	件	800	1 003（113 个层位）	125%	600
	微古生物样	个	17	4	部分调整为大化石样	0
	岩矿薄片	块	750	823	110%	369
	岩矿光片	块	10	15	150%	8
	硅酸盐样	个	60	取 142 件，实送 101 件	165%	43
	微量元素分析	个	30	57	190%	24
	稀土元素分析	个	30	57	190%	24
	电子探针	点	40	26	65%	14
	人工重砂	个	25	26	104%	10
	化学样	个	15	14	93%	8
	天然重砂	个		5		0
	微金分析	个		33		0
	粒度分析样	个	35	35	100%	22
	碳酸盐分析	个	40	30	75%	10
	U－Pb 同位素	点	32	38	118%	17
	Rb－Sr 同位素	点	16	28	175%	
	K－Ar 同位素	件	3	1	33%	0
	光释光测年	件	12	0	0	

2005 年 7 月，中国地质调查局委托成都地质矿产研究所对项目进行了野外验收，野外地质成果被评为优秀级（90 分）。

2005 年 8—12 月，系统整理原始资料，完善地质图，编写地质报告和专题研究报告。

2006 年 4 月，中国地质调查局对该项目进行了最终成果验收，土则岗日幅被评为优秀级。

第六节　地质调查报告编写说明

区域地质调查报告是在综合分析研究此次调查取得的大量原始资料、各项野外地质成果、测试数据的基础上，并充分吸纳了近年来的专题科研成果和应用了造山带新理论、新方法而编写的。报告共分七章。第一章绪论，概述了项目总体目标任务、工作区位置交通、自然地理、经济概况、以往地质矿产研究评述和任务完成情况等。第二章地层，以年代地层单位为主线，分地层区对各岩石地层单位地层特征、岩石特征进行叙述，并对其沉积环境、构造环境进行分析，对地层时代进行讨论。第三章岩浆岩，第一、第二节分别为基性侵入岩和中酸性侵入岩，按时代从早到晚叙述，对其形成时代及其产出的大地构造环境进行了探讨；第三节为火山岩，重点对石炭系-二叠系霍尔巴错群火山岩进行了详细论述。第四章变质岩，重点对霍尔巴错群中的变质岩石特征进行了总结，利用变质矿物及其共生组合的研究对变质作用进行了探讨，确定了变质相及变质作用类型。第五章地质构造及构造演化史，根据本区所处的大地构造位置进行构造单元的划分，总结了各构造单元的基本特征，在此基础上通过对各构造单元内各类构造形迹特征及其序次详细的分析、研究，总结了各构造单元的地壳演化历史。第六章经济地质与资源，简要地总结了此次工作所发现的各种矿化线索。第七章结语，总结了本次工作所取得的主要地质成果及存在的问题。

第二章　地　　层

通过实地调查，结合遥感解译，在综合不同地区地层发育特点、地质演化历史的基础上，以土则岗日构造带为界，将调查区划分为两个地层区（图 2-1），即北羌塘地层区和南羌塘地层区。其中北羌塘地层区出露有奥陶纪、志留纪、泥盆纪、石炭纪、三叠纪、侏罗纪、白垩纪地层；南羌塘地层区只出露有石炭纪、二叠纪、三叠纪、侏罗纪地层。分布范围较广的是石炭纪至侏罗纪地层，尤其是石炭纪—二叠纪地层出露最为广泛，是调查区的主体部分。据野外地质调查，土则岗日构造带内包括的地层纳入南羌塘地层区内叙述。新生代以后，按《中国地层典》编委会意见：古近系和新近系属青藏滇西区；第四系属西部地层区，青藏高原地层分区。岩石地层单位划分方案见表 2-1。

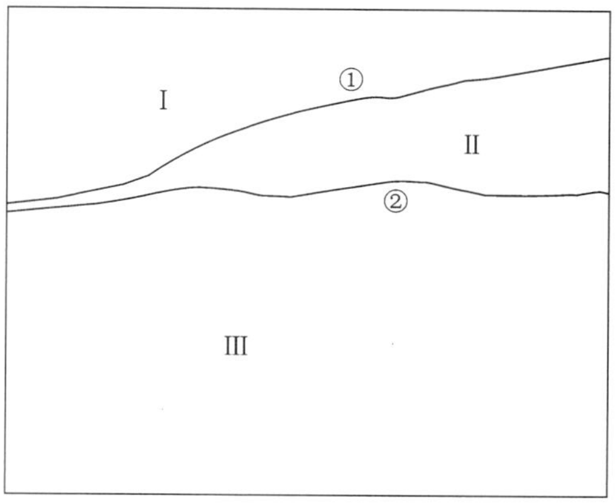

图 2-1　地层分区图

Ⅰ.北羌塘地层区；Ⅱ.土则岗日构造带；Ⅲ.南羌塘地层区；①窝尔巴错-拜惹布错断裂；②窝尔巴错-三岛湖断裂

第一节　概　　述

调查区地处土则岗日构造带两侧，断裂构造十分发育，地层出露连续性差，分布不规则，所测制的地层剖面多缺顶或少底，加之第四系覆盖严重，部分地层剖面不完整，给地层研究造成较大的困难。

一、北羌塘地层区

北羌塘地层分区位于图幅的北西部拉竹龙—月牙湖至拜惹布错一带，前人曾划分为“喀喇昆仑地层区”，面积约 3 460km^2，占图幅总面积的 11.2%。通过本次地质调查，在前人划分的下古生界“饮水河组、兽形湖组及雅西尔群”中采集到诸多的古生物化石，主要有头足类、腕足类、双壳类、珊瑚、牙形刺、腹足类、三叶虫、海百合茎、遗迹化石等多门类化石，根据古生物化石所指示的地质时代及化石赋存层位，从而对原奥陶系兽形湖组、泥盆系雅西尔群等地层单位进行了修正和重新划分，并首次在测区北西部雅西尔沟一带发现了海相三叠纪地层记录。

根据岩石组合特征和生物化石特点，分别划分出奥陶系上统饮水河组（O_3y）、志留系普尔错群（$S_{2+3}PR$）、泥盆系兽形湖组（D_1s）和拉竹龙组（$D_{2-3}l$）、石炭系月牙湖组（C_1y）和冈玛错组（C_2g）、三叠系康托组（T_1k）和万泉河群（T_1WQ）及侏罗系雁石坪群（J_2YS）、白垩系铁隆滩组（Kt）等地层单位，并建立了北羌塘地层区的岩石地层序列（表 2-1）。

二、南羌塘地层区

南羌塘地层区位于土则岗日构造带以南，以石炭纪—二叠纪地层分布广泛为主要特征，为测区的主体部分，出露面积占图幅总面积的 61.2%。依据本次地质调查，否定了前泥盆系阿木岗群、白垩系温泉湖群的存在，从下至上划分出石炭系-二叠系霍尔巴错群擦蒙组（C_2c）、展金组（C_2P_1zh）、曲地组（$P_{1-2}q$）、吉普日阿组（P_3jp），以及侏罗系雁石坪群色洼组、布曲组（J_2YSb）等地层单位（表 2-1）。地层区内晚石炭世至中二叠世为连续沉积，在石炭系霍尔巴错群展金组砂质灰岩中采集到大量䗴科化石，其中单通道䗴属冷水型动物群。在侏罗系雁石坪群中采集到了大量古生物化石，以双壳类动物群最为繁盛为特征，同时伴生的生物群落有腕足类、腹足类、珊瑚、海百合茎等，为研究羌塘地区地质发展历史提供了可靠的依据。

表 2-1　调查区岩石地层划分方案

时代（界）	时代（系）	时代（统）	北羌塘地层区	北羌塘地层区		南羌塘地层区	南羌塘地层区	南羌塘地层区
新生界	第四系							
新生界	新近系		唢呐湖组					
新生界	新近系		康托组					
中生界	白垩系	上统	铁隆滩组	二段				
中生界	白垩系	下统	铁隆滩组	一段				
中生界	侏罗系	中统	雁石坪群	夏里组		雁石坪群	布曲组	
中生界	侏罗系	中统	雁石坪群	布曲组		雁石坪群	色洼组	
中生界	三叠系	中—上统			拜惹布错-窝尔巴错断裂带			
中生界	三叠系	下统	万泉河群	石灰岩组、泥岩组；康鲁组				
上古生界	二叠系	上统				吉普日阿组	灰岩、白云岩段	
上古生界	二叠系	上统				吉普日阿组	砂砾岩段	
上古生界	二叠系	中统				霍尔巴错群	曲地组	二段
上古生界	二叠系	中统				霍尔巴错群	曲地组	一段
上古生界	二叠系	下统				霍尔巴错群	展金组	
上古生界	石炭系	上统	冈玛错组			霍尔巴错群	擦蒙组	
上古生界	石炭系	下统	月牙湖组	二段				
上古生界	石炭系	下统	月牙湖组	一段				
上古生界	泥盆系	上统	拉竹龙组	二段（灰岩）				
上古生界	泥盆系	中统	拉竹龙组	一段（白云岩）				
上古生界	泥盆系	下统	兽形湖组					
下古生界	志留系	上统	普尔错群	上砂岩、灰岩组				
下古生界	志留系	中统	普尔错群	下砂岩组				
下古生界	奥陶系	上统	饮水河组	二段				
下古生界	奥陶系	上统	饮水河组	一段				

第二节 下古生界

下古生界只出露于北羌塘地层区，分布于测区西北部兽形湖至拉竹龙一带，出露地层为奥陶系饮水河组、志留系普尔错群，地层总体呈北东-南西向条带状展布。

一、奥陶系

——饮水河组(O_3y)

1. 地层沿革、分布及划分依据

西藏区调队(1987)将日土县多玛区饮水河地区的奥陶纪地层上部创名为饮水河组，下部为兽形湖组。1993年《西藏自治区区域地质志》又将其统称为兽形湖组，1997年全国地层多重划分对比研究(54)《西藏自治区岩石地层》沿用饮水河组一名，并修订其含义，包含原饮水河组和兽形湖组，指整合于普尔错群结晶灰岩之下的一套碎屑岩。

该套地层主要出露于测区北西部饮水河两岸，呈北东-南西向展布。依据实测地层剖面并结合前人资料，本次工作将平行不整合于普尔错群之下的一套灰、深灰、灰绿色薄层碎屑岩，仍划分为奥陶系并沿用饮水河组这一名称。该组与上覆普尔错群岩石特征、岩性组合及宏观地质地貌截然不同，分界标志明显，野外填图易划分。

2. 剖面描述

剖面位于西藏日土县兽形湖至饮水河北一带，起点坐标：$X=3849068$，$Y=14527946$，$H=5\ 095$m；终点坐标：$X=3841113$，$Y=1414529964$，$H=5\ 165$m。剖面编号为P_2，该组相当于实测地层剖面第81—85分层。

上覆地层：普尔错群

奥陶系饮水河组(O_3y) **厚度>671.86m**

二段(O_3y^2) **厚度 341.86m**

85. 灰黑色中层—中薄层不等粒长石岩屑砂岩夹灰黑色页岩，基本层序由砂岩—页岩构成，层序内部页岩与砂岩呈渐变过渡 12.25m

84. 灰色、灰绿色页岩夹深灰色不等粒长石岩屑砂岩、灰黑色薄层泥晶灰岩。局部露头显示层序由页岩—灰岩—粉砂岩构成 317.75m

83. 灰黑色薄层不等粒泥质长石岩屑砂岩夹灰黑色页岩，砂岩中含微晶黄铁矿 235.11m

一段(O_3y^1) **厚度>330.00m**

82. 深灰、灰黑色页片状泥质不等粒长石岩屑砂岩与粉砂质泥岩互层 26.56m

81. 黑色、灰黑色薄层不等粒泥质长石岩屑砂岩夹灰黑色页岩 80.19m

(未见底)

3. 地层特征

该组分布于饮水河两岸，出露范围较小，地层总体走向呈北东-南西向，出露宽度约5～8km，延伸长约40～45km，出露面积217.2km²，占图幅总面积的0.06%。该组未见底，南侧以窝尔巴错-拜惹布错断裂带为界与霍尔巴错群接触，北侧与上覆普尔错群呈平行不整合接触。该组厚度大于671.86m，据岩石特征、岩相组合可划分为两个岩性段。

一段(O_3y^1):岩性为灰、灰绿色页岩、粉砂质泥岩,局部夹深灰色薄层不等粒泥质长石岩屑砂岩、灰黑色薄层泥晶灰岩。在该段地层中页岩所占比例大,页理较发育,该段厚度大于330.0m。饮水河北岸该段局部夹灰岩透镜体。

二段(O_3y^2):岩性为灰、深灰色薄层不等粒泥质长石岩屑砂岩夹灰黑色泥页岩,局部与粉砂质泥岩互层。总体不等粒泥质长石岩屑砂岩所占比例较大,该段厚度为341.86m。

据岩性组合及纵向叠覆规律、地层结构特征,其沉积层序(图2-2)由不等粒长石岩屑砂岩—页岩组成。该组下部单个层序中页岩占层序厚的60%~70%,页理较发育,长石岩屑砂岩占层序厚的30%~40%,层系厚3~8cm,多呈薄层状;而上部长石岩屑砂岩占单个层序厚的60%~80%,页岩则降低到20%~40%,层序内页岩与砂岩呈渐变过渡关系。总体由下向上页岩减少厚度变薄,砂岩增多且变厚,总体粒度由细变粗,其特点显示向上颗粒变粗,反映了海水向上变浅的进积沉积特征,自下而上呈进积型叠置。

4. 岩石特征及沉积环境分析

1）岩石特征

该组的岩石类型较为单一,主要类型为长石岩屑砂岩及页岩,另发育有少量的碳酸盐岩等。

长石岩屑砂岩　岩石多呈深灰、灰黑色,细粒砂状结构,块状构造。碎屑含量占85%左右,杂基含量15%。碎屑组分由石英、长石、岩屑和少量重矿物组成,其中岩屑成分主要为泥岩、中酸性火山岩、白云母、黑云母等,占碎屑总量的35%左右;长石约占碎屑总量的25%;石英约占碎屑总量的40%。碎屑颗粒的粒径为0.03~0.5mm,形态以棱角状为主,颗粒表面不光滑。杂基成分为泥质,呈鳞片状。岩石的结构成熟度和成分成熟度均低。

页岩　岩石一般黑色,页理较发育,成分主要由粘土矿物、玉髓等组成,另有少量的铁质、长石砂屑等,岩石多含钙质、白云质等,粘土矿物含量一般为90%左右。岩石多具显微鳞片结构,部分重结晶为绢云母。

2）沉积环境分析

综上所述,饮水河组据其岩性、岩相组合、沉积构造,并结合沉积层序和岩矿特征,总体为一套浅海(陆棚)沉积的碎屑岩建造。其识别标志及依据如下。

a. 其沉积层序总体由下向上粒度由细变粗,不同类型的基本层序反映出不同的微环境。

b. 沉积构造方面,层理以平行层理为主,以页岩为主的岩性段中局部夹薄层泥晶灰岩透镜体,且灰岩水平纹层发育,含有古生物化石碎片。西藏区调队1986年在测制饮水河组剖面中,灰岩中采到以腕足类和三叶虫为主的浅海相生物化石。

c. 粒度分析具双峰态结构,粒度分布累计概率曲线图均由跳跃和悬浮两个次总体组成(图2-3),反

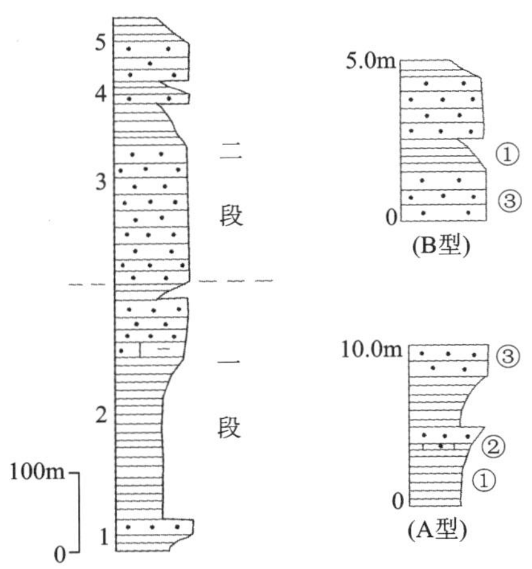

图2-2　饮水河组地层结构

①页岩;②粉砂岩、砂岩;③泥晶、微晶灰岩

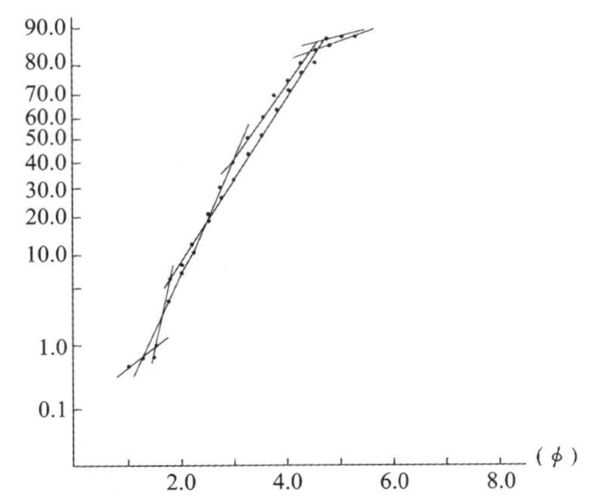

图2-3　粒度分布累计概率曲线图

映出其搬运方式以跳跃和悬浮为主的水动力条件。跳跃部分大于84.72%，直线段的倾斜度大。悬浮部分小于15.28%，斜率较小，表明为高流态水动力条件。其标准偏差δ=0.69～1.3，分选性中等；偏态SK=0.31～0.98为不对称正偏，主要粒级偏粗；峰态K=3.00～3.18，呈双峰形态，物源方向多样。

d. 砂岩的结构成熟度和成分成熟度均低，砂岩类型主要为长石岩屑砂岩，岩屑成分主要为泥岩、中酸性火山岩，分选、磨圆中—较差，反映出(陆棚砂)近源搬运沉积的特点。

从上述不同方面均反映出该组为一套浅海(陆棚)成因的碎屑岩建造，明显反映了晚奥陶世时期，该区海水逐渐变浅，被志留系普尔错群平行不整合覆盖，在不整合面的底部主要由紫红色薄层白云质中粒石英砂岩、灰白色薄层细粒石英岩状砂岩构成，与下伏奥陶纪地层有一定的继承性，但沉积亚环境明显不同。

5. 时代划分依据

实测剖面过程中，未采集到具鉴定意义的古生物化石。据《1：100万日土幅区域地质调查报告》(1987)，西藏区调队1986年在测制饮水河组剖面过程中，采集到以富含腕足类和三叶虫为主的古生物化石，腕足类：*Plaesiomys* sp.，*Aegiromena*? sp.，*Angarella* sp.，*Campylorthis* sp.，*Chaulistomella*? sp.，*Evenkina*? sp.，*Glyptorthis*? sp.，*Paucicrura* sp.；三叶虫：*Dicranurus* sp. (cf. *Dicranurus oviformis*)，*Amphilichas* sp. (cf. *A. bowni*)，*Ampyx*? sp.，*Reedocalymene* cf. *expansa*，*Calymenesun* cf. *tingi*。三叶虫化石是宜昌、贵州桐梓地区上奥陶统的常见化石，腕足类化石的时代延续较长，主要是中奥陶世—中志留世，综合该组中化石时代，将饮水河组的时代确定为晚奥陶世。

二、志留系

——普尔错群($S_{2+3}PR$)

1. 地层沿革、分布及划分依据

1984年中国科学院青藏高原综合科学考察队将出露于拉竹龙南山饮水河至兽形湖一带的肉红色、黄灰色长石石英砂岩地层称下志留统，其上覆的石英砂岩夹灰岩地层命名为雅西尔群。1987年西藏区调队将二者合并，并创名为普尔错群。1997年全国地层多重划分对比研究(54)《西藏自治区岩石地层》沿用普尔错群一名，并修订其含义，指出露于日土县多玛区饮水河北岸地区的一套碳酸盐岩及碎屑岩地层体，下部为灰色石英砂岩夹粉砂岩、微晶灰岩，中部为深灰色微晶灰岩、生物灰岩，上部为石英砂岩夹粉砂岩、岩屑石英砂岩。与下伏饮水河组整合接触。

该套地层主要出露于测区北西部饮水河北岸至兽形湖一带，呈北东-南西向展布，地质构造背景处于向斜核部。依据实测地层剖面结果，并结合前人资料，本次将平行不整合于饮水河组之上的一套碳酸盐岩及碎屑岩的地层，沿用志留系普尔错群一名，并对其层序进行了重新厘定。

2. 剖面描述

剖面位于西藏日土县兽形湖至饮水河北一带，起点坐标：X=3849068，Y=14527946，H=5 095m；终点坐标：X=3841113，Y=1414529964，H=5 165m。剖面编号为P_2，该组相当于实测地层剖面第29—80分层，总体形态构成复式向斜核部地层。

志留系普尔错群($S_{2+3}PR$)	(未见顶)	**厚度>891.22m**
上(砂岩组)灰岩组($S_{1+2}PRb$)		**厚度>442.32m**
31(29).黑色泥页岩，页理发育，风化严重，露头较差		2.35m
30(30).深灰色含生物屑砂屑微晶灰岩，后期方解石脉极发育，呈网脉状		7.06m
29(31).灰黄色薄层砂屑生物屑(棘皮屑)灰岩夹灰黑色薄层微晶白云岩，水平纹层理发育		13.19m
28(32).灰黄色薄层砂屑生物屑(棘皮屑)灰岩与灰黑色薄层微晶白云岩互层，水平纹层理发育		8.01m

27(33). 灰、浅灰黄色薄层微晶灰岩夹少量灰黑色微晶白云岩 28.88m

26(34). 浅灰色薄层粉砂质微晶白云岩，水平层理 13.64m

25(35). 灰黄色细粒岩屑石英砂岩夹灰黑色细粒钙质(钙屑)石英砂岩，平行层理 5.46m

24(36). 灰、灰黑色薄层细粒钙岩屑石英砂岩、粗粒钙岩屑石英粉砂岩，层面发育生物遗迹 42.52m

23(37). 灰、黑色泥岩夹深灰色、黑色生物屑灰岩、泥晶灰岩，含珊瑚、海百合茎等化石 31.75m

22(38). 灰红、黄绿色薄层细粒钙质(钙屑)石英砂岩，平行层理，具生物遗迹、生物扰动构造

头足类：*Kapaninoceras* sp.(柯柏宁角石未定种)

Michelinoceras cf. *michelini* (Barrande)(米氏角石比较种)

Michelinoceras sp.(米契林角石未定种) 61.77m

21(39). 青灰色、白色薄层细粒钙质石英砂岩，风化面呈灰黄色，交错层理，条纹条带构造，含生物碎屑、海百合茎 50.18m

20(40). 灰白色薄层细粒钙质石英砂岩夹灰紫色薄层粗粒钙质石英粉砂岩，发育平行层理 12.02m

19(41). 灰白色薄层—中薄层细粒钙质石英砂岩夹页片状钙质粗粉砂岩，由石英砂岩—粉砂岩组成3个基本层序，石英砂岩由厚变薄，粉砂岩由薄变厚 6.61m

18(42). 灰红、灰黄绿色薄层状钙质细粒石英砂岩夹灰黄色薄层状钙质粗粒石英粉砂岩。砂岩与粉砂岩呈渐变过渡，由下向上构成3个砂岩—粉砂岩沉积层序 1.45m

17(43). 灰色、深灰色厚层微亮晶含生物屑砂质砾屑灰岩。波状层理 0.85m

16(44). 灰色、灰黑色页岩与灰色钙质粗粒石英粉砂岩互层。平行层理、斜层理发育。由下向上构成10个页岩—砂岩基本层序 28.00m

15(45). 灰色薄板状钙质细粒石英砂岩与黑色页岩互层 20.36m

14(46). 黄绿色页片状钙质粗粒石英粉砂岩夹灰、灰黄绿色页岩和灰色薄层—薄板状钙质细粒石英砂岩，顶部为含生物屑砂质砾屑灰岩。平行层理、砂纹层理。常见生物遗迹

头足类(灰岩中)：*Harrisoceras* sp.

腕足类：*Leptaenopyxis*(*Hefengia*) *hefengensis* Xu

Howitia simplex Wang et Rong

珊瑚：*Heliolites* sp. 60.98m

13(47). 灰黑色泥、页岩夹薄层、薄板状钙质细粒石英砂岩。页理极发育，对称波痕、生物逃逸潜迹、管状潜穴 47.24m

——————　整　合　——————

下砂岩组(S_{1+2}*PRa*) **厚度448.90m**

12(69). 灰紫红色泥晶灰岩夹灰紫红色泥页岩，顶部为灰紫红色氧化铁质岩、黄绿色内碎屑铝质岩，具水平纹层 31.42m

11(70). 灰黑色泥岩夹暗紫红色薄层泥质氧化铁质岩(泥质砂屑氧化铁质岩)，具纹层状构造 25.00m

10(71). 暗紫红色泥质氧化铁质岩夹灰黑色泥页岩及黄绿色内碎屑铝质岩 109.30m

9(72). 紫红色薄板状粉砂质氧化铁质岩夹灰、深灰色薄层粉晶灰岩 24.39m

8(73). 灰色、青灰色角砾状灰岩，呈透镜状，顶、底面均凹凸不平 2.71m

7(74). 风化面呈黑色、新鲜面为赤红色透镜状铁质岩 2.20m

6(75). 灰、深灰色薄层微晶灰岩 34.63m

5(76). 紫红色薄层粉砂质泥岩夹黑色粉砂质页岩、灰紫红色薄层泥晶灰岩、灰白色透镜状含砾粗粒石英砂岩。砂岩中发育板状斜层理、交错层理 39.73m

4(77). 灰黑色页岩，页理发育，露头较差 14.33m

3(78). 紫红色薄层泥晶灰岩夹紫红色薄层粉砂质泥岩、介屑泥晶灰岩。灰岩中含5%生物碎屑及个体完整的古生物化石

头足类：*Virgoceras* cf. *palemon* Barrande(帕尔蒙条状角石未定种)

Geisonoceras? sp.(檐角石未定种)

Virgoceras sp.(条状角石未定种)

Allanoceras sp.(异类角石未定种)

Spyroceras sp.(圈角石未定种)

Endoceratidae(内角石类)

牙形刺:*Fragment of polyplacognathids*(多板颚刺科碎片)

Bergstroemognathus sp.(贝斯特龙刺属未定种)

Ansella sp.(安瑟拉刺属)

Walliserodus sp.(瓦立塞刺属)

Belodella sp.(针刺属)

腹足类:*Euomphalus* sp.(全脐螺未定种)　35.82m

2(79).紫红色薄层白云质细粒石英砂岩夹灰白色薄层细粒石英岩状砂岩,交错层理发育　112.87m

1(80).紫红色薄层白云质中粒石英砂岩夹灰白色薄层细粒石英岩状砂岩,发育斜层理　16.50m

························ 平行不整合 ························

下伏地层:奥陶系饮水河组(O_3y)

3. 地层特征

主要分布于饮水河北岸至曾形湖南岸一带,地层总体走向呈北东-南西向,出露宽度约 2.2～5.1km,延伸长约 30km,出露面积 69.13km^2。与下伏奥陶系饮水河组为平行不整合接触关系,该群总厚度大于 732.34m。据岩性组合可划分成两个岩性组。

1) 下砂岩组($S_{2+3}PRa$)

岩性主要为紫红色薄层白云质细粒石英砂岩、灰白色薄层细粒石英岩状砂岩、紫红色薄层粉砂质泥岩、粉砂质页岩。中部夹灰红色薄层泥晶灰岩、介屑泥晶灰岩、微晶灰岩;上部为暗紫红色泥质氧化铁质岩、灰黄绿色内碎屑铝质岩夹灰黑色泥页岩、薄层粉晶灰岩;顶部为青灰色角砾状灰岩。砂岩中发育板状层理、低角度交错层理、斜层理。泥晶灰岩以水平层理、波状纹层理为主,且含丰富的角石类、牙形刺等动物化石。该砂岩组厚度 448.90m。

2) 上灰岩组($S_{2+3}PRb$)

下部以灰白色薄层钙质细粒石英砂岩和灰红色、黄绿色薄层钙质细粒岩屑石英砂岩为主,夹灰紫红色薄层钙质粗粒石英粉砂岩、含生物碎屑粉砂质泥晶灰岩。上部为灰黑色薄层泥晶灰岩、深灰色薄层含生物屑(竹节石)砂屑微晶灰岩、砂屑生物屑灰岩、灰黑色粉砂质微晶白云岩,夹灰色薄层钙质细粒岩屑石英砂岩、粗粒石英粉砂岩及黑色泥岩。发育平行层理、交错层理及水平纹层。层面构造常见生物遗迹(爬行迹为主)、生物扰动等构造。该组中含丰富的头足类、腕足类及珊瑚、牙形刺等古生物化石。该灰岩组厚度大于 283.44m。

本次工作中在普尔错群采集到的头足类化石有(图版Ⅰ,1、2):环饰道森角石(比较种) *Dawsonoceras* cf. *annulatum* (Soweby),捷克 S_{1-2},中国 S_3;道森角石(未定种) *Dawsonoceras* sp.;*Virgoceras* sp.(S_{2-3});*Kapaninoceras* sp.(S_{2-3});适意柯柏宁角石 *Kapaninoceras jucundum* (Barrande)(S_3),带化石;宽大柯柏宁角石(比较种)*K.* cf. *capax*(Barrande),主要为 S_2 也可上延至 S_3;米契林角石(未定种?) *Michelinoceras* sp.(O—T);小卵角石(未定种?) *Ocerina* sp.(S_{2-3});帕尔蒙条状角石(未定种)*Virgoceras* cf. *palemon* Barrande;檐角石(未定种?) *Geisonoceras* sp.(O_2—D_2),主要见于 S;条状角石(未定种)*Virgoceras* sp.;异类角石(未定种)*Allanoceras* sp.,前苏联产于 S_3,中国西藏班戈产于 S_2;圈角石(未定种) *Spyroceras* sp.;内角石类 Endoceratidae,O 为主,个别可上延至 S_1。腹足类:全脐螺(未定种)*Euomphalus* sp.。牙形刺(图版Ⅰ,3):乌尔姆奥泽克刺 *Qzarkodina wurmi*;舟奥泽克刺 *Ozarkodina pandora*;外穴奥泽克刺 *O. excavata*;潘德尔刺(未定种) *Panderodus* sp.;小针刺(未定种) *Beledella* sp.。三叶虫:王冠虫(未定种)*Encrinurus* sp.;慧星虫(未定种)*Eucrinurus* sp.。

据岩性组合及纵向叠覆规律,其地层结构特征及沉积层序见图 2-4,经野外露头观测和室内综合分析,可识别并划分出 5 种由不同岩性组合的基本层序,A 型出现于砂岩组、灰岩组的下部,B、C 型和 D、E 型分别出现于砂岩组和灰岩组的中上部。其中 A 型层序由中、细粒石英砂岩—钙质粗粒石英粉砂岩组成,单个层序厚 0.5～2.2m,石英砂岩以小型双向交错层理、斜层理发育为主,钙质粗粒石英粉砂岩以沙纹层理、平行层理为主。总体由下向上粒度由粗变细，石英砂岩变薄，粉砂岩增厚，显示出水动力条件由强变弱、由浅变深的特征。B型由泥质粉砂岩—介屑（钙屑）泥晶灰岩—黑色泥岩组成向上变细的层序，单个韵律层厚约5～10cm，粒序层底面有明显的冲刷、侵蚀痕迹，顶部黑色泥岩多缺失，介屑泥晶灰岩以波状层理为主，由下向上粉砂质泥岩变薄减少，介屑（钙屑）泥晶灰岩变厚增多，为较典型的钙屑浊积岩（图版Ⅱ，1、2），为潮下碳酸岩缓坡沉积产物，反映海水加深的退积型特征。C型层序由薄层微晶灰岩—紫红色泥质氧化铁质岩或黄绿色内碎屑铝质岩组成，微晶灰岩呈薄层状、透镜状，顶底面均凹凸不平，氧化铁质岩水纹层发育，自下向上泥质、粉砂质含量增多，页理发育，相变为紫红色页岩。其特点显示总体向上水体变浅的进积型叠置层序。D型层序由页岩—泥质粉砂岩—含生物屑砂质砾屑灰岩组成，单个层序厚0.5～1.5m，层序内呈沉积渐变过渡，砂质砾屑灰岩顶面形成冲刷侵蚀面，显示层序间为沉积突变接触。粉砂岩以平行层理、小型斜层理为主，砂质砾屑灰岩多显示波状层理。由下向上页岩减少且厚度变薄，粉砂岩增多且厚度增大，砂质砾屑灰岩则出现于个别层序中。E型层序由砂屑生物屑（棘皮屑）灰岩—粉砂质微晶白云岩组成，灰岩水平纹层极发育，白云岩顶面凹凸不平，有轻微岩溶、角砾化特征，层序间明显为冲刷侵蚀接触关系，其特点显示总体向上海水变浅的进积型层序。

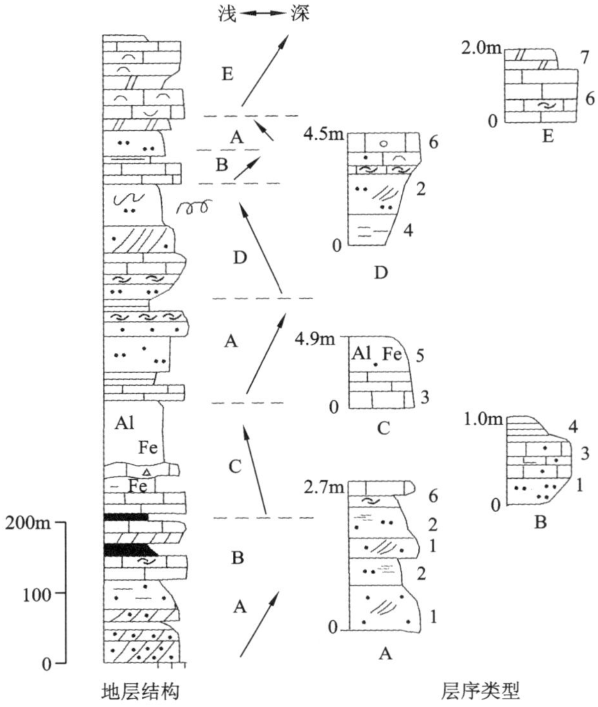

图2-4　普尔错群地层结构及基本层序类型图

1.石英砂岩、斜层理、交错层理；2.粉砂岩、平行层理；3.泥晶、微晶灰岩；
4.黑色泥岩（页岩）；5.铁质、铝质内碎屑岩；6.砂质砾屑（生物屑）灰岩；7.微晶白云岩

4.岩石特征及沉积环境分析

1）岩石特征

该组碎屑岩主要类型为石英砂岩、石英粉砂岩、粉砂质泥岩、泥质氧化铁质岩、内碎屑铝质岩及页岩；碳酸盐岩主要为含生物屑砂质砾屑灰岩、含生物屑砂屑灰岩、生物屑（棘皮）灰岩、砾屑砂质灰岩、微晶灰岩、（粉砂质）微晶白云岩等。

（1）碎屑岩

石英砂岩　为本组中主要岩性之一，多数为灰色、灰白色，风化面呈紫红色，中—细粒砂状结构，层状构造。碎屑含量60%～80%，胶结物占20%～40%。碎屑组分单一，主要为单晶石英，占碎屑总量的

95%以上，大小0.03～0.25mm；其次岩屑含量小于4%，成分主要为灰岩、白云母，大小0.05～0.3mm；少量长石、重矿物碎屑。胶结物成分主要为方解石、白云石，其次为铁质，基底式-孔隙式胶结。岩石的结构成熟度和成分成熟度均较高，据此成因分析，其形成于水动力较强的潮坪环境。

石英粉砂岩　呈灰色，风化面呈黄绿色，细粉砂状结构，层状构造。碎屑含量55%～65%，胶结物占35%～45%。碎屑组分较单一，主要为单晶石英，占碎屑总量的90%～99%，大小0.03～0.1mm；其次岩屑成分主要为灰岩、白云母，含量占10%；少量长石、重矿物碎屑。胶结物成分主要为方解石、白云石，大小0.01～0.06mm，自形粒状，基底式胶结。岩石的成分成熟度较高，结构成熟度较低，据此成因分析，其形成于水动力较弱的潮间泻湖环境。

泥质氧化铁质岩　呈紫红色，砂屑结构。碎屑颗粒占30%～40%，主要由砂屑、粉屑、粉砂组成，碎屑成分主要为粘土矿物、一水铝石，大小0.03～2.0mm，呈次圆状、圆状、椭圆状；胶结物含量50%～65%，成分主要为氧化铁，呈黑褐色不透明。基质含量小于5%，由小于0.01mm的粘土矿物组成。

内碎屑铝质岩　呈黄绿色，碎屑颗粒主要由砂屑(35%)、砾屑(5%)、粉屑(10%)组成，其成分主要为水铝石、高岭石等粘土矿物。砾屑大小2.03～6.0mm，呈次棱角状，定向排列；砂屑大小0.1～2.0mm，呈次圆—次棱角状。基质含量45%，由小于0.01mm的隐晶质粘土矿物和水铝石组成。胶结物含量约5%，成分主要为氧化铁质。

(2) 碳酸盐岩

砂质砾屑灰岩　呈浅灰色，砂质砾屑结构，碎屑颗粒主要为砾屑(45%)、生物屑(10%)、粉砂(25%)。砾屑由砂屑泥晶灰岩、生物屑泥晶灰岩、砂屑生物屑泥晶灰岩等组成，砾屑大小2.0～8.0mm，呈次棱角状，定向排列；生屑主要为棘皮、腕足、介形虫、三叶虫等，大小不等，杂乱分布；粉砂成分主要为单晶石英，大小0.03～0.15mm。胶结物含量约20%，成分主要为微亮晶方解石。

砂屑生物屑(棘皮、竹节石)灰岩　呈灰、深灰色，碎屑颗粒主要为生物屑(40%～70%)、砂屑(30%)，生屑主要为棘皮类，少量腕足、介形虫及藻类等，大小不等，形态各异；胶结物含量25%～35%，成分为亮晶粒状方解石，大小0.01～0.10mm。

(含)生物屑粉砂质灰岩　呈灰、浅灰色，生屑砂状结构，碎屑颗粒主要为粉砂(30%～50%)、生物屑(10%～25%)，粉砂成分主要为单晶石英，偶见硅质岩、石英岩及重矿物，分选性好。胶结物含量45%～50%，成分为亮晶粒状方解石，大小0.03～0.06mm。亮晶支撑，基底式胶结。

泥(微)晶灰岩　呈深灰、灰黑色，泥(微)晶结构，矿物成分主要为方解石(85%～90%)，其次生物屑、粉砂含量均小于5%，粒状黄铁矿少量且多顺层分布。

(粉砂质)微晶白云岩　呈灰色，微晶结构，矿物成分主要为白云石(70%～90%)，其次方解石(<5%)、粉砂(5%～15%)，黄铁矿少量，呈粒状，较自形。

综上所述：碎屑成分单一的石英砂岩、砂砾屑灰岩及含粉砂生物屑灰岩，且灰岩多呈亮晶方解石胶结，常含浅海相生物化石等，均形成于浅海潮间带—潮下带高能浅滩；泥(微)晶灰岩，属泥晶方解石胶结，沉积于潮下低能环境；富含陆源石英粉砂的薄层状微晶白云岩及铁质岩沉积于潮间泻湖环境。

2) 沉积环境分析

综上所述，普尔错群据其岩性、岩相组合、沉积构造，并结合沉积层序和岩矿特征，总体为一套浅海潮坪—泻湖沉积的碎屑岩-碳酸盐岩建造。其识别依据如下。

a. 沉积层序特征，不同类型的基本层序反映出不同的微环境。A型、B型层序反映出海侵时期，海水逐渐加深，粒度由粗变细，陆源碎屑逐渐减少，水动力条件由强变弱，由潮间高能向潮下低能过渡的退积型层序的叠置；C型、E型层序反映出海水由深变浅时，由潮下向潮间泻湖或潮上过渡的进积型层序的叠置。总之该区在志留纪时期，地壳活动相对较强，海侵、海退频繁交替，形成了石英砂岩和碳酸盐岩的混合沉积。

b. 沉积构造方面，中—细粒石英砂岩主要以低角度交错层理、板状层理、斜层理为主，砂质砾屑灰岩、砂屑生物屑灰岩以波状层理为主，砂岩、粉砂岩中生物扰动构造、各种生物遗迹(逃逸潜迹、管状潜穴)发育，其特征均显示了一种潮间(或潮下高能浅滩)水动力条件较强的沉积环境。

c. 泥质氧化铁质岩、内碎屑铝质岩特征反映了当时沉积环境相对闭塞，属水流不畅通的半封闭的泻湖沉积。

d. 砂岩的结构成熟度和成分成熟度均较高，碎屑成分为单一的单晶石英，分选及磨圆度较好，岩石类型均为石英砂岩。垂向上因海进和海退，石英砂岩与海相页岩和碳酸盐岩共生。

e. 在古生物特征上，以浅海近底移动底栖生活的头足类繁盛为主要特征；砂屑生物屑（棘皮、竹节石）灰岩是由多种切面呈四边形、马蹄形、圆形、椭圆形等海百合为主的棘皮动物组成，说明当时水体底层有较多生物存在，养分、氧气充足，属正常盐度的浅海环境。

5. 时代划分依据

本次调查在该群中采集到大量古生物化石，化石的鉴定工作由中国科学院南京地质古生物研究所完成。其中头足类化石由陈挺恩鉴定，腕足类由许汉奎鉴定，腹足类由潘华璋鉴定。上述头足类化石的时代为 S_2—S_3，但以 S_2 为主，且 *Kapaninoceras jucundum* (Barrande) 适意柯柏宁角石是 S_3 标准带化石，结合前人对该套地层的时代厘定，可将该群的地层时代确定为中—晚志留世。

第三节　上 古 生 界

上古生界以石炭系—二叠系分布最广为主要特征。北羌塘地层区内发育有泥盆系兽形湖组、拉竹龙组，石炭系月牙湖组和冈玛错组；南羌塘地层区内上古生界主要为石炭系-二叠系霍尔巴错群擦蒙组、展金组和曲地组及吉普日阿组。且石炭系—二叠系在北羌塘和南羌塘地层分区内，其岩石特征、岩相组合、古生物组合及沉积环境截然不同。各系地层分述如下。

一、泥盆系

泥盆系仅出露于北羌塘地层区内，主要分布于日土县兽形湖—拉竹龙—双点达坂一带，地层走向北东-南西向，倾角一般较陡，总体呈条带状展布。通过本次剖面测制和路线地质调查，依据其岩性特征、岩相组合及古生物特征，该区泥盆系可划分为兽形湖组和拉竹组。

（一）兽形湖组（D_1s）

1. 地层沿革、分布及划分依据

1993 年《西藏自治区区域地质志》将日土县多玛区饮水河一带的奥陶纪地层统称为兽形湖组，1997 年《西藏自治区岩石地层》不再沿用兽形湖组命名奥陶纪地层。本次通过实测地层剖面及路线地质调查，将分布于兽形湖北的泥盆系（为一套碎屑岩-碳酸盐岩建造）下部的碎屑岩称为兽形湖组。故兽形湖组为本次工作重新厘定的地层单位。

2. 剖面描述

1）兽形湖剖面

该剖面位于西藏日土县兽形湖北东一带，起点坐标：X=3855988，Y=14529787，H=5 022m；终点坐标：X=3854850，Y=14529814，H=5 070m。剖面编号为 P_3，该组相当于实测地层剖面第 1—19 分层，总体构造形态为一单斜构造。

上覆地层：泥盆系拉竹龙组

17. 灰白色中层—厚层粉晶白云岩

整 合

泥盆系兽形湖组(D_1s) **厚度>262.5m**

16. 灰、灰白色中层—厚层细粒长石石英砂岩夹灰黄色薄层泥质粉砂岩，发育平行层理、低角度斜层理。粉砂岩中常见生物潜穴或钻孔
腕足类化石(砂岩中)：*Atrypa* cf. *gurjerskensis* Alekseeva
Nucleospina sp.?
Strophomenids 等 2.21m
15. 灰、灰白色中薄层—中层细粒石英岩状砂岩，中部夹两层厚10cm的泥质粉砂岩。平行层理。生物遗迹、生物扰动构造发育
腕足类化石：*Megastrophia* sp.?
Howellella sp.
Howellella cf. *papaoensis*(Grabau)
Spinatrypian sp.? 等 55.89m
14. 灰、灰红色薄板状泥质粉砂岩夹灰白色薄层细粒长石石英砂岩，波状层理。层面凹凸不平，含大量生物碎片和少量腕足类化石 35.99m
13. 灰黑色、黄绿色页片状泥质粉砂岩夹灰、灰白色薄层细粒长石石英砂岩透镜体 52.02m
12. 灰、灰红色厚层白云质细粒长石石英砂岩。发育低角度交错层理，含海百茎及其他生物碎片 4.29m
11. 黄绿色中层—薄层细粒长石石英砂岩夹灰黑色、灰绿色粉砂质页岩，至下往上组成3个由页岩—砂岩从厚变薄的基本层序。发育平行层理、波状层理。砂岩层面常见对称波痕、生物遗迹 6.25m
10. 黄绿色薄层泥质粉砂岩夹灰黄绿色薄层细粒长石石英砂岩。波状层理 8.76m
9. 灰黄绿色薄层—页片状泥质粉砂岩夹灰黄绿色薄层细粒长石石英砂岩，生物遗迹发育 18.34m
8. 灰黄绿色薄—中层细粒长石石英砂岩与灰黄绿色薄层泥质粉砂岩、粉砂质页岩互层 8.34m
7. 灰黄绿色页片状泥质粉砂岩夹灰色细粒长石石英砂岩。平行层理，具碟状或泄水构造
腕足类化石：*Meristella* sp.? 等 19.68m
6. 灰白色薄层细粒长石石英砂岩，平行层理，上层面含腕足类化石
腕足类化石：*Levenea* sp. 等 1.43m
5. 灰黄绿色薄层—页片状泥质粉砂岩夹黄绿色薄层细粒长石石英砂岩 22.24m
4. 灰黄绿色薄层—中薄层细粒长石石英砂岩与页片状泥质粉砂岩互层。平行层理，斜层理发育。常见生物遗迹，含海百茎及其他生物碎片 11.48m
3. 灰黄绿色薄层泥质粉砂岩夹细粒长石石英砂岩。波状层理 6.50m
2. 灰黄绿色薄层细粒长石石英砂岩与页片状泥质粉砂岩互层。平行层理，斜层理发育。常见生物潜穴及爬行迹，由下向上构成两个厚度相等的砂泥韵律 4.54m
1. 灰黄绿色薄层泥质粉砂岩夹黄绿色薄层细粒长石石英砂岩。层面上生物遗迹发育，以爬行迹、觅食迹为主，粉砂岩中含较丰富的海百茎及其他生物碎片 4.54m

(未见底)

2) 月牙湖-双点达坂剖面

该剖面位于西藏日土县双点达坂东一带，起点坐标：X=3873787，Y=14599538，H=5 275m；终点坐标：X=3871144，Y=14598650，H=5 220m。剖面编号为P_7，该组相当于实测地层剖面第1—13分层，总体构造形态为背斜南翼。

上覆地层：泥盆系拉竹龙组
14. 灰白色厚层粉晶白云岩 8.96m

整 合

泥盆系兽形湖组(D_1s) **厚度>204.41m**

13. 灰色中薄层中细粒岩屑石英砂岩。块状构造，局部含砾 4.30m
12. 灰色薄层细粒钙屑砂岩。风化面呈灰黄色，沙纹层理发育 5.37m

11. 深灰色厚层中细粒钙屑砂岩。风化面呈灰黄色，块状构造　7.16m

10. 黑色泥(页)岩，露头较差，多覆盖　13.97m

9. 深灰色页片状粉砂岩。风化面呈灰黄色，含植物化石碎片　4.08m

8. 灰、深灰色薄层不等粒岩屑砂岩　4.76m

7. 黑色、深灰色泥(页)岩夹灰黄色薄层细粒长石岩屑砂岩。泥岩页理较发育　5.11m

6. 灰、深灰色薄层不等粒岩屑砂岩。底层面含扁平状泥砾　5.45m

5. 黑色、深灰色泥(页)岩夹灰黄绿色薄层粉砂岩。页理较发育。粉砂岩呈透镜状，具斜层理　18.26m

4. 灰、深灰色中薄层不等粒岩屑砂岩。风化面为灰黄色、灰黄绿色　6.31m

3. 黑色泥(页)岩。泥岩页理较发育　7.64m

2. 深灰色、灰绿色薄层细粒长石钙屑砂岩，夹灰黄绿色粉砂岩，粉砂岩中含植物化石碎片。平行层理发育　72.81m

1. 灰黑色泥(页)岩夹黄绿色薄层粉砂岩。页理较发育　49.17m

(未见底)

3. 地层特征

主要分布于图幅北西部兽形湖北及双点达坂一带。在兽形湖北岸，该组未见底，岩性主要为灰黄绿色薄层—页片状泥质粉砂岩和灰、灰白色薄层—中薄层细粒长石石英砂岩。其下部以灰黄绿色薄层泥质粉砂岩与灰黄绿色薄层细粒长石石英砂岩互层为特征(图版Ⅱ,3)，平行层理、生物遗迹(爬行迹、觅食迹)发育(图版Ⅱ,4)；中部主要为灰黑色、灰黄绿色页片状泥质粉砂岩夹灰色、灰白色薄层细粒长石石英砂岩，平行层理、波状层理及低角度交错层理发育(图版Ⅱ,5)，具碟状构造或泄水构造，直线状对称波痕发育(图版Ⅱ,6)，波长6～8cm，波高3～5mm；上部为灰、灰白色薄层—中层细粒石英岩状砂岩、长石石英砂岩，平行层理、斜层理发育，常见生物潜穴及生物扰动构造。该组中产腕足类化石：*Meristella* sp. ?, *Levenea* sp., *Atrypa* cf. *gurjerskensis* Alekseeva, *Nucleospina* sp. ?, *Strophomenids*, *Megastrophia* sp. ?, *Howellella* sp., *Howellella* cf. *papaoensis* (Grabau), *Spinatrypian* sp. ?。

据岩性组合及纵向叠覆规律，其地层结构特征及沉积层序见图2-5。该组下部沉积层序由中细粒长石石英砂岩—粉砂岩—页岩组成的不等厚韵律层(图2-5A)，单个层序厚0.5～2.0m。其层序的下部

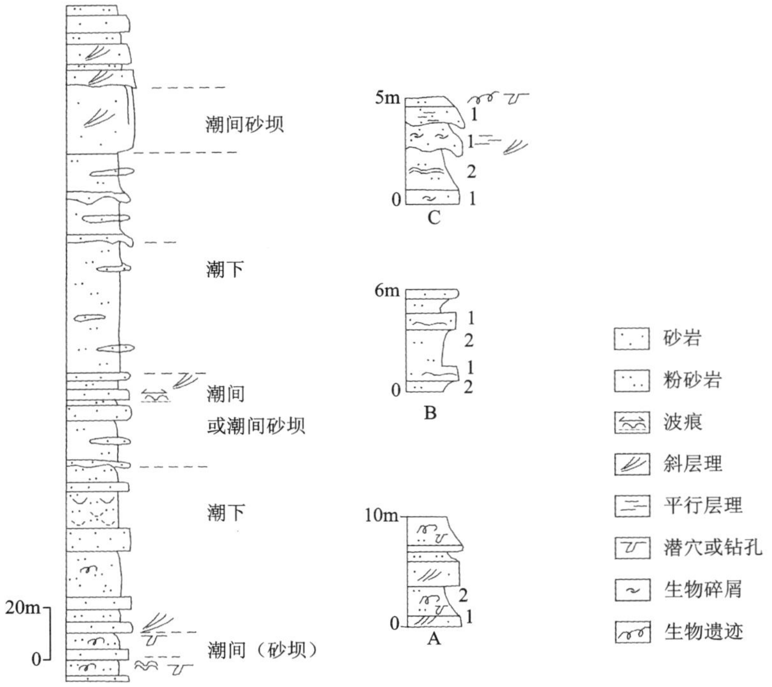

图2-5　兽形湖组地层结构及基本层序类型图

为长石石英砂岩，层系厚 8～10cm，以平行层理、斜层理、低角度交错层理为特征，含大量生物碎片(海百合茎、腕足类等)，层面上生物遗迹(爬行迹、觅食迹见图版Ⅱ，4)发育，偶见垂直于层理的生物潜穴或钻孔；上部为粉砂岩或页岩，层系厚 3～8cm，页理较发育。总体由下向上粒度变细，砂岩由厚变薄，由多变少；粉砂岩则由薄变厚，其特点显示以潮间(砂坝)沉积为主向潮下过渡的叠置层序。

中部沉积层序由粉砂岩—砂岩组成(图 2-5B)，单个层序厚 2.0～6.0m。砂岩占单个层序厚的 20%～30%，平行层理、波状层理、直线性对称波痕发育，横向上砂岩多呈透镜状，具尖灭或分叉现象；泥质粉砂岩占单个层序厚的 70%～80%，页理较发育，具碟状构造或泄水构造，常见生物活动遗迹。总体由下向上层序厚度由薄→厚→薄，砂岩逐渐增多变厚(由 10%→30%)，层系厚由 4cm→20cm。其特点显示以潮下沉积为主兼潮间沉积的叠置层序。

上部层序由砂岩—粉砂岩组成(图 2-5C)，单个层序厚 3～5m，层序内砂岩与粉砂岩呈渐变过渡，层序间(粉砂岩与上覆砂岩)呈冲刷侵蚀接触关系。砂岩以平行层理、低角度层理为主，层系厚 15～40cm，底部有时含砾，向上粒度变细；泥质粉砂岩中管状潜穴及生物扰动构造发育，上层面凹凸不平，冲刷侵蚀现象明显，在上部个别层序中缺失，使层序下部砂岩顶面呈褐红色，且不平整，沿层面分布较多的生物碎片及个体小保存完整的腕足类化石，具明显的暴露面特征。其特点显示以潮间沉积为主兼潮间砂坝沉积的叠置层序。总之上述各类型沉积层序，均反映出陆源碎屑供应充足的潮间—潮下交替沉积。

横向上该组岩性变化较大，向东至双点达坂一带，主要为一套黑色、灰绿色调的碎屑岩组合，岩性为灰黑色泥岩、页岩与深灰色、灰绿色薄层中—细粒长石钙屑砂岩、细粒长石岩屑砂岩、不等粒岩屑砂岩不均一互层，局部夹深灰色泥质粉砂岩、中细粒岩屑石英砂岩。平行层理、斜层理、沙纹层理发育。与西部兽形湖一带相比，岩石的粒度增粗、结构成熟度及成分成熟度均有所降低。该组在兽形湖一带出露厚度大于 262.5m，在双点达坂一带厚度大于 204.41m。

4. 岩石特征及沉积环境分析

1) 岩石特征

该组的岩石类型较为单一，主要类型为细粒长石石英砂岩及泥质粉砂岩。

细粒长石石英砂岩　岩石多呈灰、灰白色，细粒砂状结构，层状构造。碎屑含量占 87%～95%，胶结物占 5%～10%，杂基少量至 3%。碎屑组分由石英、长石、岩屑、重矿物组成，石英以单晶为主，占碎屑总量的 79%～84%；长石以斜长石、钾长石为主，占碎屑总量的 10%～15%；岩屑以白云母、泥岩为主，含量小于 4%；重矿物少量，主要矿物为电气石、锆石。胶结物成分主要为硅质，其次为铁质。碎屑颗粒大小均为 0.06～0.15mm，分选好，形态以次棱角状、次圆状为主，孔隙式胶结，颗粒支撑。岩石的结构成熟度和成分成熟度均较高。据此特征分析，其形成于强烈的波浪筛选作用下的潮坪环境。

粉砂岩　岩石一般呈灰、灰黄绿色，粉砂状结构，层状构造。碎屑含量 55%～65%，胶结物含量 35%～45%。碎屑主要为单晶石英，占碎屑总量的 97%以上，其次重矿物含量小于 1%，长石、岩屑少量。胶结物成分为方解石、铁质。碎屑颗粒以 0.03～0.06mm 为主，分选好，基底式胶结，微晶支撑。岩石的成分成熟度高，结构成熟度较低。

2) 沉积环境分析

综上所述，兽形湖组据其岩性、岩相组合、沉积构造，并结合沉积层序和岩矿特征，总体为一套潮坪(潮间—潮下交替)沉积的碎屑岩建造。其识别标志及依据如下。

a. 不同类型的基本层序反映出不同的微环境。A 型、C 型层序结构反映了以潮间沉积为主兼潮下或潮上，水动力条件相对较强的层序叠置；B 型层序结构反映了以潮下沉积为主间潮兼沉积，水动力条件相对较弱的层序叠置。

b. 沉积构造方面，层理以平行层理、低角度冲洗层理、小型单斜层理、波状层理为特征；层面构造常见直线性对称波痕、爬行迹、觅食迹、潜穴或钻孔。

c. 粒度分析结果表明，其标准偏差 $\delta=0.38\sim0.47$，分选性好；尖度 $K=2.98\sim3.09$，峰度极窄。由粒度分布累计概率曲线图(图 2-6)可知，以跳跃总体为主(占 95%以上)，悬浮总体小于 5%，无滚动总

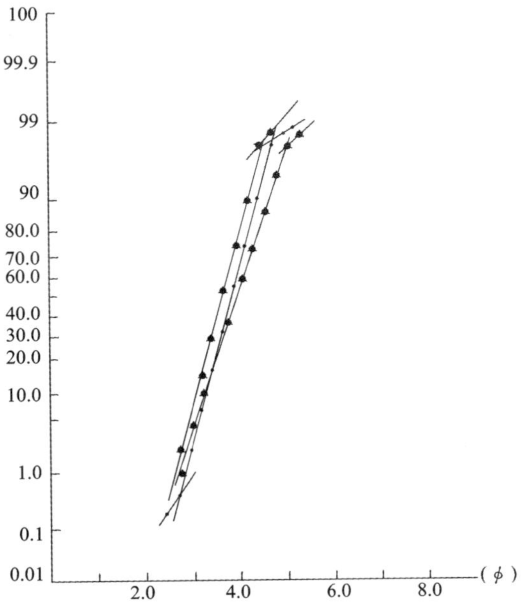

图 2-6　粒度分布累计概率曲线图

体。粒度区间为 2.5～4.0φ，反映了在强烈的波浪筛选作用下的滨海沉积。

d. 砂岩的成分成熟度和结构成熟度均高，砂岩类型主要为长石石英砂岩，碎屑分选好、磨圆中等，各种碎屑颗粒大小趋于一致，反映出水流或波浪改造作用较强。粉砂岩，陆源碎屑供应充足，沉积物的沉积速率要大于海侵速率。

e. 在古生物特征上，以适应砂泥环境的底埋底栖生活的腕足类：*Strophomenids*，*Howellella* sp.，*Nucleospina* sp. 等为特征；生物种类相对较少，所见化石大都是延续时代较长的分子，说明适宜浑浊度略高且略有动荡水域的生物，其适应能力相对较强，才能不断繁衍和保存。

5. 时代划分依据

在实测地层剖面和地质路线调查中，采集到大量古生物化石，化石的鉴定工作由中国科学院南京地质古生物研究所完成，其中头足类化石由陈挺恩鉴定，腕足类由许汉奎鉴定，腹足类由潘华璋鉴定。如前所述，兽形湖组是一套以碎屑岩组合为主的地层体，所含化石较少，而且多保存为外膜，目前共见 7 属 7 种，均是跨时较长的分子，如其中的 *Howellella*（S—D_1），*Levenea*（S—D_2），*Megastrophia*（S_2—D_2），*Atrypa*（S—$D_3{}^1$），*Nucleospina*（S_3—C_1），*Meristella*（D_1）等，故难于确定是晚志留世还是早泥盆世，但这一套较厚的砂岩层与上覆晚泥盆世的灰岩整合接触，根据其产出层位推测很可能是早泥盆世。同时，从岩石特征和沉积环境分析，这套碎屑岩建造均反映出是滨海相的产物，因此从初步资料看，这套砂岩的时代为 D_1—D_2，D_1 的可能性较大。

（二）拉竹龙组（$D_{2-3}l$）

1. 地层沿革、分布及划分依据

拉竹龙组首先由章炳高、何国雄（1984）根据拉竹龙南泥盆纪地层剖面创名。1987 年西藏区调队在进行日土幅 1∶100 万区调时将中下泥盆统称为雅西尔群，上部沿用了拉竹龙组一名，代表该区上泥盆统，岩性以浅红、灰白色石灰岩为主。1997 年《西藏自治区岩石地层》沿用了这一划分意见，并指出其底界平行不整合于志留系普尔错群石英砂岩之上，顶界与石炭系下统月牙湖组呈整合接触关系。本书根据其岩性组合进一步划分为一段（白云岩段）和二段（灰岩段）两个段。拉竹龙组最大可见厚度约 600.05m，是区内泥盆纪地层的主要组成部分，它从图幅北西部兽形湖一带开始一直断续延伸至北东部的双点达坂一带，中间由于新生界覆盖而连通性较差。

2. 剖面描述

1）兽形湖剖面

该剖面位于西藏日土县兽形湖北东一带，起点坐标：$X=3855988$，$Y=14529787$，$H=5\ 022$m；终点坐标：$X=3854850$，$Y=14529814$，$H=5\ 070$m。剖面编号为 P_3，该组相当于实测地层剖面第 20—35 分层，总体构造形态为一单斜。

泥盆系拉竹龙组（$D_{2-3}l$）	（未见顶）	**厚度＞248.41m**
二段（D_3l^2）		**厚度＞121.87m**
30. 灰白色中层不等晶白云岩		21.11m

29. 灰、深灰色中层—厚层含生物屑虫孔状球粒微晶灰岩。球粒结构，虫孔构造

腕足类：*Spinatrypa* cf. *ningxiangensis* Zhao

S. sp.

Lorangella sp.

Gpidula uniplicata Zhao

Nemesa sp.

Desquamatia cf. *shetienchiaoensis*(Tien)

Tenticospirifer cf. *vilis* var *kwangsiensis* Tien

Tenticosp. cf. *vilis* (Grabau)

Adolfia cf. *plicata* Zhao

Camarospira minor sp. nov.

Camarophonella? sp.

Meristina sp. 42.17m

28. 灰、深灰色厚层生物屑灰岩。含丰富的珊瑚、腕足类及少量腹足类，珊瑚以单体为主，叠层石呈扁平波状

腕足类：*Spinatrypa* cf. *ningxiangensis* Zhao

S. sp.

Meristina sp. *Lorangella* sp.

Tenticospirifer cf. *vilis*(Grabau)

T. cf. *subhayasakai* Grabau

Adolfia cf. *plicata* Zhao 9.88m

27. 黑色中薄层—中层叠层石粉晶灰岩。叠层石呈 10cm 左右的圆球状，含腕足类化石 12.37m

26. 黑色泥晶灰岩夹叠层石灰岩、珊瑚灰岩。叠层石呈扁平状、球状，珊瑚以群体珊瑚 *Hexagonaria* sp. 为主。含丰富的腕足类化石

腕足类：*Tenticospirifer* cf. *vilis* var *kwangsiensis* Tien

Spinatrypa cf. *ningxiangensis* Zhao

S. sp.

Warrenella sp. 4.11m

25. 灰、深灰色薄层泥晶灰岩夹叠层石灰岩、生物屑球粒微晶灰岩 2.23m

24. 灰、深灰色厚层—中层叠层石灰岩。层面上叠层石呈同心环状细纹，断面上呈丘状 3.29m

23. 灰、灰黑色薄层砂砾屑灰岩夹薄层微晶灰岩 1.73m

22. 灰、灰黑色中层含生物屑球粒微晶灰岩。球粒结构，虫孔构造，含少量生物化石 0.52m

21. 灰白色薄—中层细粒石英岩状砂岩 0.34m

20. 灰、深灰色薄层砂质砂屑亮晶灰岩。斜层理发育，含生物碎屑及完整的生物化石

珊瑚：*Coenites* sp.

腕足类：*Tenticospirifer* cf. *tenticulum*(Verneuil) 0.99m

19. 黑色薄层—中层泥晶生物骨架灰岩。椭圆形、球形叠层石发育，含丰富的生物碎屑及腕足类化石

腕足类：*Desquamatia* cf. *shetienchiaoensis*(Tien)

D. sp.

Tenticospirifer cf. *vilis* var *kwangsiensis* Tien

T. cf. *subhayasakai* Grabau

T. cf. *tenticulum*(Verneuil)

T. sp. 1.85m

18. 黑色中层—厚层砂屑微泥晶灰岩、叠层石含云质粉晶灰岩。水平层理，叠层构造

珊瑚：*Pterorrhiza* sp.

Margaretopora sp.

腕足类：*Spinatrypa* cf. *ningxiangensis* Zhao

S. sp.

Desquamatia cf. *shetienchiaoensis*(Tien)

D. sp.

Emanuella transversa Grabau

Adolfia cf. *plicata* Zhao

Tenticospirifer cf. *subhayasakai* Grabau

一段(D_2l^1) **21.28m**

17.灰白色中层—厚层粉晶白云岩。水平纹层发育 126.54m

——————— 整 合 ———————

下伏地层:泥盆系兽形湖组

2)拉竹龙剖面

该剖面位于西藏日土县拉竹龙一带,起点坐标:$X=3857561$,$Y=14543286$,$H=4\ 957$m。剖面编号为P_5,未见顶底。

泥盆系拉竹龙组($D_{2-3}l$) (未见顶) **厚度>371.79m**

二段(D_3l^2) **厚度>99.85m**

26.青灰色、灰白色厚—巨厚层含生物屑微亮晶珊瑚灰岩。群体珊瑚呈束状、簇状,珊瑚间多被泥质、生物碎屑充填 21.13m

25.灰色厚层—巨厚层状含生物屑海绵泥晶灰岩。含较丰富的腕足类、腹足类及珊瑚等古生物化石

腕足类:*Cyrtiopsis graciosa chakhaensis* Brice

珊瑚:*Scoliopora* sp. 13.48m

24.灰白色、白色中薄—中厚层中晶白云岩。晶洞构造发育 24.99m

23.黑色中层—厚层状亮晶砂屑灰岩 17.44m

22.黑色中层—厚层状亮晶砂屑灰岩,局部夹黑色角砾状灰岩,含丰富的腕足类化石 18.88m

21.灰白色细粒石英砂岩 2.36m

20.灰白色中厚层状细粒石英砂岩。硅质胶结,风化面多呈黄褐色 1.57m

一段(D_2l^1) **厚度>271.94m**

19.青灰色中厚层微晶白云岩 7.08m

18.灰白色中厚层状糖粒状中细晶白云岩 13.31m

17.青灰色、灰白色中厚层微晶白云岩 23.78m

16.灰白色中厚层中细晶白云岩 2.10m

15.青灰色中厚层微晶白云岩。毫米级纹层发育 39.13m

14.青灰色中层微晶白云岩。水平纹层发育 2.26m

13.青灰色、灰白色中层微晶白云岩 13.91m

12.青灰色—灰黑色中厚—厚层微晶白云岩 3.56m

11.青灰色、灰白色厚层微晶白云岩。裂隙发育 6.35m

10.青灰色、灰白色中厚层微晶白云岩 14.36m

9.青灰色厚—巨厚层块状微晶白云岩。节理、裂隙发育 31.59m

8.灰色、灰白色中厚—厚层微晶白云岩。晶洞构造发育,与下伏小层整合接触 12.10m

7.青灰色中薄—中厚层微晶白云岩。底面凹凸不平,与下伏小层侵蚀面特征明显 19.49m

6.青灰色、灰白色中厚层微晶白云岩。晶洞(鸟眼)构造发育 3.57m

5.青灰色中厚层微晶白云岩。水平纹层发育 1.56m

4.青灰色中厚—厚层状微晶白云岩 31.22m

3.青灰色中薄—中厚层微晶白云岩。水平纹层、低角度斜纹层发育 32.17m

2.青灰色角砾状微晶白云岩夹中厚层微晶白云岩。纹层发育,具帐篷构造 4.05m

1.青灰色中厚层微晶白云岩。单层中下部无纹层,上部纹层发育 10.35m

(未见底)

3)月牙湖-双点达坂剖面

该剖面位于西藏日土县双点达坂东一带,起点坐标:$X=3873787$,$Y=14599538$,$H=5\ 275$m;终点

坐标：$X=3871144$，$Y=14598650$，$H=5\ 220$m。剖面编号为 P_7，该组相当于实测地层剖面第 14—40 分层，总体构造形态为背斜南翼。

上覆地层：石炭系月牙湖组 黑色泥岩夹黑色薄层粉砂质灰岩

——————— 整 合 ———————

泥盆系拉竹龙组($D_{2-3}l$) **厚度 575.10m**

二段(D_3l^2) **厚度 245.96m**

40. 灰黄色角砾状、团块状粉砂质灰岩夹灰黄色泥岩 7.14m

39. 灰黄色薄层状含生物屑粉砂质亮晶灰岩夹灰黄色泥岩及一层黑色泥岩。水平层理，灰岩中含丰富的珊瑚、腕足类化石及其碎片

腕足类：*Cyrtospirifer graciosa chakhaensis* Brice

Cyrtospirifer crassplicatus cyrtinaeformis Brace 14.28m

38. 黑色薄层状微晶灰岩夹灰黄色粉砂质灰岩。水平纹层发育，含珊瑚、腕足类、海百合茎等化石及其碎片 7.14m

37. 灰色、深灰色含粉砂质粉屑亮晶灰岩与灰黄色含粉砂质灰质白云岩互层。水平层理，含丰富的珊瑚、腕足类、三叶虫、海百合茎、鲢等生物化石

腕足类：*Paraschizophoria* cf. *ivanovi*(Tchernychev)

Schzophoria impressa (Hall)

Cyrtospirifer minor Tan

Tenticospirifer murchisonianus(Kchernychev)

Uchtospirifer multiplicatus Brice

Cyrtospirifer anossofioides(Grabau)

Cyrtospirifer echinosus(Liachenk)

Yanguania cf. *dushanensis*(Yang)

Yanguania pingtangensis Yang

Tenticospirifer kwangsiensis Tien

Barunkhutaraya indrengyensis Lazarev

Stenaulacorhynchus cf. *cheshmehshirensis*(Sartnaer)

Megalopterorhynchus cf. *haynesi* Sartenaer 24.54m

36. 下部为黑色厚层状含粉砂质微晶灰岩，上部为薄层状—纹层状粉砂质灰岩。两者呈渐变过渡关系，由厚层—薄层—页片状，水平纹层发育 4.51m

35. 黑色薄层珊瑚泥晶灰岩与黑色粉砂质页岩互层。上部为黑色粉砂质页岩夹泥晶灰岩 4.51m

34. 灰色薄层状泥晶灰岩夹灰黄色页片状粉砂质灰岩。波状层理，含腕足类化石

腕足类：*Cleiothyridian* cf. *coloradensis*(Girty)

Cleiothyridina wideplana Sun(sp. nov.)

Ptychomaletoechia sp. 7.38m

33. 灰黄色厚层条带状含生物屑粉砂质灰岩夹灰色薄层含生物屑粉砂质灰岩。含丰富的腕足类及珊瑚、三叶虫等化石

腕足类：*Schzophoria impressssa* (Hall)

Reticulariopsis lemaitreae Brice

Schellwienella cf. *percha*(Stainbrook)

Cleiothyridian cf. *coloradensis*(Girty)

Sentosia praecursor(Stainbrook)

Cyrtospirifer crassiplicatus Brice

三叶虫：*Phacops* sp. 21.54m

32. 灰色中薄层状含生物屑泥晶灰岩。水平层理，含腕足类和珊瑚 *Cladopora* sp. 19.07m

31. 黑色厚层状微晶含生物屑粉屑灰岩 72.47m

30. 灰白色孔洞状细粒石英岩状砂岩 27.94m

29. 黑色钙质粉砂岩与灰红色石英砂岩互层 10.75m
28. 黑色钙质粉砂岩夹灰色细粒石英砂岩 24.69m

一段(D_2l^1) **厚度 329.14m**

27. 灰白色厚层状细晶白云岩与薄层状细晶白云岩互层(露头差)。发育鸟眼构造 72.89m
26. 灰白色薄层状细晶白云岩夹灰白色厚层状细晶白云岩。水平纹层发育,具鸟眼构造 30.09m
25. 灰白色薄层状微晶白云岩夹灰白色薄层竹叶状砾屑白云岩(露头差) 59.58m
24. 灰白色薄层状粉晶白云岩夹灰白色厚层状微晶白云岩 18.70m
23. 灰白色中层状微晶白云岩。微晶结构,块状构造 10.58m
22. 灰白色薄层状微粉晶白云岩。水平纹层发育 39.21m
21. 灰白色中层—厚层状微粉晶白云岩。微粉晶结构,水平纹层理 36.21m
20. 灰白色薄板状粉晶白云岩 5.81m
19. 灰白色中薄层夹薄层状粉晶白云岩。水平层理,藻纹层理 4.65m
18. 灰白色厚层状粉晶白云岩 5.04m
17. 灰白色薄层状粉晶白云岩。水平纹层发育 32.64m
16. 灰白色中层—厚层状粉晶白云岩 2.39m
15. 灰白色薄层状粉晶白云岩。层系厚 7～10cm,水平纹层发育 2.39m
14. 灰白色厚层状粉晶白云岩。水平纹层发育 8.96m

———————— 整　合 ————————

下伏地层:泥盆系兽形湖组

3. 地层特征

一段(白云岩段)(D_2l^1):与兽形湖组整合接触,主要组成岩性为灰白色薄层粉晶白云岩、厚层微晶白云岩、细晶白云岩夹灰白色薄层砾屑白云岩及厚层微粉晶白云岩。水平层理、藻纹层理、鸟眼构造发育。该组横向上岩性相对稳定,但厚度变化较大,由西向东逐渐增厚,兽形湖一带厚约 126.54m,拉竹龙一带厚约 271.94m,双点达坂一带厚约 329.14m。

二段(灰岩段)(D_3l^2):以白云岩结束和细粒石英砂岩或生物灰岩的出现分界,与一段整合接触。该段以灰岩为主,在兽形湖一带未见顶,出露厚度为 218.2m,主要岩性为灰色、深灰色、灰黑色中厚层砂屑微晶,泥晶灰岩,砂质砂屑亮晶灰岩,叠层石含云粉晶灰岩,生物骨架泥晶灰岩,含生物屑球粒微晶灰岩等,中部夹有四层叠层礁石灰岩及 1～2 层灰白色薄层—中层细粒石英砂岩,最厚一层叠层石礁灰岩厚度为 12m 左右,并见有珊瑚礁灰岩。灰岩以水平层理为主,石英砂岩发育大型交错层理,常见虫孔、生物遗迹等层面构造。生物骨架灰岩、生物屑球粒灰岩中含极丰富的动物化石。其中本次剖面测制采集到大量生物化石,主要为珊瑚、腹足类及腕足类等。珊瑚:*Hexagonaria* sp.,*Coenites* sp.,*Pterorrhiza* sp.,*Margaretopora* sp.;腹足类:*Naticopsis* sp.;腕足类:*Gypidula uniplicata* Zhao, *Lorangella* sp., *Nemesa* sp.,*Spinatrypa* cf. *ningxiangensis* Zhao, *Desquamatia* cf. *shetienchiaoensis*, *Tenticosp.* cf. *vilis*(Grabau),*Tenticospirifer* cf. *vilis* var *kwangsiensis* Tien,*Adolfia* cf. *plicata* Zhao,*Camarospira minor* sp. nov., *Camarophonella*? sp.,*Meristina* sp.,*Tenticospirifer* cf. *subhayasakai* Grabau,*Warrenella* sp.,*Tenticospirifer* cf. *tenticulum*(Verneuil),*Emanuella transversa* Grabau, *Adolfia* cf. *subhayasakai* Grabau。

据岩性组合及纵向叠覆规律,划分出的沉积层序类型见图 2-7。A 型由(角砾状)厚层微晶白云岩—中厚层微晶白云岩组成,只出现于拉竹龙组一段,单个层序厚 2.2～3.7m。层序下部微晶白云岩似角砾状(干裂),层系厚 10～20cm,纹层不发育;向上微晶白云岩层理变薄,水平毫米级纹层、低角度斜纹层发育。顶部具帐篷构造、鸟眼构造,局部发育大量空洞,少数较大的空洞被后期方解石充填,其特点显示了碳酸盐局限台地或台地蒸发沉积。

B 型由亮晶砂质砂屑灰岩—叠层石粉晶灰岩—泥晶生物(海绵骨架)骨架灰岩组成,主要出现于拉竹龙组二段下部和上部,单个层序一般厚 6～20m,最厚可达 40～60m,层序厚度的增大主要是层序上部泥晶生物骨架灰岩的增厚,垂向上层序厚度变化无规律。总体二段下部,亮晶砂质砂屑灰岩平行层理、

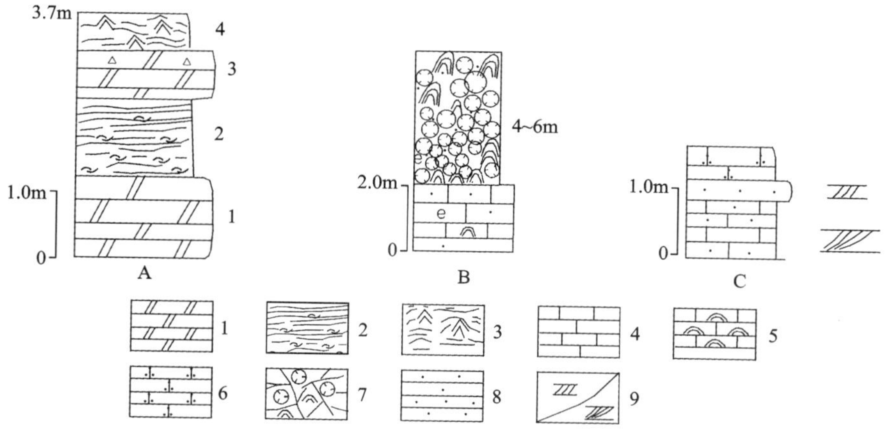

图 2-7 拉竹龙组基本层序类型

1.角砾状微晶白云岩;2.具鸟眼白云岩;3.具帐篷构造白云岩;4.砂质砂屑灰岩;5.叠层石粉晶灰岩;6.生物球粒灰岩(骨架灰岩);7.骨架灰岩;8.石英砂岩;9.板状层理/斜层理

小型斜层理发育,厚度较大,占单个层序厚的 70%～80%,而上部层序中,泥晶生物(海绵骨架)骨架灰岩厚度增大,占单个层序厚的 60%～80%。生物骨架灰岩呈块状,层理不发育,骨架间多被生物屑、内碎屑及个体保存完整的腕足类化石充填,该层序为典型的开阔碳酸盐台地-点礁组合特征。

C 型层序由亮晶砂质砂屑灰岩—石英砂岩—微晶含生物屑球粒灰岩组成,出现于二段中部,单个层序厚小于 2.0m,砂屑灰岩发育斜层理,石英砂岩发育波状交错层理(图版Ⅱ,6),层系厚 30～40cm。属礁间高能浅滩沉积的产物。

综上所述,泥盆系拉竹龙组地层结构总体特点是:沉积相由局限台地→开阔台地→礁相,与兽形湖组一起反映一个较完整的海侵过程(图 2-8),早期的海侵以带入大量的陆源碎屑沉积为特征,水体浑浊度略高且略较动荡,生物种类相对较少,所见化石大都是延续时代较长的分子,因此海侵碎屑岩中只含少量保存完整的腕足类化石,中期逐渐由海侵碎屑岩过渡为局限台地,最终形成开阔碳酸盐台地,同时出现了大量的腕足、腹足及单体珊瑚等生物群,并发育了较多的点礁。这个成礁期就是海侵范围最广的时期,是海侵的高潮,同时也是海退的起点。

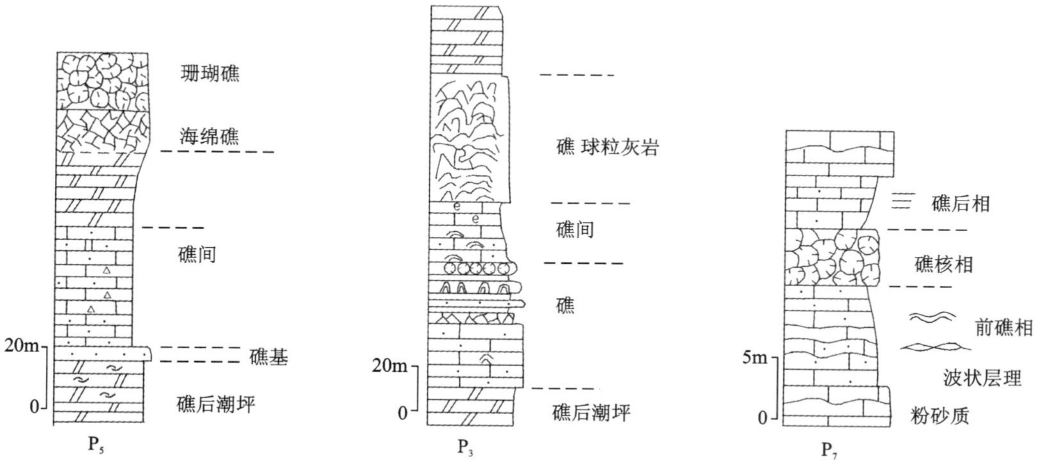

图 2-8 拉竹龙组不同剖面的地层结构图

横向上岩性变化相对稳定,但其厚度变化较大(图 2-9),在兽形湖一带,该组出露厚度为 248.41m。其中一段厚度为 126.54m,岩性为灰白色中厚层粉晶白云岩;二段厚度为 121.87m,由两个点礁层序叠置而成,岩性主要为灰色薄层亮晶砂质砂屑灰岩、生物屑灰岩和生物骨架灰岩。在拉竹龙一带,该组出露厚度为 371.79m,其中一段厚 271.94m,岩性主要为青灰色中厚层、厚层微晶白云岩和中晶白云岩,毫

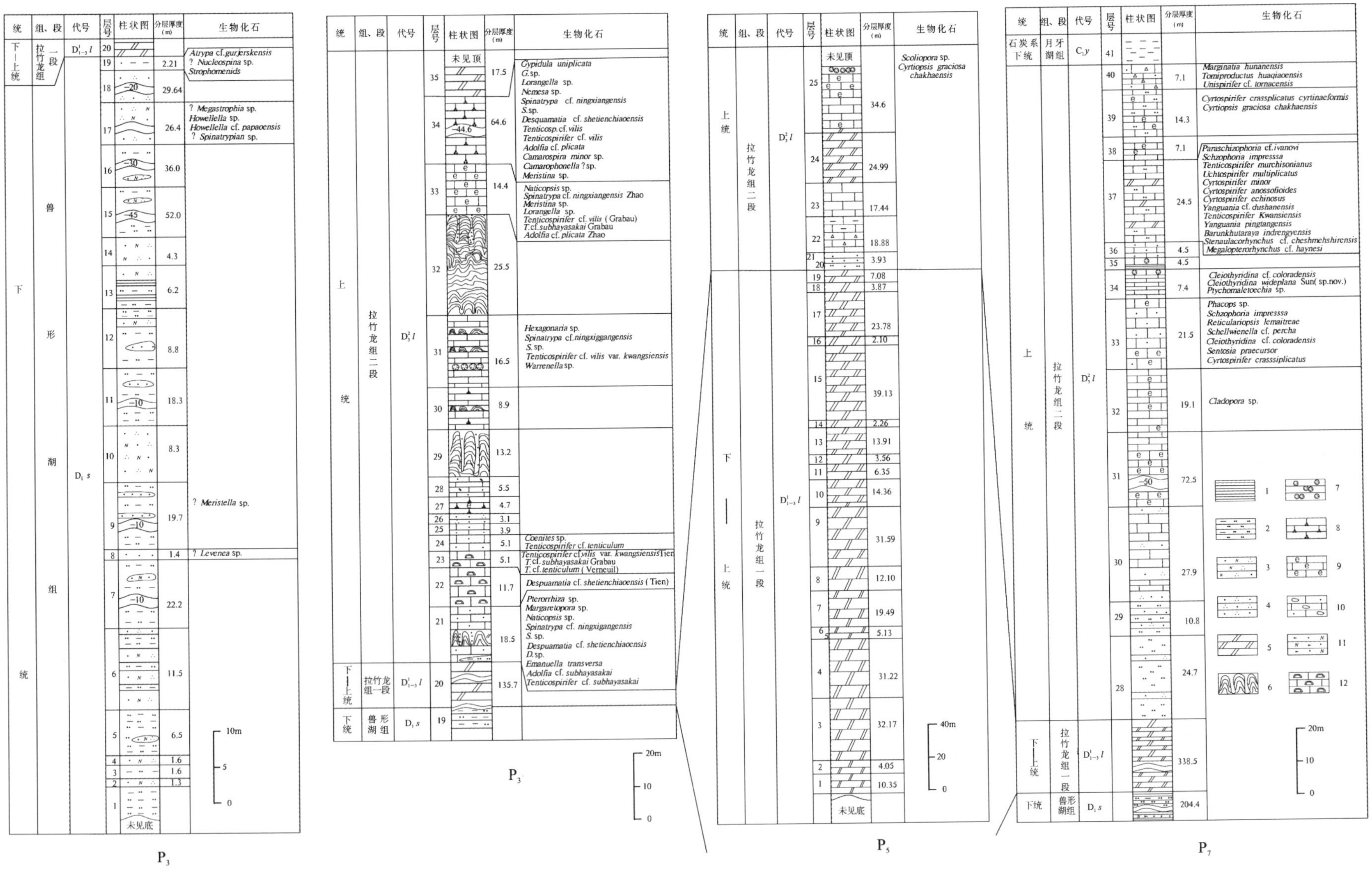

图2-9　泥盆系兽形湖组和拉竹龙组柱状对比图

1.页岩；2.粉砂质泥岩；3.长石石英砂岩；4.石英砂岩；5.白云岩；6.生物礁灰岩；7.珊瑚礁灰岩；8.球粒灰岩；9.生物碎屑灰岩；10.砾屑、砂屑灰岩；11.长石岩屑砂岩；12.生物骨架灰岩

米级水平纹层发育，具帐篷构造、鸟眼构造。二段厚100m左右，岩性主要为灰白色细粒石英砂岩、黑色中厚层亮晶砂屑灰岩及灰色厚层、巨厚层含生屑海绵泥晶灰岩和亮晶珊瑚灰岩，由下往上总体表现为一套礁相组合。在双点达坂一带该组顶底齐全，其底部与兽形湖组整合接触，顶部被石炭系下统月牙湖组整合覆盖，该组厚达575.10m。双点达坂一带的拉竹龙组二段与兽形湖剖面上的岩性有所区别，其下部为黑色钙质粉砂岩夹灰色细粒石英砂岩、泥晶灰岩；中部为黑色厚层含生物屑粉屑微晶灰岩；上部主要为灰色、灰黄色含生物屑泥晶灰岩，含粉砂粉屑亮晶灰岩，含生物屑粉砂质灰岩，局部夹灰黄色含粉砂灰质白云岩、灰黄色泥岩等。其中由（第34—36层）灰色薄层泥晶灰岩夹黑色粉砂质页岩—珊瑚泥晶灰岩—含粉砂质微晶灰岩构成典型的点礁层序。水平层理，波状层理发育。该段上部含丰富的腕足类及珊瑚化石。本次采集到的腕足类化石主要有：*Cyrtospirifer crassplicatus cyrtinaeformis* Brace，*Cyrtiopsis graciosa chakhaensis* Brice，*Paraschizophoria* cf. *ivanovi*（Tchernychev），*Schzophoria impresssa*（Hall），*Tenticospirifer murchisonianus*（Kchernychev），*Uchtospirifer multiplicatus* Brice，*Cyrtospirifer minor* Tan，*Cyrtospirifer anossofioides*（Grabau），*Cyrtospirifer echinosus*（Liachenk），*Yanguania* cf. *dushanensis*（Yang），*Yanguania dushanensis*（Yang），*Tenticospirifer kwangsiensis* Tien，*Yanguania pingtangensis* Yang，*Barunkhutaraya indrengyensis* Lazarev，*Stenaulacorhynchus* cf. *cheshmehshirensis*（Sartnaer），*Megalopterorhynchus* cf. *haynesi* Sartenaer，*Cleiothyridina* cf. *coloradensis*（Girty），*Cleiothyridina wideplana* Sun（sp. nov.），*Ptychomaletoechia* sp.，*Reticulariopsis lemaitreae* Brice，*Schellwienella* cf. *percha*（Stainbrook），*Sentosia praecursor*（Stainbrook），*Cyrtospirifer crassiplicatus* Brice，*Crurithyris urii*（Flaming），*Cyrtospirifer yantangensis* Tan，*Schizophoria resupinata*（Martin）。珊瑚主要为：灌木孔珊瑚（*Thamnoprora*）和枝孔珊瑚（*Cladopora* sp.）。共见12属20种，其中许多都是标准化石，其化石时代主要属于晚泥盆世早期。

4. 岩石特征及沉积环境分析

1）岩石特征

该组的岩石类型主要为碳酸盐岩，其次夹少量碎屑岩。碳酸盐岩主要为亮晶砂质砂屑灰岩、叠层石含云质粉晶灰岩、含生物屑球粒灰岩、泥晶生物骨架灰岩、含生物屑海绵泥晶灰岩、珊瑚灰岩，以及微晶、粉晶、细晶白云岩等。碎屑岩主要类型为石英砂岩、粉砂质泥岩及黑色页岩。

（1）碎屑岩

石英砂岩　为本组碎屑岩主要岩性之一，呈灰白色，中—细粒砂状结构，块状构造。碎屑含量94%，胶结物占5%，杂基含量小于1%。碎屑组分单一，主要为单晶石英，占碎屑总量的99%以上，大小0.1～0.5mm；其次长石、重矿物碎屑少量。碎屑颗粒多呈次圆状，分选好，磨圆度高。胶结物成分主要为硅质，其次为铁质。孔隙式胶结，颗粒支撑。岩石的结构成熟度和成分成熟度极高，据此成因分析，其形成于水动力较强的潮坪环境。

（2）碳酸盐岩

亮晶砂质砂屑灰岩　呈灰、浅灰色，砂质砂屑结构，层状构造。碎屑颗粒由砂屑、粉砂、生物屑组成，其中砂屑占30%～70%，成分为泥晶、微晶、粉晶灰岩和含粉砂质泥晶灰岩，呈次圆状、圆状；粉砂占25%～40%，成分主要为单晶石英，呈次棱角状，大小0.06～0.5mm；生物屑含量小于10%，主要由棘皮、介形虫、腕足、苔藓虫等组成，大小不等，长形颗粒定向排列。胶结物含量15%～35%，成分为亮晶粒状方解石，多重结晶形成连生（嵌晶）胶结。

叠层石粉晶灰岩　呈深灰色，粉晶结构，叠层状构造。纵切面呈穹隆状，横切面呈同心环状，由暗纹层和亮纹层相互交替构成，纹层厚约0.05～0.2mm，成分均为粉晶方解石，暗纹层由泥晶组成，矿物表面不干净，透明度较差，亮纹层由亮晶方解石组成，表面干净透明。

含生物屑球粒灰岩　呈灰色，球粒结构、生物骨架结构，块状构造。颗粒由球粒、生物屑组成，其中球粒含量65%左右，成分为泥晶方解石，富含有机质，圆状、椭圆状，大小0.05～0.2mm，密集分布，充填于层孔虫、海绵生物骨架间；生物屑占10%～15%，主要由棘皮类、介形虫、腕足、海绵骨针等组成；填隙物为微晶方解石，含量20%～25%。

泥晶生物骨架灰岩 呈深灰色，生物骨架结构，块状构造。骨架生物为海绵，横切面呈圆形、椭圆形，纵切面呈脑纹状骨架，骨架内被亮晶方解石充填。骨架间隙由泥晶方解石、生物屑充填，其含量约10%～30%，泥晶方解石呈粒状微透明，富含有机质。生物屑为棘皮、腕足、介形虫等，大小0.1～5.0mm。

珊瑚灰岩 呈深灰色，生物骨架结构，块状构造。骨架生物主要由六方珊瑚、灌木孔珊瑚构成，横切面呈大小相近的六边形或圆形、椭圆形，相互连接呈簇状，管壁厚约0.05～0.2mm，为层纤结构。长短隔壁及横板发育，其中长隔壁有8～9对，延伸至中柱，体腔内亮晶充填。骨架间隙被泥晶方解石、生物屑及少量石英砂充填。

白云岩 呈浅灰色、灰白色，主要为微晶结构、粉晶结构及中细晶结构，块状构造。成分由白云石、黄铁矿、泥铁质组成，其中白云岩含量95%～99%，自形粒状，紧密镶嵌分布，黄铁矿少量，较自形粒状，星点状不均匀分布，泥铁质含量1%～5%，呈灰褐色分布于矿物间隙或裂隙中。

2）岩石化学特征

剖面测制过程中，对该组不同类型的碳酸盐岩进行了拣块取样，碳酸盐岩化学成分见表2-2。从表上可知，灰岩中CaO含量较低，SiO_2含量、K_2O/Na_2O值及陆源物含量较高，为离海岸较近的浅海沉积。粉晶白云岩MgO含量高，SiO_2含量极低，陆源物含量很低，可能为障壁礁后的台地蒸发沉积。

表2-2 拉竹龙组碳酸盐岩岩石化学成分表(%)

样号	岩性	SiO_2	TiO_2	Al_2O_3	Fe_2O_3	MnO	MgO	Na_2O	CaO	K_2O	P_2O_5
P7TS-1	粉晶白云岩	1.63	0.04	0.36	0.06	0.02	18.67	0.04	32.44	0.04	0.02
P7TS-2	微晶灰岩	10.91	0.15	0.67	0.14	0.02	0.60	0.05	48.12	0.18	0.07
P7TS-3	粉砂质灰岩	31.50	0.34	1.84	0.61	0.02	1.76	0.06	32.86	0.77	0.04

3）沉积环境（及构造环境）分析

综上所述，拉竹龙组据其岩性、岩相组合、沉积构造、生物特征，并结合沉积层序和岩矿特征，总体为一套局限台地→开阔碳酸盐台地加点礁的碳酸盐岩建造。其识别依据如下。

a. 沉积层序特征，不同类型的基本层序反映出不同的微环境。A型层序反映出海退后期或海侵初期，由局限台地或台地蒸发沉积形成的产物组成，说明当时水体较浅且流通不畅；B型、C型层序反映出海侵范围最大时期，由局限台地演化为开阔的碳酸盐台地，形成退积型层序的叠置。

b. 沉积构造方面，拉竹龙组一段白云岩中，鸟眼构造、帐篷构造、层孔（空洞）构造发育，且层间夹有浅紫红、褐红色，外貌多呈角砾状，层面凹凸不平的白云质泥岩暴露标志层，说明气候温暖炎热，水体极浅，并可能接近当时的古海岸线。砂质砂屑灰岩、石英砂岩以波状层理、斜层理为主，其特征显示了一种高能浅滩水动力条件较强的沉积环境。该组叠层石形态和组合类型属SS型球状组合[据洛甘(Logan，1964)等人]，形成于潮间带下部和潮下带充分搅动的环境，围绕其他碎屑，在水底长期滚动而形成。

c. 砂岩的结构成熟度和成分成熟度极高，碎屑成分为单一的单晶石英，分选好、磨圆度高，垂向上与亮晶砂质砂屑灰岩、生物骨架灰岩共生。应属礁间高能浅滩沉积的产物。

d. 在古生物特征上，珊瑚、层孔虫、海绵等造礁生物在波浪带生长而形成珊瑚礁灰岩、生物骨架（海绵礁）灰岩及含生物屑球粒灰岩等，其古水深为10～50m，同时出现了大量的腕足、腹足及单体珊瑚等附礁生物群，说明气候适宜、盐度正常，光照充足，生物极其繁盛，在适宜的古地理部位形成珊瑚礁、海绵礁、层孔虫礁体。总体表现为开阔碳酸盐台地，并发育了较多的点礁或堤礁。

5. 生物礁特征

1）礁体的宏观特征及结构

礁体发育于日土县兽形湖、拉竹龙及双点达坂一带泥盆纪的碳酸盐岩地层中，该区晚泥盆世拉竹龙组为一套开阔台地相碳酸盐建造，出现了许多点礁或堤礁等。

位于兽形湖南岸一带(P_2剖面)的生物礁属堤礁，由珊瑚种群及层海绵构成叠置礁，横向上(兽形湖南岸)可见三个呈串珠状展布的珊瑚礁体，地貌上表现为浑圆状小山丘(图版Ⅱ,7、8)，近东西向分布，高5～10m，大者直径40～50m，小者10～20m，呈块状不显层理，礁体之间为亮晶生物屑砂砾屑灰岩、含生物屑粉屑微晶灰岩。兽形湖北岸(P_3剖面)，剖面垂向上共出现两层礁体(图2-10)，下部礁体以海绵骨架为特征，厚约8.72m。由礁基、礁核、礁顶组成。礁基由亮晶砂质砂屑灰岩、叠层石含云质粉晶灰岩组成；礁核主要由造礁生物骨架和球粒泥晶灰岩组成，礁核又可分为礁冠、礁坪和礁前沿带，礁冠以海绵生物骨架灰岩为特征，礁坪以生物屑球粒灰岩、砂砾屑灰岩和石英砂岩为特征，礁前沿带以生物骨架灰岩和生物屑泥晶灰岩组合为特征(图版Ⅲ,1、2)；由于海平面上升，礁体的顶部被深灰色薄层泥晶灰岩、另一个不同的礁体(珊瑚礁)覆盖。说明海平面上升幅度与礁生长速度一致，一个个礁都在大致同一个地带生长于另一个礁体的顶上。而在拉竹龙、双陷达坂一带，主要以点礁发育为特征，垂向上礁核由黑色珊瑚泥晶灰岩和黑色泥页岩相互叠置为特征，厚度约4.5m；礁格架由群体珊瑚原地生长构成，珊瑚间被60%的泥晶方解石、10%左右的生物碎屑和少量石英碎屑充填。横向上礁核两侧岩性组合基本一致，但沉积构造及生物组合有所不同，一侧岩性为灰色薄层状泥晶灰岩夹灰黄色页片状粉砂质灰岩，波状层理、脉状、透镜状层理，生物组合主要为 *Reticulariopsis lemaitreae* Brice(层片似网格贝)—*Cleiothyridian* cf. *coloradensis*(Girty)(科罗拉多锁窗贝)—*Sentosia praecursor*(Stainbrook)(先驱桑托斯贝)—*Phacops* sp.(三叶虫)等；另一侧岩性为黑色厚层状含粉砂质微晶灰岩，向上过渡为薄层状—纹层状含粉砂质灰岩，水平纹层发育，生物繁盛且种类极多，主要由 *Cyrtospirifer* sp.(弓石燕)—*Tenticospirifer* sp.(帐幕石燕)—*Yanguania* sp.(岩关贝)—*Megalopterorhynchus* sp.(大翼嘴贝)组合为特征。说明礁的一侧海水较动荡，带入的陆源碎屑较多，适应该环境的生物种类相对较少；而另一侧海水相对宁静，适应底栖营固生活的具铰纲得到大量繁衍，特别是弓石燕属的发展，达到了其顶峰。

层号	厚度(m)	结构图	沉积环境		主要岩性
26	4.11		礁		珊瑚泥晶灰岩
25	2.23		礁间	礁	泥晶灰岩
24	3.29		礁冠		生物骨架灰岩（层孔虫）、海绵
23	1.73		礁坪		生物屑砾屑灰岩、砂屑灰岩、生物屑球粒灰岩
22	0.52				
21	0.34				细粒石英砂岩、含砂质砂屑亮晶灰岩
20	0.99				
19	1.85		礁前沿		生物骨架灰岩、生物屑灰岩
18	21.28		礁基		含生物屑砂质砂屑灰岩

图2-10　泥盆系拉竹龙组二段礁相结构图

2）生物礁组成

(1) 造礁生物

生物礁主要由群体珊瑚、海绵、层孔虫组成。

珊瑚：主要有共槽珊瑚（*Coenites* ）、六方珊瑚（*Hexagonaria*）、灌木孔珊瑚（*Thamnoprora*）、潘涅克珊瑚（*Peneckiella*）、丛分珊瑚（*Phacellophyllum*）、鳞巢珊瑚（*Squameofavosites*）、珍珠孔珊瑚（*Margaretopora*）、石木珊瑚（*Stereoxylodes*）、簇棚珊瑚（*Corwenia*）、中国头蓬珊瑚（*Sinochlamydophyllum*）等（图版Ⅲ，3；图版Ⅳ）。珊瑚礁主要分布于拉竹龙、双陷达坂一带。

海绵：是重要的造礁生物之一，又称多孔动物，海绵生物骨架横切面呈圆形、椭圆形，纵切面呈不规则脑纹状。海绵生物礁分布于兽形湖、拉竹龙一带。

层孔虫：属腔肠动物，都是群体，为海生固着底栖生物。亦是本区泥盆纪的主要造礁生物。由层孔虫形成的礁体（兽形湖剖面 29 层）厚度达 42.17m。层孔虫主要有 *Labechia* Edw. et H.（拉贝希层孔虫）、*Amphipoya* Schulz（双孔层孔虫），前者呈块状，表面以蠕虫状突起、细层呈泡沫状为特征；后者呈分枝状，以具轴管、管的周围布以泡沫状细层为特征。其生物礁主要分布于兽形湖一带。

（2）附礁生物

主要种类有腕足、腹足、海百合、单体珊瑚、三叶虫等（图版Ⅴ、Ⅵ、Ⅶ、Ⅷ）。其中以腕足类最为繁盛为特征，其主要种属有帐幕石燕（*Tenticospirifer* ），刺无洞贝近似宁乡种（*Spinatrypa* cf. *ningxianlegensis*），剥鳞贝近似佘田桥种（*Desquamatia* cf. *shetienchiaoensis*），层片似网格贝（*Reticulariopsis lemaitreae* Brice），科罗拉多锁窗贝（*Cleiothyridian* cf. *coloradensis*），先驱桑托斯贝（*Sentosia praecursor*），弓石燕（*Cyrtospirifer*），岩关贝（*Yanguania*），大翼嘴贝（*Megalopterorhynchus*）等组合为特征。腹足有莫氏圆脐螺（*Straparollus mortoni*），似玉螺（*Naticopsis* ）等。

从上述剖面介绍可见，生物组合及分布区域东部和西部有所差异，西部兽形湖一带生物组合中出现的主要种属为帐幕石燕（*Tenticospirifer*）—刺无洞贝近似宁乡种（*Spinatrypa* cf. *ningxiangensis*）—剥鳞贝近似佘田桥种（*Desquamatia* cf. *shetienchiaoensis*）；到东部双陷达坂一带以层片似网格贝（*Reticulariopsis lemaitreae* Bric）—科罗拉多锁窗贝（*Cleiothyridian* cf. *coloradensis*）—先驱桑托斯贝（*Sentosia praecursor*）组合和弓石燕（*Cyrtospirifer*）—岩关贝（*Yanguania*）—大翼嘴贝（*Megalopterorhynchus*）组合为特征。其个体保存状态完整，层位相对稳定。

（3）充填物

造礁生物间主要充填泥晶方解石、砂屑、粉屑、生物碎屑、砾屑、石英细砂。在海绵生物骨架间充填10%～30%泥晶方解石、10%生物碎屑，以及少量砂屑、粉屑、砾屑。在珊瑚礁格架间被 60%的泥晶方解石、10%左右的生物碎屑和少量石英碎屑充填，说明其形成的微环境略有不同，造礁珊瑚更适宜于透光性好的清澈水域环境。

6. 时代划分依据

在实测剖面中采集到大量古生物化石，化石的鉴定工作由中国科学院南京地质古生物研究所完成（鉴定人同前）。化石主要属于晚泥盆世早期，相当于弗拉斯期（Frasnian），如 *Tenticospirifer* 此属分布于世界各地，而且仅见于晚泥盆世，此属共有 4 种，从面貌上看接近于 D_3^1，另外 *Adolfia* 的时代也仅限于 D_1^3—D_3^1，此属仅有一种，在湖南也见于 D_3^1，而 *Warrenella* 时代也仅限于泥盆纪。除此，地层中还有大量的无洞贝类，如 *Desquamatia* 和 *Spinatrypa*，其时代也仅限于 D_1—D_3^1。除这两大类外，还有一些小咀贝类，如 *Lonrangella*，此属在加拿大也仅限于 D_3^1。总之，从腕足时代看应为 D_3^1。但在双点达坂剖面的腕足类化石则主要是法门期（Famennian）的代表，显示了与阿富汗和华南地区腕足动物群的相似性。*Megalopterorhynchus* cf. *haynesi* Sartenaer，*Uchtospirifer multiplicatus* Brice，*Schizophoria impressa*，*Crurithyris urii*，*Cyrtospirfer crassiplicatus* Brice，*Cyrtiopsis graciosa chakhaensis* Brice 等均为阿富汗法门期属种和相似属种。而 *Tenticospirifer murchisonianus* （Koninck），*Cyrtospirifer minor* （Tan），*Cyrtospirifer yantangensis* Tan，*Schizophoria resupinata* （Martin）等也都是广西、湖南上泥盆统法门阶的标准化石。

通过以上讨论可知：区内拉竹龙组二段时代为晚泥盆世，其下部为弗拉斯期，上部为法门期，拉竹龙组一段只能根据其产出层位推断为中泥盆世。

二、石炭系—二叠系

（一）北羌塘地层区

北羌塘地层区内石炭系主要为一套正常浅海相碳酸盐岩-碎屑岩建造，缺失二叠系。石炭系主要分布于双点达坂一带，地层走向近东西向，倾角一般较陡，总体呈条带状展布。通过本次剖面测制，依据其岩性特征、岩相组合及古生物特征可划分为月牙湖组和冈玛错组。

1. 月牙湖组

1）地层沿革、分布及划分依据

1987年西藏区调队将双点达坂至月牙湖一带的石炭系下统划分并创名为月牙湖组、双陷达坂组，将石炭系上统划分为恰提尔群3个地层单位，1993年《西藏自治区区域地质志》沿用了上石炭统月牙湖组、双陷达坂组这一划分方案，而将上石炭统称为龙木错群。1999年《西藏自治区岩石地层》将分布于该地区的下石炭统月牙湖组、双陷达坂组合并，统称为月牙湖组，将上石炭统划分为冈玛错组。本次工作通过剖面测制，沿用《西藏自治区岩石地层》这一划分方案，将中上泥盆统拉竹龙组白云岩与冈玛错组碎屑岩之间的一套深灰色薄层灰岩、泥灰岩夹黑色页岩的地层，下部厘定为拉竹龙组二段，上部厘定为月牙湖组。其底部与泥盆系拉竹龙组为连续沉积，岩性上以拉竹龙组顶部一层灰黄色角砾状、团块状粉砂质灰岩为标志，但在野外较难划分，因此依据化石无洞贝类的绝灭和 *Unispirifer* - *Syringothyris* 的大量出现作为月牙湖组的底界。

2）剖面描述

该剖面位于西藏日土县月牙湖—双点达坂东一带，起点坐标：$X=3873787$，$Y=14599538$，$H=5\,275$m；终点坐标：$X=3871144$，$Y=14598650$，$H=5\,220$m。剖面编号为 P_7，该组相当于实测地层剖面第41—50分层。

上覆地层：石炭系冈玛错组　灰红、灰白色薄层—中薄层状细粒石英砂岩

——————— 整　合 ———————

石炭系月牙湖组（C_1y） **厚度 243.96m**

二段（C_1y^2） **厚度 128.45m**

50. 灰色厚层—中层状泥晶灰岩 41.15m

49. 灰色薄层状中晶白云岩夹灰色鲕粒灰岩透镜体。白云岩（孔洞）鸟眼构造发育，与下伏小层渐变过渡 37.96m

48. 灰色、黑灰色中薄层状—薄层状亮晶含生物屑鲕粒灰岩。底部鲕粒较大，向上鲕粒逐渐变小，含量增多 31.48m

47. 灰色、深灰色厚层—中层状亮晶含生物屑鲕粒灰岩夹残余鲕粒灰质白云岩。生物屑杂乱分布，主要为棘皮、腕足、介形虫、有孔虫。与下伏地层渐变过渡 17.86m

一段（C_1y^1） **厚度 115.51m**

46. 灰色、深灰色页片状生物屑粉砂质灰岩。波状层理，含海百茎、珊瑚、腕足类及叠层石等

腕足类：*Setigerites setigerus*（Hall）

Athyris yazitangensis Jin et liao

Phricodothyris cf. *datangensis* Yang 13.61m

45. 灰黄色粉砂质灰岩夹黑色薄层状生物屑灰岩。生物屑多分布于层面，海百合茎、珊瑚较下层丰富，腕足类个体较下层偏小

珊瑚：*Paracaninia* sp.

Tachylasma sp.

腕足类：*Eochoristites neipentaiensis* Chu

Unispirifer striatoconvolutus(Benson & Dun)
Dimegelasma neglietum(Hall)
Leptagonia analoga(Phillips)
Linoproductus cf. *corrugatus*(M'Coy) 23.31m

44. 黑色薄层状亮晶生物屑灰岩夹灰黄色页片状粉砂质灰岩。波状层理,亮晶灰岩中含珊瑚、海百合茎、腕足类等生物化石
珊瑚:*Tachylasma* sp.
腕足类:*Tomiproductus elegantulus*(Tolmatchoff)
Marginatia hunanensis Tan
Rhipidomella yunnanensis Jin et Fang
Brachythyris cf. *chouteauensis*(Weller) 38.30m

43. 黑色泥岩夹黑色薄层粉砂质灰岩。泥岩页理较发育,波状层理 9.19m

42. 灰黄色页片状粉砂质灰岩夹黑色薄层粉砂质灰岩。两者呈渐变过渡关系,波状层理,似脉状层理。泥灰岩中含丰富的腕足类化石
腕足类:*Tomiproductus huaqiaoensis*(Tan)
Ptychomaletoechia pleurodon(Phillips)等 15.40m

41. 黑色泥岩夹黑色薄层粉砂质灰岩。灰岩中含丰富的腕足类化石
腕足类:*Marginatia hunanensis* Tan
Tomiproductus huaqiaoensis(Tan)
Unispirifer cf. *tornacensis*(Konirck) 15.70m

——————— 整 合 ———————

下伏地层:泥盆系拉竹龙组

3) 地层特征

该组分布于月牙湖北西至双点达坂一带,与下伏泥盆系拉竹龙组整合接触,根据岩性组合可分为两个岩性段。

一段(C_1y^1):下部岩性为黑色泥岩夹灰黄色、黑色薄层粉砂质灰岩;上部岩性为黑色生物屑亮晶灰岩夹灰黄色页片状粉砂质灰岩(图版Ⅸ,1、2)。波状层理、脉状层理发育。含极丰富的古生物化石,以腕足类及珊瑚、海百合茎为主。

二段(C_1y^2):下部岩性为灰、深灰色厚层—中层含生物碎屑亮晶鲕粒灰岩、灰色中层中晶白云岩夹灰黄色残余鲕粒灰质白云岩;上部为灰色厚—中层泥晶灰岩。含大量古生物化石碎片,化石保存完整性较差。

据1∶100万日土县幅地质报告,二段泥灰岩中含丰富的珊瑚、腕足类化石等。腕足类:*Finospirfer* sp.,*Yangniuania*? sp.,*Unispirifer*? sp.,*Fluctuaria* sp.,*Cleiothyridina* cf. *submabranacea*(Grabau),*Punctospirifer* sp.,*Dictyoclostus* sp., *Camarotoechia* sp., *Spirifer* sp., *Tenticospirifer* sp.,*Cleiothyridina* cf. *submabranacea*;珊瑚类:*Siphonophyllia* sp.,*Caninia* sp.,*Zaphrentites* sp.,*Z. subcarrufers*,*Yunanophyllum kansuense*,*Neozaphrentites* sp.,*Bradyphyllum* sp.,*Parahumboldia* sp.。

本次工作采集到的古生物化石主要有,腕足类(图版Ⅸ,3;图版Ⅹ):湖南边脊贝 *Marginatia hunanensis* Tan,花桥矮小长身贝 *Tomiproductus huaqiaoensis*(Tan),杜内单石燕 *Unispirifer* cf. *tornacensis*(Konirck),偏齿褶房贝 *Ptychomaletoechia pleurodon*(Phillips),美丽矮小长身贝 *Tomiproductus elegantulus* (Tolmatchoff),云南房褶贝 *Rhipidomella yunnanensis* Jin et Fang,考陶腕孔贝(比较种) *Brachythyris* cf. *chouteauensis*(Weller),雷彭台始分喙石燕 *Eochoristites neipentaiensis* Chu,细纹卷曲单石燕 *Unispirifer striatoconvolutus* (Benson & Dun),忽略大双板石燕 *Dimegelasma neglietum* (Hall),类似薄角贝 *Leptagonia analoga*(Phillips),? 皱纹纹线长身贝(比较种) *Linoproductus* cf. *corrugatus*(M'Coy),典型发刺贝 *Setigerites setigerus*(Hall),鸭子塘无窗贝 *Athyris yazitangensis* Jin et liao,大塘纹窗贝(比较种)*Phricodothyris* cf. *datangensis* Yang;珊瑚类:速壁珊瑚(未定种)*Tachylasma* sp.,? 似犬齿珊瑚(未定种)? *Paracaninia* sp.。

据岩性组合及纵向叠覆规律，该组地层结构及层序类型见图 2-11，A 型层序由黑色泥岩—黑色粉砂质灰岩组成，单个层序厚度 4.0～6.0m，泥质灰岩中含 5%左右保存的完整腕足类化石，种属较单一。总体向上黑色泥岩变薄，泥质灰岩增厚，显示出水体由深变浅，由潮下低能为主向下潮间带过渡的进积型叠置层序。

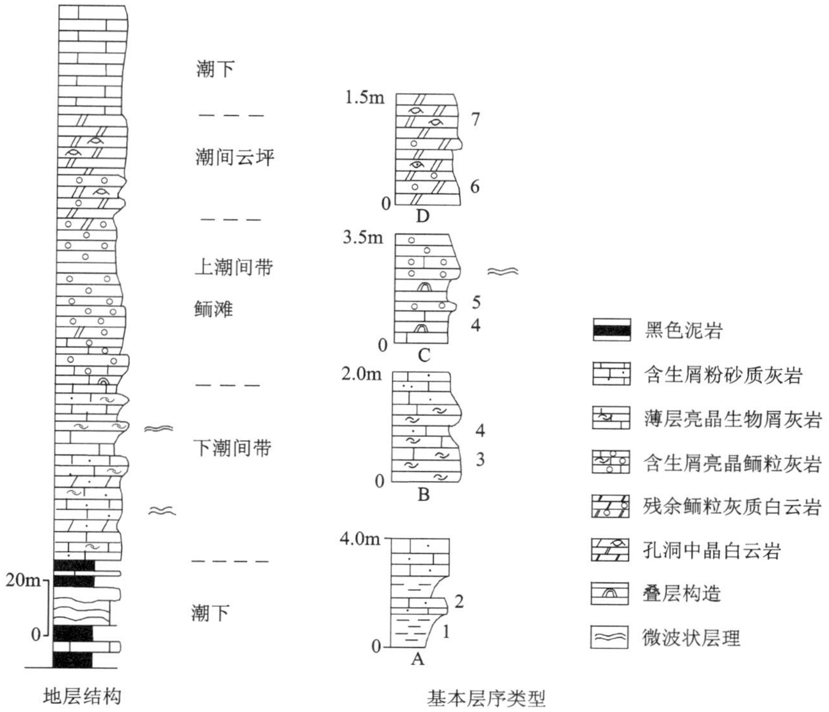

图 2-11　月牙湖组地层结构及基本层序类型图

B 型层序由亮晶生物屑灰岩—粉砂质灰岩组成，单个层序厚度变化较大，亮晶生物屑灰岩层系厚 8～10cm，波状层理，含大量生物碎屑及个体保存完整的腕足、单体珊瑚等。粉砂质灰岩呈页片状，局部与亮晶生物屑灰岩相间构成脉状层理。总体向上生物屑灰岩减少，逐渐过渡为含生物屑粉砂质灰岩，反映出潮下—下潮间带的沉积产物。

C 型层序由生物屑粉砂质灰岩—鲕粒灰岩组成，单个层序厚度 1.5～4.5m，粉砂质灰岩波状层理发育，个体保存完整的生物化石种类及数量比 B 型层序内明显减少。亮晶鲕粒灰岩一般呈正粒序，层系厚 20～30cm，底部鲕粒较大，粒径一般为 1.0～2.0mm，向上逐渐变小，上部粒径多为 0.3～1.2mm。在下部层序中鲕粒灰岩横向上呈透镜状，向上鲕粒灰岩逐渐增多变厚，上部层序均由厚层—中薄层鲕粒灰岩构成，顶部鲕粒多白云岩化，总体显示了水体由深变浅，由下潮间带过渡为高能鲕滩，由于水体极为动荡，生物种类及数量急剧减少。

D 型层序由残余鲕粒灰质白云岩—中晶白云岩组成，垂向上与 C 型层序间呈渐变过渡。鲕粒灰质白云岩多呈透镜状夹层，且只出现于下部过渡带层序中，中晶白云岩为该层序的主体，其孔洞发育，呈圆状、不规则状，大小 0.1～1.0mm，约占 10%。上部均由薄层—中薄层中晶白云岩层序构成，说明水体进一步变浅，由高能浅滩过渡为潮上云坪。

综上所述，石炭系与下伏泥盆系无明显的沉积间断面，两者呈连续过渡沉积，晚泥盆世成礁期是海侵的高潮、海退的起点，在晚泥盆世后期海退的基础上，早石炭世发生继承性海退，其沉积相总体特点是：由潮下→潮间→潮上云坪→滨海碎屑岩（冈玛错石英砂岩），层序结构总体反映海退期的相序变化过程。

4）岩石特征及沉积环境分析

（1）岩石特征

该组的岩石类型主要为碳酸盐岩，夹少量泥岩。碳酸盐岩主要为亮晶含生物屑粉砂质灰岩、亮晶生物屑灰岩、亮晶含生物屑鲕粒灰岩、中晶白云岩等。

含生物屑粉砂质灰岩 呈灰色或黑色，粉砂质结构，层状构造。碎屑颗粒由粉砂、生物屑组成，其中粉砂含量约40%，成分主要为单晶石英和少量长石；生物屑含量约15%，主要为棘皮、介形虫、腕足类等，破碎较强烈，杂乱分布，大小1.0～2.0mm。填隙物为亮晶方解石，含量约45%，呈不规则粒状。基底式胶结，亮晶支撑。

亮晶生物屑灰岩 呈灰色或黑色，亮晶生物屑结构，块状构造。碎屑颗粒为单一的生物碎屑，含量约70%，由棘皮、介形虫、腕足、苔藓虫等组成，破碎强烈，杂乱分布，大小混杂。填隙物为亮晶方解石，含量约30%，呈不规则粒状。孔隙式胶结，颗粒支撑。其特征说明形成于充分搅动的潮间高能环境。

亮晶含生物屑鲕粒灰岩 呈灰、深灰色，鲕粒结构，块状构造。碎屑颗粒由鲕、生物屑、石英砂组成，其中鲕粒含量约45%～65%，主要为真鲕，偶见复鲕，呈圆状、椭圆状，具同心状包壳结构，鲕核为内碎屑、生物屑，鲕粒大小0.3～1.2mm；生物屑含量约10%～20%，由棘皮、介形虫、腕足、有孔虫等组成，破碎较强烈，杂乱分布，但有孔虫存在保留完整的个体，大小0.1～0.6mm；石英砂少量，多呈棱角状。填隙物为亮晶方解石，含量35%～40%，呈不规则粒状，孔隙式胶结，颗粒支撑。其特征充分说明形成于水下高能浅滩环境。

中晶白云岩 呈浅灰、灰白色，中晶结构，鸟眼构造。矿物成分主要为白云石，含量99%以上，自形粒状，紧密镶嵌分布，大小0.25～0.50mm；其次含少量褐色粒状铁质矿物，多分布于白云石晶粒边缘。

(2) 沉积环境(及构造环境)分析

综上所述，石炭系月牙湖组据其岩性、岩相组合、沉积构造、生物特征，并结合沉积层序和岩石特征，总体为一套开阔碳酸盐台地沉积的碳酸盐岩建造。其依据如下。

a. 沉积层序特征，不同类型的基本层序反映出不同的微环境。A型层序反映出海退初期，由较深水相低速沉积的黑色泥岩过渡为以下潮间带沉积为主的含大量化石的粉砂质灰岩，垂向上B型、C型层叠置于A型层序之上，反映出水体变浅，由潮下或下潮间带演化为水下持续高能鲕滩沉积，随着水体的继续变浅，鲕滩出现并发生白云石化形成残余鲕粒灰质白云岩。D型层序的出现，说明高能鲕滩暴露后演化为被潮上云坪沉积。总体显示出进积型层序的叠置。

b. 沉积构造方面，生物屑灰岩、鲕粒灰岩层理以波状层理为主，其岩石中所含生物屑破碎较强烈，鲕均为同心鲕，粒径均一，含量较高，亮晶方解石胶结等特征，充分说明介质能量持续中—强动荡。

c. 在古生物特征上，以适应浑浊度低且有动荡水域的底栖生活的腕足类 *Tomiproductus huaqiaoensis*; *Dimegelasma neglietum* (Hall)等大量繁衍为特征，同时出现了数量较多，个体较小，呈角锥状、锥状单体珊瑚。充分说明了盐度正常、光照充足、生物繁盛的浅海环境。

5) 时代划分依据

剖面中所采集的古生物化石，由中国科学院南京地质古生物研究所鉴定完成(鉴定人同前)。该剖面中出现的 *Marginatia hunanensis* Tan, *Tomiproductus huaqiaoensis*, *Unispirifer* cf. *tornacensis* (Konirck), *Unispirifer striatoconvolutus* (Benson & Dun), *Leptagonia analoga* (Phillips)分别是欧洲、北美和我国湖南、贵州等地杜内期(Tournaisian)的典型代表，而在上部层位中出现的 *Athyris yazitangensis* Jin et liao, *Phricodothyris* cf. *datangensis* Yang 和 *Setigerites setigerus* (Hall)则为早石炭世中晚期(Viseanian-Serpukhovian)的代表分子，其中 *A. yazitangensis* 见于贵州 Viseanian 下部的草海组鸭子塘段，*P. datangensis* 则产于大塘阶(等于 Viseanian)的旧司组，*S. setigerus* 原产于北美的上杜内阶，则多见于北美、欧亚、北非上 Tournaisian—下 Serpukhovian 阶。上述生物组合及化石的时代以 C_1^1 为主，从而将该组地层的时代确定为早石炭世早期。

2. 冈玛错组(C_2g)

1) 地层沿革、分布及划分依据

1986年西藏区调队将改则县察布区鲁谷香北冈玛错一带的上石炭统创名为冈玛错组。1987年西藏区调队1：100万日土幅区域地质调查报告将别良耶夫斯基1946年在新疆叶尔羌河上游建立的中-上石炭统恰提尔群引入双陷达坂-月牙湖地区，用于代表该地区的晚石炭世地层。1993 年《西藏自治区区域地质志》因恰提尔群原为一套含鏟灰岩，而该区上石炭统月牙湖组之上为一套石英砂岩，二者截然不同，不能引用，又将龙木错至双点达坂一带的上石炭统，称为龙木错群。1997 年《西藏自治区岩石地层》对分布于双陷达坂-月牙湖地区的石炭系，进行了重新厘定，上石炭统沿用冈玛错组，并指整合于月牙湖组之上的一套碎屑岩。岩性为浅灰—灰黄色石英砂岩、长石石英砂岩、灰绿色粉砂岩夹灰岩透镜体，产珊瑚。底部以石英砂岩与月牙湖组灰岩分界，上未见顶。本次地质调查采用《西藏自治区岩石地层》中的划分方案。

2）剖面描述

该剖面位于西藏日土县月牙湖—双点达坂东一带，起点坐标：$X=3873787$，$Y=14599538$，$H=5\ 275$m；终点坐标：$X=3871144$，$Y=14598650$，$H=5\ 220$m。剖面编号为 P_7，该组相当于实测地层剖面第 51 分层。

石炭系冈玛错组（C_2g）　　（未见顶）　　**厚度>79.49m**

51. 灰红、灰白色薄层—中薄层状细粒石英砂岩　　79.49m

——————　整　合　——————

下伏地层：石炭系月牙湖组（C_1y）

50. 灰色厚层—中层状泥晶灰岩　　41.15m

剖面位于西藏日土县双陷达坂东一带，原为上石炭统恰提尔群，下伏地层为双陷达坂组（图 2-12）。本次工作将原恰提尔群底部含生物屑泥晶灰岩、生物灰岩（第 1—2 层）划归月牙湖组，将其上的碎屑岩（第 3—4 层）划归冈玛错组。

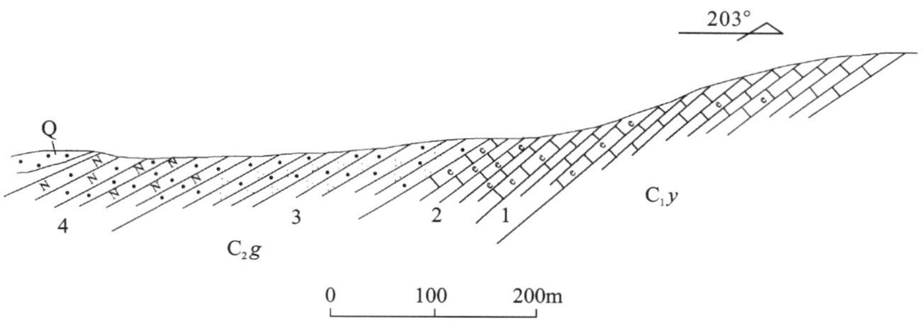

图 2-12　双陷达坂冈玛错组实测地层剖面图

石炭系冈玛错组（C_2g）　　（未见顶）　　**厚度>181.50m**

4. 灰红、肉红色薄层—中薄层细粒长石石英砂岩　　73.20m

3. 灰红、灰白色中厚层细粒石英砂岩　　108.30m

——————　整　合　——————

下伏地层：石炭系月牙湖组（C_1y）（原双陷达坂组）

2. 灰白色厚层含生物屑泥晶灰岩　　56.00m

1. 灰白色薄层生物灰岩

腕足类：*Juresania* cf. *juresanensis* Tschernyschew

Choristites mansuyi Chao

Martinia sp.

Productus sp.

Quizhouspirifer rintgensis Chen

珊瑚：*Meniscophylloides* sp.　　18.00m

3）地层特征

该组分布于红山达坂北侧一带，出露厚度 70～182m，与下伏月牙湖组整合接触。主要为一套灰红、灰白色薄层—中薄层细粒石英砂岩。横向上岩性变化不大，在双陷达坂一带，该组下部的月牙湖组生物

灰岩中产丰富的 *Juresania* cf. *juresanensis*，*Choristites mansuyi*，*Quizhouspirifer rintgensis* 腕足化石，其上为灰白色、灰红色石英砂岩为主体的碎屑岩，以此作为石炭系冈玛错组的底界。上部为岩性稳定单调的石英砂岩、长石石英砂岩，区内未见顶。

4）岩石特征及沉积环境分析

（1）岩石特征

该组的岩石类型较为单一，主要类型为细粒石英砂岩及石英粉砂岩。

细粒石英砂岩 岩石多呈灰红、灰白色，细粒砂状结构，块状构造。碎屑含量占90%～95%，胶结物占5%左右，杂基少量。碎屑组分由石英、岩屑和少量长石、重矿物组成，石英以单晶为主，占碎屑总量的95%以上；岩屑为火山岩、白云母，含量小于4%；长石以钾长石为主；重矿物主要为电气石、锆石。胶结物成分主要为硅质，其次为铁质。碎屑颗粒大小均为0.06～0.20mm，分选好，形态以次棱角状、次圆状为主，孔隙式胶结，颗粒支撑。岩石的结构成熟度和成分成熟度均高。据此特征分析，其形成于强烈的波浪筛选作用下的潮（间）坪环境。

长石石英砂岩 呈灰、灰红色，细粒砂状结构，块状或层状构造。碎屑含量占85%～90%，胶结物含量10%～15%。碎屑组分为石英、长石和少量岩屑、重矿物，其中石英以单晶为主，占碎屑总量的85%左右；长石以斜长石为主，含量10%～15%；重矿物主要矿物为电气石、锆石、磷灰石。胶结物成分主要为铁质。碎屑颗粒大小0.05～0.25mm，碎屑形态呈棱角状、次棱角状，分选性中等，磨圆度较差。岩石的结构成熟度和成分成熟度较高。

（2）沉积环境分析

综上所述，石炭系冈玛错组据其岩性、岩相组合、沉积构造等，总体属一套陆源碎屑潮坪相碎屑岩建造。

a. 沉积层序特征，该组主要为一套岩性稳定单调的石英砂岩、长石石英砂岩，横向上底部有时为一层含生物碎屑泥晶灰岩，厚度不稳定。

b. 岩性特征方面，碎屑岩的成分成熟度和结构成熟度较高，碎屑颗粒呈次棱角状、次圆状，杂基含量小于3%，化学胶结物成分主要为硅质，其次为铁质。

c. 在古生物特征上，该组上部为一套贫化石的潮坪相碎屑岩，下部灰岩中以富含珊瑚、腕足及棘皮类化石组合为特征（多为不完整的生物碎片）。

5）时代划分依据

该组底部灰岩中腕足类和珊瑚动物群很繁盛，同时伴生有腹足类、棘皮类动物群，但上部层位中化石稀少。双陷达坂一带该组下部生物灰岩中产丰富的 *Juresania* cf. *juresanensis*，*Choristites mansuyi*，*Quizhouspirifer rintgensis* 等，这些化石与我国南方中上石炭统腕足类种属极相似，从而将该组地层的时代确定为晚石炭世。

（二）南羌塘地层区

南羌塘地层区大面积出露地层为石炭系-二叠系霍尔巴错群擦蒙组、展金组、曲地组及二叠系吉普日阿组，受断裂、褶皱构造影响，地层总体呈北西-南东向展布，构造形态复杂。主要分布于图幅中南部独立石湖至鲁玛江冬错一带。受区域变质作用及接触变质作用影响，图幅内石炭系-二叠系霍尔巴错群普遍发生低绿片岩相变质作用，详见第四章。

霍尔巴错群由诺林（Norin）1964年所称的霍尔巴错岩系演变而来。1976年章炳高等在窝尔巴错之西的龙木错发现了同一套地层，从下至上划分为上石炭统龙木错群（碎屑岩夹火山岩）和下二叠统吞龙共巴组（民卓茶卡灰岩）。1982年梁定益等在日土县多玛区北的吉普村将其下部碎屑岩地层更名为霍尔巴错群，并进一步划分为3个组（由下至上）：即擦蒙组、展金组和曲地组。西藏区调队（1987）在盐湖区木实热不卡又创名了木实热不卡群，实际上与龙木错群和霍尔巴错群为同物异名。本次工作依据《西藏自治区岩石地层》沿用霍尔巴错群，并根据其岩性组合、沉积构造特征，将区内该套地层划分为3个组（表2-3）。

表 2-3 羌塘地区石炭系—二叠系划分沿革表

Norin (1946)	文世宣 (1984)	梁定益 (1983)	1:100万日土幅 (1987)	西藏自治区岩石地层 (1997)	本书 (2005)
		上二叠统：吉普日阿组	二叠系 上统：吉普日阿组	二叠系 上统：吉普日阿组	二叠系 上统：吉普日阿组
二叠系：塔什立克湖群	下二叠统：民工茶卡灰岩 吞龙共巴组	下二叠统：龙格组 吞龙共巴组	二叠系 下统：先遣组	二叠系 下统：先遣组 吞龙共巴组	二叠系—石炭系（二叠系中统—下统）：霍尔巴错群 曲地组二段 曲地组一段
石炭系：霍尔巴错岩系	上石炭统：龙木错群	上石炭统：霍尔巴错群（曲地组、展金组、擦蒙组）	二叠系 下统：财那哈组 石炭系 上统：木实热不卡群	石炭系 上统：曲地组 展金组 擦蒙组	二叠系—石炭系（石炭系上统）：霍尔巴错群 展金组 擦蒙组

1. 石炭系擦蒙组(C_2c)

1) 地层沿革、分布及划分依据

梁定益等 1982 年于日土县多玛区吉普村北擦蒙一带创名,原义指岩性由砂岩、板岩、含砾板岩、含砾粉砂岩等组成的一套地层。沿革参见霍尔巴错群,1993 年《西藏自治区区域地质志》引用其名,将其时代定于晚石炭世早期。1997 年《西藏自治区岩石地层》沿用其名,并定义为:擦蒙组指整合于展金组碎屑岩夹火山岩之下的一套以含砾板岩为主的地层。岩性以含砾板岩为主,夹含砾粉砂岩、砂砾岩、石英砂岩,局部夹基性火山岩,时代定为晚石炭世。本次工作将分布于恰贡错—骆驼湖、清澈湖一带,以含砾不等粒岩屑砂岩、含砾长石岩屑砂岩及含砾粉砂岩为主,夹不等粒长石石英砂岩、黑色泥岩、粉砂岩、及黑色细砾岩的一套地层,与层型剖面进行对比,根据其岩石组合特征划归霍尔巴错群擦蒙组。

2) 剖面描述

美马错至恰贡错剖面,位于西藏改则县美马错至恰贡错一带,起点坐标:$X=3805577$,$Y=14601941$,$H=5\ 025$m;终点坐标:$X=3809814$,$Y=14612611$,$H=5\ 312$m。剖面编号为 P_{12}。

石炭系擦蒙组(C_2c) (未见顶) **厚度>2 559.72m**

46(54). 浅灰色中薄层状含砾粉砂岩。呈板状 154.24m

45(53). 黄褐色厚层—块状砂岩夹灰黑色砾岩透镜体 2.57m

44(52). 浅灰色中薄层状含砾粉砂岩。呈板状。砾石成分复杂,大小不一,砾径 2~3cm 或更大,成分主要为砂岩、燧石、灰岩等,砾径 0.2~0.3cm 者,成分主要为石英。砾石形态呈次棱角状、次圆状,磨圆较差 182.34m

43(51). 灰白色中薄—中厚层状钙质细粒岩屑长石砂岩。局部含石英、燧石等砾 170.76m

42(50). 灰黑色厚层—块状含砾长石岩屑砂岩—含砾砂岩。砾石成分为砂岩、脉石英，大小4～6cm，大砾石主要为砂岩，小砾石主要为脉石英。上部比下部砾石含量低，且砾石普遍较小，局部粒序特征明显　240.98m

38(46). 灰黑色厚层—块状含砾岩屑石英砂岩。砾石成分为脉石英，大小3～4mm。发育不规则石英脉，脉宽约2～3cm　42.34m

37(45). 灰黑色中薄—薄层状泥质粉砂岩　29.38m

36(44). 灰黑色中薄—中厚层状石英粉砂岩夹泥质粉砂岩　12.99m

35(43). 灰黑色中薄—中厚层状含砾砂岩。砾石成分为灰黑色砂岩，大小一般2～5mm　16.4m

34(42). 灰白色—杂色中厚—厚层状不等粒长石岩屑砂岩。偶含砾　22.64m

33(41). 灰黑色中厚—厚层状长石岩屑砂岩夹灰黑色泥岩。泥岩厚度小于10cm，页理较发育　61.74m

32(40). 灰黑色厚层—块状砾岩。砾石成分复杂，以砂岩、燧石、脉石英为主，大小0.2～0.5cm，少数可达1～2cm，形态呈次棱角状、次圆状　7.09m

31(39). 灰色—灰黑色中厚层状泥质粉砂岩　25.18m

30(38). 灰黑色含砂质泥质粉砂岩。沿层理面分布有植物化石碎片及海百合茎等化石，毫米级水平纹层发育　55.73m

29(37). 灰黑色中薄—中厚层状含砾砂岩—砂砾岩　85.49m

28(36). 浅灰色中薄层状变质含砾粉砂质泥岩。呈板状　20.62m

27(35). 灰黑色中薄—中厚层状含砾砂岩—砂砾岩。砾石成分复杂，大小一般0.8～1.0cm，个别可达2.0cm，磨圆度差　48.05m

26(34). 灰黑色变质粉砂岩。毫米级水平纹层发育　44.11m

25(33). 灰黑色中薄—中厚层状砂砾岩夹含砾砂岩　295.2m

24(32). 灰黑色泥岩　33.33m

23(31). 灰黑色中薄—中厚层状砂砾岩。砾石成分复杂，大小一般0.8～1.0cm　63.67m

22(30). 灰黑色粉砂质泥岩。水平层理、沙纹交错层理　20.30m

21(29). 灰黑色中厚层状变质含砾长石岩屑砂岩。砾石大小多在1.0cm以下，个别可达5.0～8.0cm，形态为次棱角状、次圆状　72.86m

20(28). (第四系冲洪积物覆盖，零星露头为粉砂质泥岩)

19(19). 灰黑色中厚—厚层状中细粒石英砂岩。后期石英细脉发育，脉宽一般1～2cm，细者0.3～0.4cm，宽者10～20cm。发育两组节理　15.51m

18(18). 灰白色中薄层状岩屑石英砂岩。偶见后期石英细脉，脉宽2～3mm　36.89m

17(17). (第四系冲洪积物覆盖)

16(16). 灰黑色中薄层状细粒岩屑石英砂岩　173.24m

15(15). 灰黑色泥岩夹粉砂岩。砂、泥比1∶4，页理较发育　51.26m

14(14). 灰黑色中厚层状中粗粒石英砂岩，局部夹灰黑色—灰白色泥岩，页理发育。层面见波痕，波高5～6mm，波长1.5～2cm　103.52m

13(13). 灰黄色—黄褐色中粗粒石英砂岩，含石英、泥岩砾，大小2～5mm　9.95m

12(12). 灰黑色中厚层状中粗粒石英砂岩夹灰黑色中薄层状不等粒长石石英砂岩及灰黑色泥岩。递变粒序层理发育　7.60m

11(11). 灰黑色细砾岩。局部夹黑色泥岩，砾石成分为石英，含量40%，大小2～3mm，形态呈次棱角状、次圆状，磨圆度差—中等　18.78m

10(10). 灰白色—浅灰绿色中厚层状不等粒长石石英砂岩，夹有灰绿色中薄层状泥质粉砂岩，具粒序层理　49.37m

9(9). 灰白色中厚层状中细粒石英砂岩　12.65m

8(8). 灰白色中厚层状含砾泥质不等粒岩屑砂岩。砾石成分为石英，含量10%，无磨圆　38.82m

7(7). 浅绿色泥岩夹灰黄色中厚层状岩屑石英砂岩。砂、泥比为1∶2　37.63m

6(6). 灰黄色—灰褐色中厚层状细粒石英砂岩　12.97m

5(5). 浅黑色泥岩。页理发育　4.78m

4(4). 灰黄色中厚层状不等粒长石石英砂岩，偶含砾 10.18m
3(3). 浅绿色泥岩，页理较发育 7.41m
2(2). 灰黑色中厚层—块状含砾石英砂岩。砾石成分为燧石，呈棱角状，无磨圆 49.20m
1(1). 浅灰绿色粉砂质泥岩夹灰黑色中厚层状不等粒石英砂岩。具粒序层理 15.08m

（未见底）

3）地层特征

擦蒙组广泛分布于调查区的东南部骆驼湖至恰贡错一带，在窝尔巴错一带则零星分布，岩性较单一，主要岩性为灰黑色板片状（片理化）变质含砾泥质粉砂岩、含砾长石岩屑砂岩（也有人统称变质含砾碎屑岩为含砾板岩）、灰黑色板片状（千枚状）泥岩夹灰色中层状钙质细粒岩屑石英砂岩、不等粒岩屑砂岩、长石石英砂岩。在美马错至恰贡错一带，其下部以灰黑色板片状片理化含砾变质泥质粉砂岩、灰白色中厚层含砾不等粒岩屑石英砂岩、浅灰绿色中厚层不等粒长石石英砂岩为主，夹黑色细砾岩、黑色泥岩、含菱铁矿绢云千枚岩（变质粉砂岩）；中部以灰黑色、浅灰色薄层—中层变质含砾砂质粉砂岩、变质含砂质粉砂岩、变质泥质粉砂岩为主，夹灰黑色中厚层砂砾岩、灰黑色厚层砾岩、中厚层不等粒含砾长石岩屑砂岩、细粒钙质岩屑长石砂岩；上部以灰—灰黑色薄层—中薄层细粒含泥质条带长石石英砂岩、不等粒含砾泥质岩屑砂岩、灰、灰黑色中薄层不等粒石英砂岩为主，夹灰黑色薄层含砾泥质粉砂岩、含菱铁矿泥质细粉砂岩及透镜状砾岩。小型楔状交错层理、平行层理、粒序层理、毫米级水平纹层发育。层面见小型不对称波痕（波痕纹层）。该组厚度大于 2 559.72m。

据岩性组合及纵向叠覆规律，该组地层结构及层序类型见图 2-12，地层中发育粒序层理、平行层理、沙纹交错层理及水平纹层理，并见小型波痕或波痕纹层理。剖面测制和路线地质调查中，基岩出露好的地段，识别并划分出不完整的浊流沉积序列 b c d 和 c-d 段或由 a 段和 e 段组成的沉积序列。砂岩、粉砂岩厚 0.5～1.5m，泥岩厚度小于 0.5m，砂岩粒序层由 1.2cm 细砂—1.0cm 粉砂—0.5cm 泥皮组成。垂直粉砂岩层理的切片，镜下可见（图 2-12）a 层厚度 8～10mm，具不明显的平行层理；c 层厚度 10～15mm，沙纹交错层理或变形层理；d 层厚度 8mm 以上，具较明显的水平纹层。a 段单独出现时，表现为块状砂岩层或块状细砾岩，局部露头可见较明显的递变粒序层理，上部则以粉砂岩与泥岩构成的韵律层序为特征，砂岩单层厚 5～10cm，泥岩单层厚 15～20cm，每个砂泥韵律层厚约 20～30cm。总体表现为大陆斜坡浊积扇根至中扇叠覆岩相组合特征。

横向上往东至鸭子湖、卧牛岭一带，岩性主要为灰、灰黑色含砾含砂质泥质粉砂岩，灰黑色钙质含砾粗粉砂岩，灰绿色粉砂质泥岩，灰黑色含砾砂质泥岩（上述岩性均发生强变形和弱变质），夹灰、灰黑色细粒岩屑长石砂岩，灰黑色不等粒含砾泥质岩屑长石砂岩，中粗粒含砾岩屑石英砂岩，含粉砂泥质细粒长石石英砂岩，中粒钙质长石石英砂岩和细粒钙质长石砂岩。含砾砂（粉）岩、含砾砂质泥岩明显增多，单层最大厚度 138m，地层厚度大于 1 559.7m。在美马错西岸擦蒙组粉砂质泥岩、泥质粉砂岩中夹有大量灰岩混杂堆积体或外来岩块，大小几米至几十米，具半塑性揉皱现象，形态极不规则，与粉砂质泥岩基质在构造上极不协调，滑塌构造特征明显。

4）岩石特征及沉积环境分析

（1）岩石特征

该组主要为一套岩性单调、厚度较大的碎屑岩建造，岩石类型有细砾岩、砂砾岩、不等粒石英砂岩、不等粒长石石英砂岩、不等粒岩屑石英砂岩、不等粒长石岩屑砂岩、含砾粉砂岩、泥质粉砂岩、粉砂质泥岩和泥岩。受构造影响，局部岩石发生极浅变质，变质岩石特征及变质矿物参见第四章。各种类型砂岩矿物成分及特征见表 2-4。

细砾岩 呈灰黑色，砾状结构，块状构造。砾石成分主要为砂岩、脉石英、燧石等，含量 30%～40%，砾径一般 2～3mm 左右。形态呈次棱角状—次圆状，砾石磨圆度、分选性差—中等。基质为不等粒石英、长石、岩屑和泥质。胶结物成分为硅质，杂基含量小于 10%，成分为粘土矿物。基底式胶结。

表 2-4　霍尔巴错群擦蒙组中砂岩的物质组成特征

样号	岩性	碎屑(%)	胶结物(%)	杂基(%)	石英(%)	长石(%)	岩屑(%)	成分成熟度	结构成熟度
b2	不等粒石英砂岩	90	少量	10	95	0	5	高	较低
b3	不等粒长石石英砂岩	85	5	10	90	5	5	较高	较低
b4	不等粒泥质岩屑石英砂岩	87	3	10	90	0	10	较高	低
b5	不等粒长石石英砂岩	85	5	10	90	5	5	较高	较低
b6	不等粒长石石英砂岩	87	3	10	85	10	5	较高	较低
b10	不等粒石英砂岩	85	5	10	94	5	1	较高	较低
b20	泥质含砂质粉砂岩	70	10	20	94	5	1	较高	低
b21	泥质粉砂岩	65	3	32	95	5	0	较高	低
b22	不等粒长石岩屑砂岩	90	5	5	70	10	20	较低	低
b23	细粒钙质岩屑长石砂岩	85	15		74	15	10	较低	较高
b25	细粒长石石英砂岩	85	10	5	90	5	5	较高	较高
b26	不等粒石英砂岩	87	10	3	98	1	1	较高	较高
b27	不等粒泥质岩屑砂岩	65	10	25	70	5	25	低	低
b28	岩屑砂岩、泥质细粉砂岩	62	13	25	95	2	3	较高	低

不等粒长石(岩屑)石英砂岩　岩石多呈灰、灰黄色，不等粒砂状结构，块状或层状构造。碎屑含量占85%～87%，胶结物占5%左右，杂基含量小于10%。碎屑组分为石英、长石、岩屑、重矿物，其中石英由单晶和少量石英岩、硅质岩组成，占碎屑总量的84%～90%；长石以斜长石为主，少量钾长石，含量5%～15%；岩屑成分为泥岩、白云母，含量小于5%～15%；重矿物少量，主要矿物为锆石、磷灰石及绿帘石。胶结物成分主要为硅质，其次为铁质。杂基成分为粘土矿物，部分重结晶为绢云母、绿泥石。碎屑颗粒大小0.05～0.5mm，分选较差，形态呈次棱角状，孔隙式胶结，颗粒支撑。岩石的结构成熟度较低，成分成熟度较高。

不等粒长石岩屑砂岩　岩石多呈灰黑色，不等粒砂状结构，块状构造。碎屑含量占85%～90%，胶结物占5%～15%，杂基含量小于5%。碎屑组分为石英、岩屑、长石、重矿物，其中石英由单晶和少量硅质岩组成，占碎屑总量的70%左右；岩屑成分有千枚岩、泥岩、中酸性火山岩、粉砂岩，含量10%～20%；长石以斜长石、钾长石为主，含量小于10%～15%；重矿物少量，主要矿物为电气石、锆石、磷灰石。胶结物成分主要为硅质，其次为铁质。杂基成分为隐晶质粘土矿物，部分重结晶为绢云母。碎屑颗粒大小0.06～1.2mm，分选较差，形态呈棱角状、次棱角状，颗粒大者呈次圆状。孔隙式胶结，颗粒支撑。岩石的结构成熟度低，成分成熟度较低。

含砾(长石岩屑)砂岩　岩石多呈灰、深灰色，不等粒变余砂状结构，块状构造。碎屑含量占60%，胶结物占35%，砾约占5%。碎屑组分为石英、岩屑、长石，其中石英以单晶为主，含量约40%；岩屑成分有碳酸盐岩、千枚岩、泥岩、中酸性火山岩、粉砂岩，含量约10%；长石以钾长石为主，含量小于10%；重矿物少量，主要矿物为电气石、锆石、磷灰石。胶结物成分主要为白云石(约20%)，其次为粘土矿物(约15%)，大多重结晶成绢云母。碎屑颗粒大小0.06～1.5mm，所含砾石大小2～25mm，成分有白云岩、泥岩、花岗岩、粉砂岩、千枚岩、石英岩、钾长石，碎屑及砾形态呈棱角状、次棱角状，分选性、磨圆度较差。岩石的结构成熟度低，成分成熟度较低。部分颗粒压扁拉长定向排列，粘土杂基重结晶。

(含砂质)泥质粉砂岩　岩石多呈深灰、灰黑色，粉砂状结构，层状构造。碎屑含量占7%～65%，胶结物占3%～10%，杂基含量小于20%～32%。碎屑组分为石英、岩屑、长石、重矿物，其中石英由单晶和少量硅质岩组成，占碎屑总量的95%以上；岩屑少量，成分为泥岩；长石以斜长石为主，含量小于5%；重矿物少量，主要矿物为电气石、锆石、绿帘石。胶结物成分主要为铁质。杂基成分为隐晶质粘土矿物，部分重结晶为绢云母。碎屑颗粒大小0.01～0.06mm，分选中等，形态呈棱角状、次棱角状。基底式胶结，杂基支撑。岩石的结构成熟度低，成分成熟度较高。

变质(粉)砂岩 岩石多呈灰、灰黑色，变余砂状结构，块状构造。矿物成分主要为石英、粘土矿物、长石、菱铁矿，及少量锆石、电气石、绿帘石。其中石英含量占50%～60%，碎屑粒状，保留原次棱角状、次圆状外形，大小0.05～0.7mm；长石含量小于5%，聚片双晶发育，保留原砂状外形棱角状、次棱角状，大小0.05～0.15mm；粘土矿物约占20%～44%，大部分重结晶为绢云母、绿泥石，显微鳞片变晶结构，定向性不明显；菱铁矿约占5%～10%，较自形粒状。

泥岩 岩石多呈深灰、灰黑色，泥状结构，块状构造。矿物成分由粘土矿物、粉砂及铁质组成，其中粘土矿物含量92%以上，呈纤维状、鳞片状，片状大致定向排列；粉砂含量小于5%，成分为单晶石英，呈棱角状，大小0.005～0.03mm；铁质含量3%左右，黑褐色，沿片晶方向呈条带状分布。

总体该组沉积物的物质组成、砾石特征反映其为一套冰水沉积物(冰海杂砾岩沉积)。含砾板岩(含砾粉砂岩、粉砂质泥岩)、含砾长石岩屑砂岩具有如下特点：首先，基质成分复杂，有泥质粉砂岩、长石岩屑砂岩、含粉砂质泥岩、不等粒钙质长石岩屑砂岩、中粗粒钙质长石岩屑石英砂岩、不等粒含砾泥质长石岩屑砂岩等一套成分成熟度、结构成熟度均较低的碎屑岩沉积组合，反映其为快速沉积的大陆斜坡环境。其次，砾石成分复杂、分选差。从野外露头来看，其砾石成分有灰岩、白云岩、花岗岩、砂砾岩、石英岩、脉石英、黑色燧石、硅质岩、泥质岩等。砾石含量不等，一般为5%～10%，分选性差，大小悬殊，大多为2～10mm，大者可达2～3m，在同一露头范围内不同粒级的砾石可同时出现，砾石分布无规律，无定向。砾石形态具有多种多样，较小的砾石多呈棱角状，大者多呈球状、透镜状、长条状等。较小砾石的磨圆度一般较差，为棱角状、次棱角状，大者磨圆度一般较高，呈次圆状，长条状砾石内部一般发育冰劈裂理，较大砾石发育的坠石构造一般有穿层现象。擦蒙组局部可见中粒序层理、平行层理、包卷层理、斜层理，反映其整体沉积环境为大陆斜坡上发育的浊积扇。第三，地层中所夹细砾岩层，砾石含量达40%～50%以上，成分主要为石英、燧石，砾径大小一般2～3mm，砾石磨圆度、分选性中等，杂基含量小于10%。呈颗粒支撑，密集呈层展布，其沉积特征明显有别于冰川坠石，系一套大陆斜坡带或海底扇沉积砾石。

(2) 碎屑沉积模型分析

砂岩的碎屑组成特征与所处的大地构造位置密切相关，砂岩碎屑组分类型反映了沉积建造形成时的大地构造条件，即一定的板块构造背景下形成的物源区和沉积盆地。因此采用岩石薄片的镜下鉴定结果，选取未变质的岩石进行薄片观察，统计不同类型砂岩的碎屑组分及含量，建立碎屑沉积模型，从表2-4中可见碎屑物含量一般为45%～93%，胶结物一般为0～30%，杂基一般为0～50%，砂岩中碎屑物中石英一般为60%～98%，长石为2%～30%，岩屑一般为5%～20%，总体上岩石成分成熟度较高，而结构成熟度低或较低，从而也反映了其快速沉积的特征。运用Dickinson等编制的Q－F－L判别图(图2-13)投点落于优地槽和冒地槽的分界线及冒地槽区内，说明其处于动荡不定的构造环境中。

(3) 岩石化学特征

霍尔巴错群擦蒙组8个粉砂岩样品和4个泥岩样品岩石化学特征(表2-5)，SiO_2含量为60%～71.72%，多数小于70%；K_2O/Na_2O一般为1.00～6.31；Fe_2O_3+MgO为2.47%～5.87%，大多在3.07%～4.24%之间；Al_2O_3/SiO_2为0.08～0.27，多数样品为0.17～0.19；$Al_2O_3/(CaO+Na_2O)$一般为2.28～4.06。经与Bhatia(1983)不同构造背景砂岩的经验参数比较，具有活动大陆边缘的特征。利用Roser B P和Korsch R J(1986)的K_2O/Na_2O与SiO_2图解模型，经计算投点(图2-14)，本区岩石落于活动大陆边缘区并靠近被动大陆边缘区，与根据碎屑成分与含量进行的判别结果基本一致，可以初步确定本区霍尔巴错群中碎屑岩形成于较活动的大地构造环境中。

表 2-5　霍尔巴错群粉砂岩、泥岩岩石化学成分表(%)

样号	岩性	SiO_2	TiO_2	Al_2O_3	Fe_2O_3	FeO	MnO	MgO	Na_2O	CaO	K_2O	P_2O_5	H_2O^+	CO_2	总量
1018Gs-1	粉砂岩	68.23	0.71	12.51	1.36	3.52	0.07	1.94	2.18	2.18	2.67	0.18	2.67	1.59	99.81
1025Gs-1	粉砂岩	67.23	0.66	14.62	2.37	3.55	0.06	1.87	2.47	3.94	3.95	0.23	2.01	0.14	103.1
1050Gs-1	泥岩	64.52	0.82	15.26	1.54	4.82	0.09	2.05	2.3	1.46	3.27	0.2	3.28	0.17	99.78
4072Gs-1	变质泥岩	68.21	0.64	12.33	0.89	3.95	0.06	1.95	2.07	2.32	2.89	0.2	2.5	1.78	99.79
P12Gs-1	粉砂岩	61.71	0.83	16.84	1.5	5.62	0.08	2.58	1.73	0.8	3.65	0.18	3.87	0.39	99.78
P12Gs-2	泥岩	63.60	0.85	19.75	1.25	2.75	0.04	1.22	0.22	0.48	5.45	0.1	3.7	0.47	99.88
P12Gs-3	粉砂岩	67.54	0.24	5.56	0.73	4.85	0.31	3.23	0.16	5.82	1.01	0.3	1.93	8.16	99.84
P12Gs-5	粉砂岩	69.11	0.72	10.73	1.27	3.18	0.06	2.02	1.48	3.12	2.54	0.14	2.51	2.95	99.83
P12Gs-7	泥岩	60.44	0.71	12.82	1.91	3.42	0.09	3.96	0.61	4.06	3.77	0.25	3.24	4.38	99.66
P20Gs-2	粉砂岩	69.02	0.78	12.38	0.48	5.18	0.06	2.43	4	1.04	1.82	0.17	2.39	0.2	99.95
P20Gs-3	粉砂岩	67.72	0.69	12.9	0.97	5.08	0.08	2.89	3.09	1.09	2.19	0.18	2.27	0.24	99.39
P20Gs-5	粉砂岩	71.72	0.8	11.94	1.61	3.9	0.04	1.46	2.16	0.82	2.21	0.13	2.67	0.33	99.79

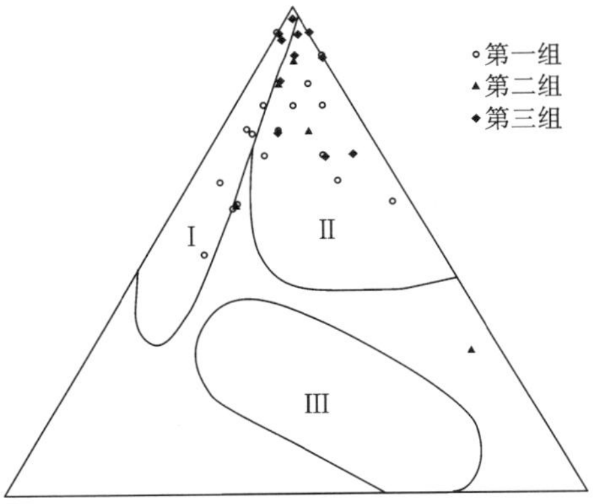

图 2-13　Q-F-L 图解

(据 Dickinson,1979 简化)

Ⅰ.优地槽;Ⅱ.冒地槽;Ⅲ.断裂地槽

第一组为托和平错一带擦蒙组;

第二组为托和平错一带展金组;

第三组为恰贡错一带擦蒙组

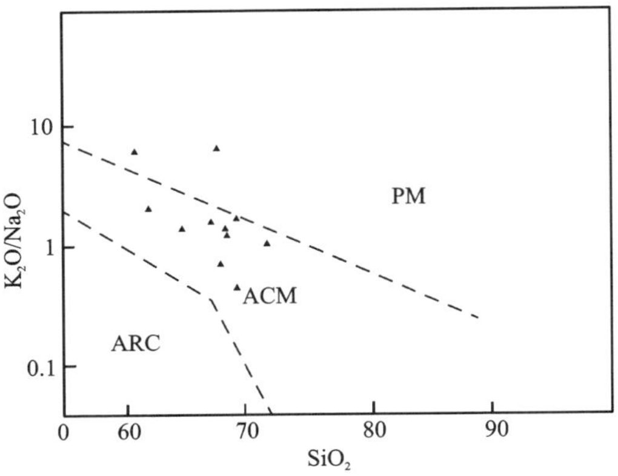

图 2-14　粉砂岩和泥岩 K_2O/Na_2O-SiO_2 图解

(据 Rose 等,1986)

PM.被动大陆边缘;ACM.活动大陆边缘;ARC.岛弧

(4) 砂岩的粒度特征

地层剖面的宏观特征主要是含砾砂岩、粗粒砂岩、粉砂岩及泥岩组成巨厚的韵律层系,且岩性、韵律组成单调,剖面中常见有大量的递变层理砂岩,均显示了深海浊流沉积的特征。粒度分布特征:在粒度分布上无论 C-M 图解(图 2-15)或是累计概率曲线图(图 2-16)上都表现出浊流沉积的特征,其中 C-M 图解是大致与 C=M 基线平行的长条图形,且图形较窄,粒级细,其最大分选指数 I_m 小于 1ϕ。C 值随 M 值变化,并且 C 值和 M 值的变化幅度都很大,而不同于牵引流沉积的粒度悬浮 C-M 图型,是较典型的深海浊流图形。从粒度分布累计概率曲线图(图 2-16)上可见,其粒度分布范围较宽,曲线的斜率较低,且与现代哈德逊海下扇粒度曲线极其相似,属于浊流沉积粒度概率图型。此外 a_1—a_6 粒度分布特征表明,a_1 与 a_2 间沉积作用发生突变,a_2 到 a_6 间沉积作用呈渐变关系,表明了形成浊流的突发性和浊流沉积过程的渐变性,浊流发生后,随着浊流强度和沉积速度的减弱,浊流逐渐向牵引流沉积作用转化。图上表现为 S 截点由大变小的突变性和由小变大的渐变性,充分表明了浊流沉积所特有的递变悬浮和整体沉积作用的特征。

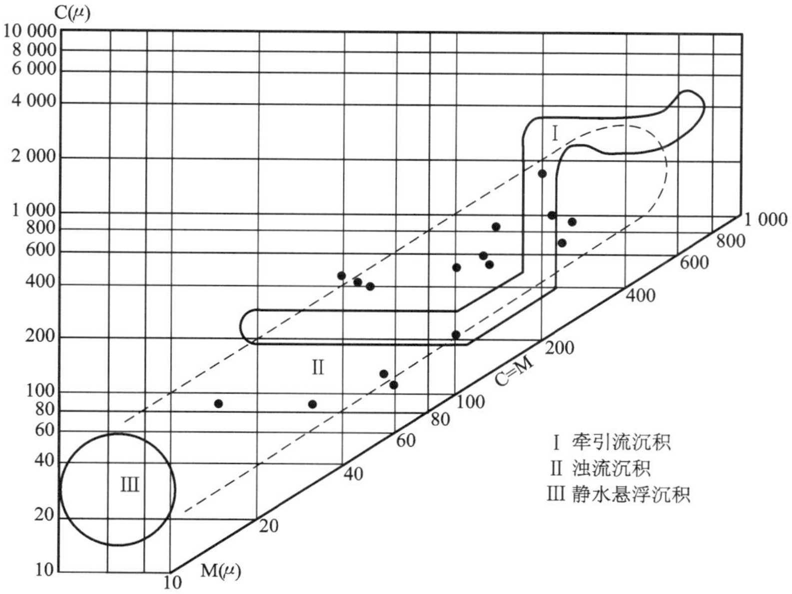

图 2-15 粒度分布 C-M 图解

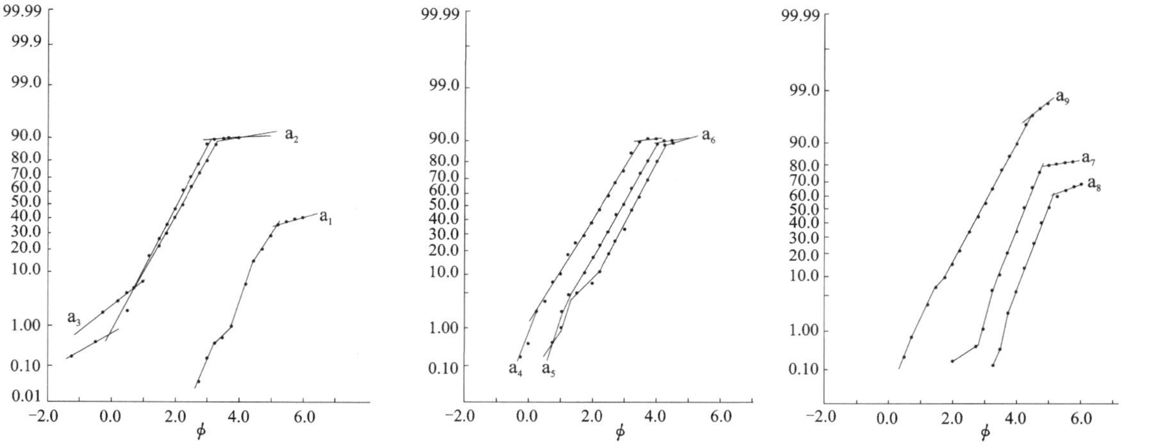

图 2-16 粒度分布概率累计曲线图

（5）沉积构造方面及沉积层序分析

冈瓦纳相沉积记录以杂砾岩的层数多、厚度大、侧向变化快，以及伴生透镜体状砾岩、砂砾岩、砂岩等为显著特征，并显示碎屑颗粒向上变细、岩石单层变薄的特点。本区擦蒙组含砾砂岩、含砾粉砂岩中的砾石随机分布于深色调的细碎屑泥、粉砂质基质中，砾石大小不等、砾径较大者磨圆度一般较好，呈次棱角状—次圆状，砾径较小者一般呈棱角状—次棱角状，各种形状各异的砾石呈漂浮状、不协调状出现在泥质粉砂岩或粉砂质泥岩中，属浮冰沉积的落石。落石成分多样，以花岗岩、灰岩、砂岩等为主，长条状砾石上多见一组冰劈裂理，显然该砾石经历了冰川作用的压裂，后经浮冰携带进入海盆中因温度升高而从冰山溶融出来落于基质中，从而也造成了基质层理被压弯或刺穿。

总之，霍尔巴错群擦蒙组地层特征、岩石特征、岩石化学特征及粒度特征均表现出以下几个特点：

a. 岩性由厚度巨大、岩性单调的不等粒砂岩、含砾粉砂岩、粉砂岩、泥岩组成。

b. 地层色调以深灰、灰黑、黑为主，总体颜色较深。

c. 粉砂岩、粉砂质泥岩所含砾石成分复杂、形状各异，与基质呈不协调状出现。

d. 发育粒序层理及不完整的浊流沉积序列。

e. 粒度分析 C-M 图型及粒度概率累计曲线图分属深海浊流型图型和浊流沉积粒度概率图型。

f. 各类岩石的化学参数反映出霍尔巴错群擦蒙组的构造环境以活动大陆边缘为主，沉积环境为大陆斜坡-盆地边缘。

由此可见，霍尔巴错群擦蒙组系较活动大地构造环境中的大陆斜坡上发育的浊积扇，以浊流沉积为主，综合分析成因模式为斜坡＋冰水沉积＋滑塌体。

5）时代划分依据

该组地层为一套贫化石的大陆斜坡相具浊流沉积特点的碎屑岩建造，前人及本次工作在本区一直未找到化石，据其岩性组合特征与正层型剖面对比大体一致，故将区内分布于骆驼湖至恰贡错一带以深灰色、灰黑色不等粒砂岩，含砾粉砂岩，粉砂岩和泥岩为主的碎屑岩建造归属擦蒙组。横向上往东分布于小盆湖至鸭子湖一带的擦蒙组，其整合于含 *Eurydesma*、*Monodiexodina* sp. 的展金组之下，本次工作在邻幅（托和平错幅）鸭子湖一带的展金组砂质灰岩、灰岩中新发现了大量䗴科化石，该化石通过南京古生物研究所鉴定，其种属为：*Neoshwagerina* sp. ind（新希瓦格䗴），*Kahlerna* sp. ind（卡勒䗴），*Verbeekina* sp. ind（费伯克䗴），*Chalaroschwagerina* sp.（松希瓦格䗴（未定种）），*Monodiexodina sutschanica* Dutkevich（苏特斯钱单通道䗴），*Rugosofusulina* sp.（皱壁䗴）。这些化石的时代为中—下二叠世，故将擦蒙组时代推测为晚石炭世。

2. 石炭系—二叠系展金组（C_2P_1zh）

1）地层沿革、分布及划分依据

梁定益等 1982 年于日土县多玛区吉普村北展金河命名。原义指砂岩、板岩互层夹多层基性火山岩。1993 年《西藏自治区区域地质志》引用其名，将其时代定于阿舍尔期晚时。1997 年《西藏自治区岩石地层》沿用其名，主要指整合于擦蒙组含砾板岩与曲地组碎屑岩之间的一套含火山岩夹层为特征的地层，其岩性为石英砂岩、粉砂岩、砂质板岩夹多层中—酸性火山碎屑岩和少量基性熔岩。顶、底均以火山岩的出现和结束为界。本次将区内分布于鲁玛江冬错北牧羊沟一带，夹大量火山岩、火山碎屑岩的一套地层，据其岩性组合及产出层位与层型剖面对比，划归霍尔巴错群展金组。

2）剖面描述

托和平错剖面：剖面位于西藏改则县托和平错南山，起点坐标：$X=3780567$，$Y=14700683$；终点坐标：$X=3781205$，$Y=14700541$。剖面编号 P_{15}（图 2-17）。

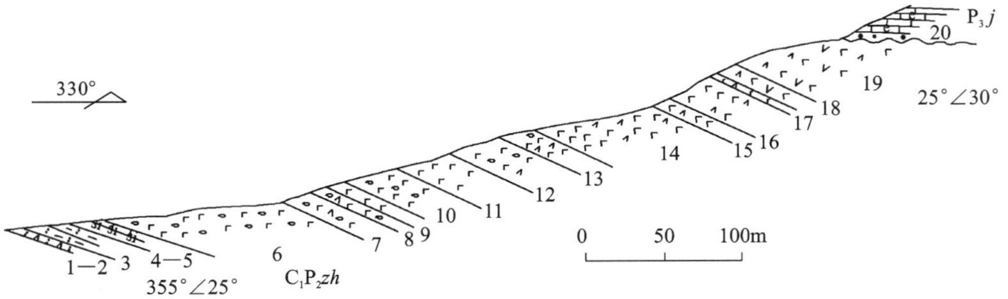

图 2-17　托和平错展金组实测地层剖面图

（与剖面描述层号对应）

上覆地层：二叠系吉普日阿组　灰白色角砾状灰岩

～～～～～～～　角度不整合　～～～～～～～

石炭系—二叠系展金组（C_2P_1zh）	**厚度 353.56m**
19. 灰黑色橄榄玄武岩，斑状结构，气孔状、致密块状构造，气孔大小为 1～2mm，稀疏分布	76.51m
18. 黑色致密块状气孔、杏仁状橄榄玄武岩	20.15m

17. 灰绿色橄榄玄武岩，气孔构造	3.22m
16. 深灰、灰黑色含气孔状橄榄玄武岩	13.70m
15. 气孔杏仁状橄榄玄武岩	8.87m
14. 下部为铁黑色致密块状含气孔状橄榄玄武岩，厚约 0.5m，上部为铁黑色、灰黑色含气孔(杏仁)状橄榄玄武岩	66.71m
13. 气孔状橄榄玄武岩，下部为暗红色气孔、杏仁状橄榄玄武岩，上部为灰绿色杏仁状玄武岩，上部岩层延伸不稳定，呈透镜状分布	11.91m
12. 黑色气孔状玄武质初糜棱岩	14.89m
11. 黑色气孔状玄武岩，稀疏气孔状构造、致密块状构造	19.00m
10. 深灰色含气孔状玄武岩，斑状结构，块状构造、稀疏气孔状构造，气孔含量 2%～3%，大小 1～2mm	17.46m
9. 铁锈黑色含气孔玄武岩，致密块状、稀疏气孔状构造，气孔含量 1%左右，大小 1mm 左右	4.86m
8. 灰绿色含气孔橄榄玄武岩	4.86m
7. 黑色气孔状橄榄玄武岩，块状、稀疏气孔状构造，气孔大小一般为 1mm，含量 10%左右	9.23m
6. 灰黑色含气孔玄武岩	53.91m
5. 灰黑色硅质岩夹两层微晶灰岩	6.86m
4. 深灰绿色碎裂状变质中性火山岩	3.00m
3. 深灰色含粉砂质泥岩	13.71m
2. 浅灰绿色、铁锈色泥质岩夹细粒岩屑砂岩	2.57m
1. 深灰绿色安山质凝灰岩	0.43m
下伏：灰绿色硅质岩	1.71m

（未见底）

3）地层特征

该组主要分布于鲁玛江冬错北牧羊沟一带，与下伏擦蒙组整合接触。呈较复杂的复式向斜形态展布，根据岩性组合特征，可进一步划分为三个段，即碎屑岩段、灰岩段与火山岩段。各段的岩性组合及厚度来源于托和平错幅鸭子湖霍尔巴错群擦蒙组—展金组剖面。

碎屑岩段：主要岩性为灰色、灰黑色薄层泥质粉砂岩，含粉砂泥岩和钙质粗粉砂岩，夹黑色、深灰色中层细粒泥质长石石英砂岩。泥质粉砂岩或粉砂质泥岩页理发育，受构造影响，局部发生强变形和弱变质。

灰岩段：主要岩性为灰色、灰黑色薄层状云质泥晶灰岩、薄层含砂屑生物屑亮晶灰岩、含鲕粒砂质砂屑亮晶灰岩、(含䗴)含砂质砂屑亮晶灰岩、片理化泥质灰岩，夹灰绿色凝灰质砂岩、灰黑色薄层硅质岩、灰黑色中厚层细粒钙质岩屑砂岩、薄层不等粒泥质岩屑长石石英砂岩、岩屑长石砂岩。砂岩中含黄铁矿晶粒，砂质砂屑灰岩中含丰富的动物化石，以珊瑚、䗴、海百合茎等为主。

火山岩段：分布于向斜的核部，主要岩性为灰绿色变质安山质凝灰岩、(蚀变)凝灰岩、玻屑凝灰岩、安山岩、黑色中基性火山角砾岩、绿泥片岩、方解绿泥片岩(变余凝灰岩)，及灰黑色薄层钙质泥岩、含碳质铁质泥岩、黑色千枚状钙质泥岩、含粉砂泥岩、硅质岩。

在石炭系霍尔巴错群展金组砂质灰岩、灰岩中新发现了大量䗴科化石，该化石通过南京古生物研究所鉴定，其种属为：*Neoshwagerina* sp. ind(新希瓦格䗴)，*Kahlerna* sp. ind(卡勒䗴)，*Verbeekina* sp. ind(费伯克䗴)，*Chalaroschwagerina* sp.(松希瓦格䗴(未定种))，*Monodiexodina sutschanica* Dutkevich(苏特斯钱单通道䗴)，*Rugosofusulina* sp.(皱壁䗴)，*Monodiexodina* sp.(单通道䗴)。这些化石的时代为早—中二叠世，其中单通道䗴属冷水型动物群。

但分布于鲁玛江冬错北牧羊沟及窝尔巴错东的展金组，出露层位为该组上部的火山岩段，含砾粉砂岩、含砾粉砂质泥岩夹多层变质凝灰岩、流纹质晶屑凝灰岩、石英安山岩、辉石英安岩、黑云母安山岩，出露厚度约 940m。

横向上该组上部的火山岩段厚度及岩性组合变化较大，分布于调查区南部托和平山、黑山头一带的火山岩段，为一套含中基性火山熔岩的地层，其岩性下部为浅灰色变质凝灰岩，浅灰，灰绿色气孔杏仁状安山岩，杏仁状玄武安山岩，变质安山玢岩，深灰—灰黑色安山玄武岩，杏仁状玄武岩夹 4 层青灰色中厚层泥亮晶砂屑灰岩、含云质泥晶灰岩及一层泥岩，灰岩中含珊瑚化石。可划分为 7 个火山喷发旋回，火山岩厚约 500m。中部岩性为深灰色含粉砂质泥岩、灰黑色薄层硅质岩、微晶灰岩夹灰绿色安山质凝灰岩及碎裂状变质中性火山岩等；上部为黑色气孔状玄武岩、黑色气孔状橄榄玄武岩及灰绿色、暗红色橄榄安山玄武岩等，中间无沉积夹层，火山岩厚约 400m。在托和平错幅鸭子湖一带，该组出露厚度大于 2 596m，其中火山岩夹层有 8～10 层，其中最厚一层可达 260.0～288.5m，岩性主要为灰绿色变质安山质凝灰岩、(蚀变)凝灰岩、玻屑凝灰岩。在托和平错南西一带，该组出露厚度 2 674.9m，火山岩夹层有 6～8 层，其中最厚一层可达 102.1m，岩性主要为灰色变质凝灰岩、浅灰色安山岩、安山质玄武岩及黑色玄武岩。

4) 岩石特征及沉积环境分析

(1) 岩石特征

该组主要为一套碎屑岩夹火山岩及碳酸盐岩建造，岩性组合复杂，碎屑岩类以泥岩、粉砂质泥岩为主，其次为细粒岩屑长石石英砂岩、岩屑长石砂岩、钙质岩屑砂岩、凝灰质砂岩；碳酸盐类有泥晶灰岩、白云质泥晶灰岩、含生物屑砂屑灰岩、含鲕粒砂质砂屑灰岩、生物碎屑灰岩；火山岩类有蚀变凝灰岩、玻屑凝灰岩、安山岩、火山角砾岩等；此外还有少量硅质岩。受火山喷发岩及后期构造影响，部分岩石发生强变形弱变质，其火山岩和变质岩的岩石特征可参考第三章和第四章。该组未变质碎屑岩和碳酸盐岩的岩矿特征如下。

岩屑长石石英杂砂岩　呈深灰色，细粒砂状结构，块状或层状构造。碎屑含量占 65%～70%，杂基含量 10%～40%，胶结物含量 3%～5%。碎屑组分为石英、岩屑、长石，其中石英以单晶为主，占碎屑总量的 85%左右；岩屑成分有千枚岩、泥岩、火山岩、粉砂岩，含量约 5%～15%；长石以斜长石为主，含量 5%～10%；重矿物少量，主要矿物为电气石、锆石、磷灰石。杂基为隐晶质粘土矿物，部分重结晶为绢云母、绿泥石。胶结物成分主要为铁质。碎屑颗粒大小 0.01～0.25mm，碎屑形态呈棱角状、次棱角状，分选性中等，磨圆度较差。岩石的结构成熟度低，成分成熟度较高。

岩屑长石(或长石岩屑)砂岩　呈灰、深灰色，细粒砂状结构，块状构造。碎屑含量占 85%，杂基含量小于 10%，胶结物含量 3%～5%。碎屑组分为石英、岩屑、长石，其中石英以单晶为主，少量硅质岩，占碎屑总量的 60%～70%左右；岩屑成分有千枚岩、泥岩、火山岩，含量约 10%～15%；长石以斜长石为主，含量 10%～30%；重矿物少量。杂基为隐晶质粘土矿物，部分重结晶为绢云母、绿泥石。胶结物成分为硅质、铁质。碎屑颗粒大小 0.01～0.25mm，碎屑形态呈次圆状，分选性中等。岩石的结构成熟度和成分成熟度较低。

凝灰质砂岩　呈灰、深灰色，凝灰质砂状结构，块状构造。成分主要由火山碎屑岩、陆源砂、内碎屑组成，其中火山碎屑约 50%，成分为具交织结构的安山岩；陆源砂约 15%，主要为单晶，少量硅质岩、石英岩、粉砂质泥岩；砂屑约 15%，泥晶灰岩；生物屑约 5%，为䗴、棘皮、腕足等，䗴具有完整个体。胶结物含量 15%，成分为粒状方解石。碎屑颗粒大小 0.1～2.0mm，火山碎屑形态呈次圆状，分选性、磨圆度中等。孔隙式胶结，颗粒支撑。

(泥质)粉砂岩　岩石多呈深灰、灰黑色，粉砂状结构，纹层状构造。碎屑含量占 60%～70%，杂基含量小于 10%，胶结物含量 30%左右。碎屑组分为石英、岩屑、长石及重矿物，其中石英以单晶为主，占碎屑总量的 89%以上；岩屑成分为泥岩、碳酸盐岩，含量小于 5%；长石以斜长石为主，含量小于 5%；重矿物约 1%。杂基为隐晶质粘土矿物。胶结物成分为方解石。碎屑颗粒大小 0.01～0.06mm，碎屑形态呈棱角、次棱角状，分选性好。基底式胶结，微晶支撑。岩石的结构成熟度低，成分成熟度较高。

泥岩　包括钙质泥岩、粉砂质泥岩、含碳质铁质泥岩等，岩石多呈黑色，泥状结构，纹层状构造。矿物成分由粘土矿物、粉砂、生物屑、铁质及方解石组成，其中粘土矿物含量 60%～80%以上，呈隐晶质、鳞片状，大致定向排列；粉砂含量小于 5%，成分为单晶石英，呈棱角状，大小 0.005～0.03mm；铁质(黄铁矿、菱铁矿微粒)含量小于 2%左右，黑褐色，沿片晶方向分布。泥晶方解石，局部成条带、条纹状分布，含量 20%～30%。受后期应力及变质作用的影响，局部泥岩千枚状构造发育。

泥晶灰岩 呈灰、灰白色，泥晶结构，层状构造。矿物成分由泥晶方解石（70%～80%）、粒状白云石（15%～25%）、生物屑（3%～5%）和少量粉砂、黄铁矿、菱铁矿微粒组成，生物屑主要为介形虫，呈半壳状，杂乱分布。

含生物屑内碎屑灰岩 呈深灰色、黑色，粒屑结构，块状构造。碎屑颗粒由内碎屑、生物屑组成，其中内碎屑含量65%，呈次棱角、次圆状，大小0.2～7.0mm，分选较差；生物屑约10%，由苔藓虫、有孔虫、棘皮类、鲢等组成，有孔虫和鲢具有完整个体，其他为碎屑。填隙物为亮晶方解石、粒状白云石。孔隙式胶结，颗粒支撑。

鲕粒砂质砂屑灰岩 呈深灰、灰褐色，砂质砂屑结构，块状构造。碎屑颗粒由砂屑、砂、生物屑、鲕组成，其中砂屑占50%左右，成分为泥晶、微晶、含生屑泥晶灰岩，呈次圆状、圆状；砂质占25%，成分主要为单晶石英，少量长石、安山岩屑、绿泥石等，呈棱角、次棱角状；生物屑少量，主要由棘皮类、介形虫、腕足、苔藓虫等组成，大小不等。填隙物为亮晶方解石，含量15%左右。砂屑和鲕大小0.1～0.6mm，具褐红色氧化边，大小相近，分选较好，且伴生的碎屑颗粒成分复杂，说明其来源于异地。

硅质岩 呈深灰色、黑色，隐晶质结构，贝壳状断口，矿物成分主要为隐晶质玉髓，含量95%以上，其次含碳酸盐或泥质约4%，呈粒状或隐晶质，其他黑褐色金属矿物约占1%。岩石裂隙发育，裂隙宽0.01～0.5mm，被石英、碳酸盐、铁质充填。

(2) 沉积环境（及构造环境）分析

综上所述，展金组据其岩性、岩相组合、沉积构造、生物特征，并结合岩矿特征，总体为一套盆地边缘或深水盆地沉积的碎屑岩建造，并夹有大量火山喷发岩。其识别依据如下。

a. 沉积层序特征，由于该套地层夹多层火山岩，并受后期构造叠加干扰，变形强烈，变质程度不等，原始沉积构造大多已破坏，局部露头砂、泥韵律特征明显，粉砂岩单层厚10～20cm，泥岩单层厚度40～80cm，砂泥比一般较小，为1∶4，粉砂岩小型斜层理、波状纹层理、包卷层理发育，泥岩具较明显的水平纹层理。垂直粉砂质泥岩层理面的切片，镜下可见鲍马序列c与d层多次重复叠置，其中c以粉砂质为主，发育波状纹层理或变形层理，厚度8mm；d层以泥质为主，发育平行层理或水平纹层理，厚度5～10mm不等。结合野外观测，局部露头显示不完整的鲍马序列bcd和cde段，以c-d段最发育为特征。与下伏擦蒙组相比，碎屑岩以泥岩、粉砂质泥岩为主体，夹硅质岩、灰岩，由于两组岩性相似，之间以火山岩的出现和夹灰岩、硅质岩为划分依据，连续沉积特征明显，是早石炭世盆地演化的继承性发展，展金组沉积环境为盆地边缘并接近深水盆地，同时地壳活动强烈，并发生了多期火山喷发。

b. 岩矿特征方面，碎屑岩的成分成熟度和结构成熟度低，碎屑颗粒呈棱角状、次棱角状，杂基含量较高，局部含大量火山碎屑。黑色泥岩中含碳质、铁质。碳酸盐岩中普遍含生物碎屑、粉砂及菱铁矿微粒，局部碳酸盐岩中也含大量火山碎屑，所含砂屑、鲕粒具褐红色氧化边，属异地来源，该组中碳酸盐沉积物的来源与火山喷发碳酸盐浆密切相关。因此综合分析该组中的不同的岩石类型，具深海—次深海沉积特点。

c. 岩相组合方面，薄层硅质岩、黑色泥岩、火山喷发岩、含砂屑生物灰岩、含介形虫泥晶灰岩及深水浊流沉积的碎屑岩相伴产出，硅质岩与黑色泥岩互层，并夹有薄层砂屑生物屑灰岩。岩性变化较大、岩相组合复杂，综合分析应属次稳定型或不稳定型大陆斜坡-盆地边缘相组合。

d. 砂岩粒度特征，从粒度分布累计概率曲线图（图2-18）上可见，粒度分布累计概率曲线主要有两种形态，其中一组（图2-18a_1）粒度区间$\phi=3.0\sim6.0$，峰态$K=4.05\sim5.64$，呈双峰形态，标准偏差$\delta=0.99\sim1.4$，反映出物源方向多样，分选性中等；另一组（a_3）其粒度分布范围较宽$\phi=1.25\sim6.25$，偏度$SK=-0.83$，属极负偏，表明沉积物的粒度分布为细偏，反映出悬浮搬运为主的特点，曲线的斜率较低，且与现代哈德逊海下扇粒度曲相比，极其相似，属于浊流沉积粒度概率图型。

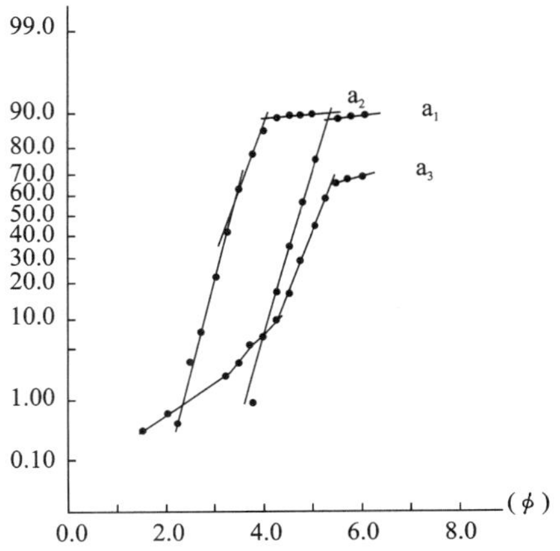

图2-18 粒度分布累计概率曲线图

e. 在古生物特征上，以有孔虫和介形虫化石组合为主，偶见少量单体珊瑚。以浮游类型动物群为特征，微体化石多产出于凝灰质砂岩、粉砂质泥岩、泥晶灰岩等细粒沉积物中。

5）时代划分依据

本次在托和平错幅鸭子湖一带霍尔巴错群展金组砂质灰岩、灰岩中新发现了大量䗴科化石，该化石通过南京古生物研究所鉴定，其种属为：*Neoshwagerina* sp. ind（新希瓦格䗴），*Kahlerna* sp. ind（卡勒䗴），*Verbeekina* sp. ind（费伯克䗴），*Chalaroschwagerina* sp.（松希瓦格䗴（未定种）），*Monodiexodina sutschanica* Dutkevich（苏特斯钱单通道䗴），*Rugosofusulina* sp.（皱壁䗴），*Monodiexodina* sp.（单通道䗴）。这些化石的时代为早—中二叠世，其中单通道䗴属冷水型动物群。通过区域对比将该组的时代定为晚石炭世—早二叠世。

3. 二叠系曲地组（$P_{1-2}q$）

1）地层沿革、分布及划分依据

梁定益等 1982 年命名于日土县多玛区吉普村北西脱塔拉。原义指时代为萨克马尔中晚期—阿丁斯克期的地层。1993 年《西藏自治区区域地质志》引用其名，主要指展金组火山岩之上的一套细碎屑岩为主夹灰岩、硅质岩的地层。1997 年《西藏自治区岩石地层》沿用其名，指整合于下伏展金组火山岩、碎屑岩之上，岩性以粉砂质板岩（局部为石英砂岩）为主夹灰岩、硅质岩的一套地层。本次工作将区内分布于独立石湖及美马错西部一带的一套下部为碎屑岩、上部为碳酸盐岩的地层，据其岩石特征、岩相组合及层位，与霍尔巴错群曲地组层位大致相同，并可划分为两个段，其中一段包括原曲地组和吞龙共巴组，二段相当于原龙格组。

2）剖面描述

（1）月牙达坂剖面

该剖面位于西藏日土县月牙达坂一带，起点坐标：$X=3857250$，$Y=14596300$；终点坐标：$X=3853561$，$Y=14595895$。剖面编号为 P_9，该剖面相当于曲地组一段（碎屑岩段）。

二叠系曲地组一段（P_2q^1）	**厚度 2 868.60m**
26. 黑色页岩夹灰色、深灰色页片状粉砂岩	118.87m
25. 黑色薄层绢云石英千枚岩夹黑色页岩	23.77m
24(31). 黑色页岩夹灰色、深灰色页片状粉砂岩及少量薄层绢云石英千枚岩	582.97m
23. 黑色薄层细粒绢云石英千枚岩	12.67m
22. 黑色页岩夹灰色、深灰色页片状粉砂岩	25.35m
21. 黑色薄层细粒绢云石英千枚岩	16.89m
20(27). 黑色页岩夹灰色、深灰色页片状粉砂岩	223.90m
19. 黑色、深灰色薄层状绢云石英千枚岩	34.14m
18. 黑色页岩夹灰色、深灰色薄层状粉砂岩	179.23m
17(24). 灰色、深灰色薄层绢云石英千枚岩与黑色页岩互层	12.80m
16(22—23). 灰色、深灰色薄层状绢云石英千枚岩	21.34m
15. 灰黑色页岩夹灰色页片状粉砂岩和灰色、深灰色厚层变质长石石英砂岩	93.88m
14. 黑色页岩与灰色页片状粉砂岩互层，夹少量灰色、深色变质长石石英砂岩	231.42m
13. 灰色、深灰色中层—中薄层状变质不等粒石英砂岩	5.93m
12(18). 黑色页岩与灰色页片状粉砂岩互层。局部夹灰色、灰白色薄层—中薄层状变质长石石英砂岩，该层变形强烈	228.88m
11(17). 黑色、深灰色厚层状变质不等粒石英砂岩	146.73m
10(16). 黑色页岩与黑色薄层变质长石石英砂岩互层	205.41m
9(15). 黑色页岩夹黑色薄层变质长石石英砂岩	61.32m
8(14). 灰色、深灰色薄层变质长石石英砂岩。局部夹黑色页岩	21.90m
7(13). 灰色、深灰色薄层夹厚层状变质不等粒石英砂岩	127.01m

6(12).灰色、深灰色中层状变质不等粒石英砂岩。平行层理发育 179.31m
5(11).灰色、深灰色页片状变质绢云石英砂岩夹变质粉砂质泥岩。水平层理 130.09m
4(6—10).黑色薄层变质细粒石英砂岩夹黑色页岩 27.33m
3(3—5).黑色页岩夹深灰色薄板状细粒石英砂岩。含黄铁矿晶粒2%~5% 35.06m
2.黑色页岩、灰黑红色薄层细粒石英砂岩及黑色薄层细粒石英砂岩 60.15m
1.黑色页岩、黑色薄层状不等粒岩屑石英砂岩,含黄铁矿晶粒 62.25m

(未见底)

(2)独立石湖剖面

该剖面位于西藏日土县独立石湖南东一带,起点坐标:$X=3841365$,$Y=14583174$;终点坐标:$X=3838997$,$Y=14582753$。剖面编号为P_{13},该剖面相当于二叠系曲地组二段。

上覆地层:新近系唢呐湖组(Ns) 紫红色砾岩

~~~~~~~~~~ 角度不整合 ~~~~~~~~~~

二叠系曲地组二段(P_2q^2) **厚度>459.70m**

18.灰黑色厚—巨厚层状亮晶鲕粒灰岩。上部含砾屑 160.08m
17.灰黑色中厚层—巨厚层状含砾屑亮晶鲕粒。砾屑大小一般2.0~5.0mm 25.00m
16.灰黑色厚—巨厚层状亮晶鲕粒灰岩。含生物屑及内碎屑 76.31m
15.灰黄绿色砂质泥页岩。页理发育 0.50m
14.灰黑色中薄层状亮晶鲕粒灰岩。鲕粒大小0.5~1.0mm,含珊瑚及腕足类化石 2.30m
13.灰黑色厚层状砾屑灰岩 28.37m
12.灰黑色巨厚层夹中薄层状亮晶鲕粒灰岩 10.00m
11.灰黑色中薄层状泥晶灰岩 10.00m
10.灰黑色中薄层状含砂砾屑泥晶灰岩。砂砾屑大小一般1.2~2.0mm 2.00m
9.灰黑色厚—巨厚层状泥晶灰岩 57.97m
8.灰黑色厚—巨厚层状亮晶生屑鲕粒灰岩。含生物碎屑及砂屑 1.00m
7.灰黑色厚层夹中薄层状亮晶鲕粒灰岩 5.50m
6.灰白色中厚层状砂质灰岩 2.00m
5.灰黑色中薄层状亮晶鲕粒灰岩。含大量生物碎屑及少量砾屑 4.00m
4.灰白色中厚层状钙质细粒钙岩屑砂岩 13.00m
3.灰白色薄层状亮晶鲕粒灰岩。单层厚度小于15cm 13.50m
2.灰黄色薄层中粉砂质泥岩夹薄层鲕粒灰岩。露头较差 38.17m
1.灰黑色中薄层状泥亮晶鲕粒灰岩,夹薄层泥岩 10.00m

(未见底)

3)地层特征

该组分布于测区独立石湖至土则岗日一带及美马错—阿鲁错以西,受构造控制与相邻不同地层单位大部分呈断层接触。在独立石湖一带呈近东西向展布,而在美马错以西呈北西向展布。总体处于以擦蒙组为核部的大型复式背斜两翼。该测区内由于断裂构造发育,基岩露头连续性较差,在不同地段对该组进行了剖面测制,并依据岩石特征及岩性组合划分为两个段,其中一段与1∶100万日土幅地质报告中曲地组、财那哈组相当,二段与先遣组相当。

曲地组一段($P_{1-2}q^1$):主要岩性为一套以弱变质石英砂岩、长石石英砂岩及粉砂岩、黑色泥岩为主的碎屑岩建造,岩性较单一,未见顶底。下部岩性为黑色页岩与深灰色、黑色薄层细粒石英砂岩或不等粒岩屑石英砂岩不均匀互层,砂岩及页岩中普遍含2%~5%的黄铁矿晶粒,其大小一般2~3mm,呈自形立方体;中部以灰、深灰色薄层变质长石石英砂岩、变质绢云石英砂岩、变质不等粒石英砂岩为主,夹泥质粉砂岩、黑色泥岩,平行层理发育;上部为黑色页岩夹黑色、深灰色薄层变质不等粒石英砂岩,页片状变质绢云石英砂岩,及灰色、深灰色绢云石英千枚岩。总体该套地层具轻微变质,但变形较强,片理较发育(图版Ⅺ,1),砂岩中石英碎屑颗粒次生加大且普遍拉长定向,杂基部分重结晶。页岩、粉砂岩具绢云母化及弱千枚状构造。该组厚度约2 868.6m。

曲地组二段($P_{1-2}q^2$):分布于独立石湖南岸及黄羊泉一带,主要为一套碳酸盐岩建造,夹少量碎屑
~~~~~~~~~~

岩。岩性主要为灰黑色薄层、厚层或巨厚层亮晶鲕粒灰岩，生物碎屑亮晶鲕粒灰岩，砾屑灰岩及灰黑色中薄层或厚层泥晶灰岩和灰白色中厚层砂质灰岩。下部夹灰黄、灰白色细粒钙岩屑砂岩，上部夹灰黄绿色砂质泥页岩。含丰富的珊瑚、腕足类、苔藓虫等古生物化石。

由于该组一段地层受后期构造叠加干扰，变形强烈，变质程度不等，原始沉积构造大多已破坏，其沉积构造、沉积层序难以观测。据曲地组二段岩性组合及纵向叠覆规律，地层结构及划分的沉积层序类型见图 2-19。其中：

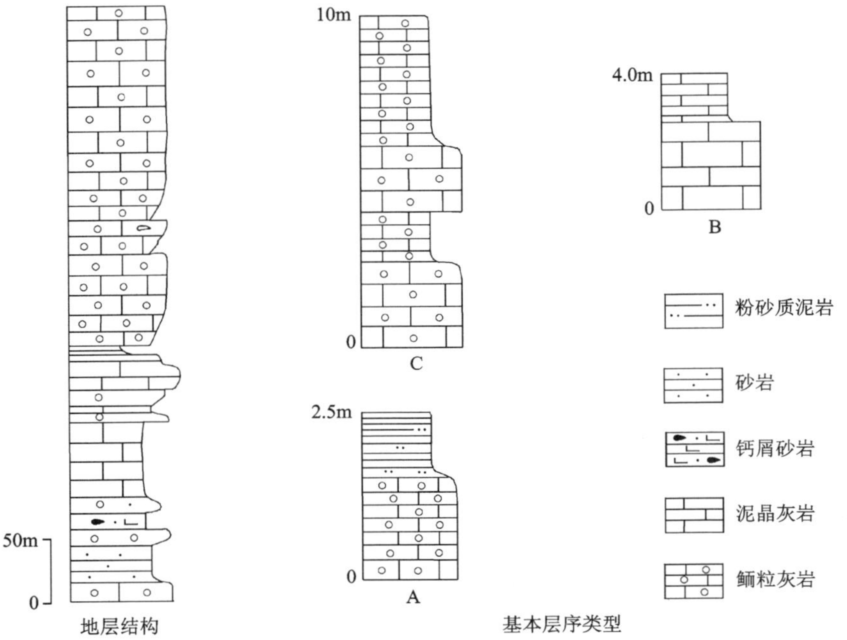

图 2-19　曲地组二段地层结构及沉积层序

A 型层序由深灰、灰黑色亮晶鲕粒灰岩—灰黄色薄层粉质泥岩或细粒钙屑砂岩构成的基本层序在垂向上的多次叠置，该层序出现于曲地组二段下部和中部，每个基本层序厚 2.5～6.4m，一般由 2～3 个基本层序构成厚度 10.0～13.0m 的三级或四级层序。基本层序中亮晶鲕粒灰岩单层厚度 1.0～1.5m，向上渐变过渡为薄层微亮晶含粉砂质鲕粒灰岩，含少量破碎强烈的生物碎片；粉砂质泥岩或黄色页岩单层厚 0.8～1.0m，当陆源碎屑供应充足时，粉砂质含量较高，单层厚度较大，当供应不足时，碎屑成分除石英粉砂外，含大量的碳酸盐岩屑，当供应贫乏时，碎屑成分主要为泥质，单层厚度一般为 0.5～0.8m，厚度变化不大较稳定。总体由下向上层理由厚变薄、鲕粒含量由多变少、陆源碎屑由少变多。其特点显示介质能量较强的浅滩环境。

B 型层序由深灰色、灰黑色厚层泥晶灰岩—薄层微泥晶灰岩组成的基本层序在垂向上的多次叠置，该层序出现于曲地组二段下部，单个层序厚一般 2.7～4.0m。其中厚层泥晶灰岩单层厚度 2.0～2.5m，块状层理，水平纹层发育；薄层微泥晶灰岩单层厚 1.0～1.5m，水平纹层发育。两者渐变过渡呈互层状，其特点显示出碳酸盐沉积物供应充足的浅海陆棚沉积。

C 型层序由深灰、灰黑色厚层或巨厚层亮晶鲕粒灰岩—灰、灰黑色薄层鲕粒灰岩构成的基本层序在垂向上的重复叠置，该层序出现于曲地组二段上部，每个基本层序一般厚 4.0～6.0m，一般由 2～3 个基本层序构成厚度 10.0～13.0m 的三级或四级层序。但个别层序只由厚、巨厚层鲕粒灰岩构成，块状层理，厚度可达 20.0m 左右。鲕粒灰岩中普遍含少量砂屑、生物屑或砾屑，鲕粒大小均匀，分选好。岩性单一，无其他岩类夹层，具典型的水下高能浅滩沉积特征。

横向上由独立石湖往东至土则岗日雪山、拜惹布错南山一带，该组下部夹数层厚度较小的火山岩，在路线地质调查剖面上火山岩与沉积岩不易区分，火山岩主要岩性为辉石安山岩、角闪安山岩、流纹质熔结凝灰岩、沉凝灰岩。在邻幅（托和平错幅）三岛湖一带，该组厚度及岩性组合有所变化，其中一段下部岩性主要为灰红、灰白色薄层中细粒长石石英砂岩，泥质细粒长石石英杂砂岩，粗粒长石石英砂岩，夹灰黑色薄层泥质粉砂岩、细粒岩屑长石石英砂岩、硅质岩及3～4条辉绿岩侵入体；上部为灰黑色中厚层细粒长石岩屑砂岩、岩屑长石石英砂岩夹黄绿色泥页岩、泥质粉砂岩、硅质岩及青灰色中厚层微晶白云岩。二段下部岩性为灰黑、青灰色中厚层粉晶白云岩，含灰质微晶白云岩；中部为灰黑色薄层含粘土质硅质岩、青灰色中厚层泥晶灰岩、微晶灰岩；上部为灰黑色薄层细粒长石岩屑砂岩、不等粒铁质岩屑砂岩夹硅质岩、微晶灰岩、泥晶灰岩及泥质粉砂岩，局部长石岩屑砂岩与泥晶灰岩不均匀互层。此外在托和平错南长山梁一带，曲地组与北侧展金组断层接触，仅出露有曲地组二段，主要为一套以碳酸盐岩为主夹碎屑岩相组合，与原先遣组层位相当。原先遣组中产丰富的䗴类化石：*Parafusulina* sp.，*Dunbarula* sp.，*Yangchienia* sp.，*Pseudodlina* sp.，*Schwagerina* sp.，*Schubertella* sp.，*Minojapanella* sp.，*Neoschwagerina* sp.，*Misellina* sp.；菊石：*Agathiceras* sp.，*Eothinites* sp.，*Medlicottidaeo*。

4）岩石特征及沉积环境分析

（1）岩石特征

该组一段为一套碎屑岩建造，二段为一套碳酸盐岩建造，但岩性均单调。碎屑岩主要为细粒石英砂岩、不等粒岩屑石英砂岩、长石石英砂岩、钙岩屑砂岩及黑色泥岩，且大部分发生浅变质；碳酸盐类有泥晶灰岩、鲕粒灰岩及生物屑鲕灰岩。该组的变质岩岩矿特征可参考有关章节，其未变质碎屑岩和碳酸盐岩的岩矿特征如下。

（变质）细粒石英砂岩　岩石多灰、深灰色，细粒砂状结构，层状构造。碎屑含量占85%～90%，胶结物占5%左右，杂基含量小于10%。碎屑组分由石英、岩屑和少量长石、重矿物组成，其中石英以单晶为主，石英岩、硅质岩少量，占碎屑总量的95%左右；岩屑为火山岩、粉砂岩、泥岩，含量小于4%；长石以钾长石为主；重矿物少量，主要为电气石、锆石。碎屑颗粒大小均为0.06～0.25mm，分选中等，形态以次棱角状、次圆状为主。胶结物成分主要为硅质，其次为铁质。杂基成分为隐晶质粘土矿物，部分重结晶为绢云母，长形颗粒定向排列。孔隙式胶结，颗粒支撑。岩石的结构成熟度低，成分成熟度均高。

不等粒岩屑石英砂岩　呈深灰色，不等粒状结构，层状构造。碎屑含量占88%，杂基含量小于10%，胶结物含量3%～5%。碎屑组分为石英、岩屑、长石及重矿物，其中石英以单晶为主，硅质岩、石英岩次之，占碎屑总量的80%以上；岩屑成分为泥岩、火山岩、粉砂岩，含量约5%～10%；长石以斜长石、钾长石为主，含量5%～10%；重矿物少量，主要为电气石、锆石、磷灰石。杂基为隐晶质粘土矿物，部分重结晶为绢云母、绿泥石。胶结物成分主要为铁质、碳质。碎屑颗粒大小0.05～1.0mm，其中粒级为0.06～0.25mm的占55%，粒级为0.25～0.5mm的占40%，具双峰态结构，碎屑形态呈棱角、次棱角状，分选、磨圆度较差。岩石的结构成熟度低，成分成熟度较高。

细粒钙岩屑砂岩　呈灰、灰白色，细粒砂状结构，块状构造。碎屑含量占85%，胶结物含量15%左右，杂基少量。碎屑组分主要为石英、岩屑和少量长石、重矿物，其中石英颗粒由单晶石英、硅质岩、石英岩组成，占碎屑总量的70%左右；岩屑成分为内碎屑、鲕、生物屑、泥岩、火山岩，含量约30%，此外碳酸盐岩屑约占岩屑总量的60%以上。胶结物成分主要为方解石、铁质。碎屑颗粒大小0.06～0.3mm，以0.1～0.25mm为主，碎屑形态呈次棱角状、次圆状，分选较好、磨圆度中等。岩石的结构成熟度较高，成分成熟度低。

亮晶鲕粒灰岩　呈深灰、灰黑色，鲕粒结构，块状构造。碎屑颗粒主要由鲕、砂屑、砂、生物屑组成，其中鲕粒含量约65%～80%，主要为真鲕、薄皮鲕，偶见放射鲕，受鲕核所限其形态呈圆状、椭圆状、长条形和不规则形，具同心环层状结构，鲕核为内碎屑、生物屑或石英砂，鲕粒大小一般0.2～0.7mm，个别为1.5mm；砂屑含量5%～10%，成分主要为泥晶灰岩、微晶灰岩呈次圆状，圈层结构不明显，大小0.1～0.2mm；生物屑、石英砂少量至3%，生物屑由棘皮、腕足、腹足、介形虫等组成。碎屑磨圆度较好、分选性中等，长向颗粒定向排列。填隙物为亮晶方解石，含量15%～30%，呈不规则粒状，干净透明。孔隙式胶结，颗粒支撑。其特征充分说明形成于水下高能浅滩。

（2）沉积环境分析

综上所述，曲地组据其岩性、岩相组合、沉积构造、生物特征，并结合岩矿特征，总体为一套大陆斜坡与浅海陆棚沉积的碎屑岩-碳酸盐岩建造。其识别依据如下。

a. 沉积层序特征，由于该一段地层受后期构造叠加干扰，变形强烈，变质程度不等，原始沉积构造大多已破坏，其沉积构造、沉积层序难以观测。但该组下部以一套长石石英砂岩、粉砂岩、泥岩为主的碎屑岩建造，上部为一套以鲕粒灰岩为主的碳酸盐岩建造。与下伏展金组相比，下部碎屑岩岩性、岩相组合相似，连续沉积特征明显。综合分析认为曲地组应属大陆斜坡演变为浅海陆棚沉积的相序组合。

b. 岩性特征方面，碎屑岩的成分成熟度较高，结构成熟度低，杂基含量小于10%。鲕粒灰岩中含少量生物碎屑或砂屑，多呈厚层、巨厚层或块状鲕颗粒灰岩，岩性单一，仅有少量泥岩夹层，具同心层圈的真鲕为主，粒径均一，含量很高，亮晶方解石胶结，具水下高能浅滩沉积特点。

c. 岩相组合方面，区内该组下部碎屑岩普遍轻微变质，但横向上其下部主要为一套长石石英砂岩、长石石英杂砂岩为主夹黑色泥质粉砂岩、页岩的岩相组合，反映出该组接受沉积时，地壳活动减弱并趋于稳定，碎屑沉积物供应充足，其沉积速率远大于盆地下降速度。因此后期演变为以碳酸盐沉积物为主体的高能浅滩，形成了该组上部的厚层、巨厚层亮晶鲕粒灰岩相。

d. 在古生物特征上，该组下部为一套贫化石的大陆斜坡相碎屑岩，上部灰岩中以富含珊瑚、腕足、腹足、介形虫及棘皮类化石组合为特征(多为不完整的生物碎片)。

5）时代划分依据

该组下部为一套普遍轻微变质的贫化石碎屑岩建造，本次工作未找到化石，但在其上部灰岩中发现有大量珊瑚、腕足、腹足等化石碎片，采集的化石大多不完整，未取得鉴定结果。该组与下伏展金组整合接触，上部灰岩横向对比与原先遣组层位相当，结合前人资料，原先遣组中产丰富的䗴类化石：*Parafusulina* sp.，*Dunbarula* sp.，*Yangchienia* sp.，*Pseudodlina* sp.，*Schwagerina* sp.，*Schubertella* sp.，*Minojapanella* sp.，*Neoschwagerina* sp.，*Misellina* sp.；珊瑚：*Szechuanophyllum szechuanense*，*Iranophyllum* sp.，*Yatsengia* sp.，*Waagenopyllum* sp，*Polythecalis* sp.等。其中䗴类组合较明显地反映出我国各区茅口阶的特征，珊瑚动物群大多属于特提斯区早、中二叠世的属种。由上所述，将该组的时代归属于早—中二叠世。

三、二叠系

——二叠系吉普日阿组(P_3jp)

1. 地层沿革、分布及划分依据

梁定益、郭铁鹰等(1983)创名于日土县多玛区吉普村东北吉普日阿。原义指下部为砾岩、砂砾岩、钙质粉砂岩或粉砂岩互层，上部为白云质灰岩，局部夹安山岩的一套碎屑岩-碳酸盐岩建造。1987年1∶100万日土幅区域地质调查报告沿用了这一划分方案。1997年《西藏自治区岩石地层》沿用其名，指一套以碎屑岩和白云质灰岩为主夹中性火山岩的地层体。下部以碎屑岩为主，上部为白云质灰岩夹少量中性火山岩。本次将区内大面积分布于窝尔巴错—美马错之间的一套以灰白色厚层白云质灰岩，划归吉普日阿组。

2. 剖面描述

吉托剖面：剖面位于西藏日土县鲁玛江冬错北一带，起点坐标：$X=3787393$，$Y=14571914$，$H=5\ 208$m；终点坐标：$X=3789509$，$Y=14569436$，$H=5\ 313$m。剖面编号为P_{11}(图2-20)。

二叠系吉普日阿组(P_3jp)　　(未见顶)	**厚度>2 344.56m**
7. 灰白色块状白云质灰岩	975.14m
6. 灰白色块状角砾状灰质白云岩	747.80m
5. 灰白色—浅灰色中厚—厚层状白云质灰岩	9.47m
4. 灰白色中厚层状灰质白云岩	271.11m
3. 灰白色块状角砾状灰质白云岩	134.96m
2. 灰白色—浅灰色中厚—厚层状白云质灰岩，含珊瑚类、腕足类、海百合茎等生物化石	38.56m
1. 灰白色块状角砾状灰质白云岩，节理发育	167.52m

(未见底)

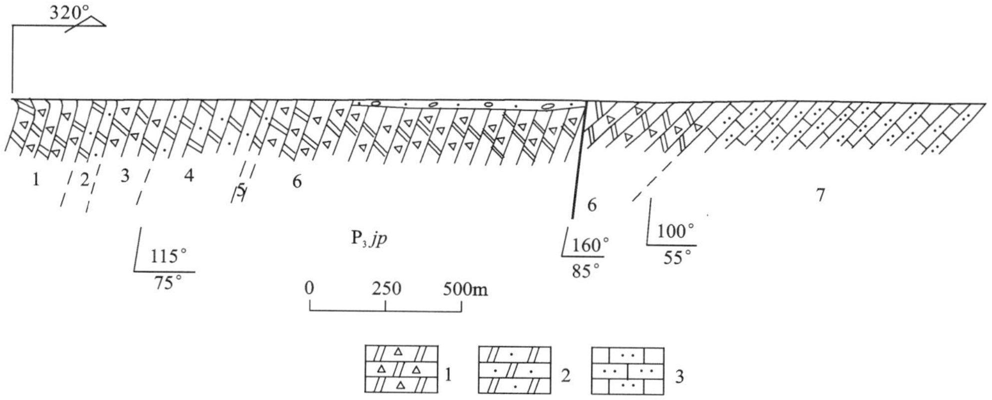

图 2-20 鲁玛江冬错吉普日阿组实测地层剖面图
1.角砾状灰质白云岩;2.层状灰质白云岩;3.块状白云质灰岩

3. 地层特征

分布于测区南东部窝尔巴错东至鲁玛江冬错北一带,本次工作发现该套地层在岩性、岩貌、遥感影像特征等方面较为特殊,该组上部灰岩白云岩化强烈,厚度巨大,呈正地形,具"岩溶"地貌特征,遥感影像上为亮灰白色,与石炭系暗灰黑色形成明显的对比,同时发现该套地层与下伏地层石炭系-二叠系霍尔巴错群间为角度不整合接触关系(图版Ⅺ,2)。可进一步划分为两个岩性段。

一段(砂砾岩)(P_3jp^1):底部为灰色块状砾岩,之上为灰褐色薄层含砾砂岩、褐黄色中—薄层细砂岩夹粉砂岩、黑色灰岩。该段横向上厚度变化较大,极不稳定,大部分地段缺失。

二段(白云岩)(P_3jp^2):岩性主要为黑色薄层—中厚层泥晶灰岩、灰白色白云质灰岩、礁灰岩等,上部夹紫红色厚层砾状灰岩。该段地貌上呈陡峭的岩壁,多分布于山脊上,溶蚀孔洞、溶蚀坑等溶蚀现象极普遍。远观似"岩溶"地貌(图版Ⅺ,3),一般呈角度不整合覆盖于霍尔巴错群之上。

4. 沉积环境分析

晚二叠世时,羌北已整体抬升,羌南沉积区海水变浅,因而沉积形成了一套白云岩、白云质灰岩沉积物,其底部出现了厚度、岩性变化较大的陆源碎屑堆积,在不整合面之上吉普日阿组下部多为红色砂砾岩、泥页岩、粉砂岩或砂泥岩、砂岩夹灰岩,且大部分地段缺失。据其岩性、岩相组合、沉积构造等特征,该组为干旱炎热气候条件下形成的以红色调为主的碎屑岩或封闭海湾泻湖相沉积。

5. 时代划分依据

区内该组为一套以白云质灰岩为主的碳酸盐岩建造,但在其下部白云质灰岩中发现有大量珊瑚、腕足类、腹足类等化石,本次所采集的化石大多不完整,未取得鉴定结果。该组与下伏展金组不整合接触,横向对比与分布于日土县多玛区吉普村脱塔拉、改则县茶布区财那哈二叠系剖面中的吉普日阿组岩性、岩相组合大体一致,与其上部白云质灰岩层位相当。层型剖面灰岩中含䗴类化石:*Palaeofusulina* sp.,*Codonofusiella* sp.,*Reichelina* sp.等;珊瑚:*Waagenopyllum* sp.,*Lophophyllidium* sp.等。由上所述,将该组的时代归属于晚二叠世。

第四节 中 生 界

在图幅内中生界只分布于北羌塘地层区,出露于雅西尔沟至邦达错及月牙湖一带,据其岩石特征、岩相组合、古生物组合特征划分为:三叠系万泉河群(新建)、康鲁组;侏罗系雁石坪群布曲组、夏里组;白垩系铁隆滩组。

一、三叠系

三叠系零星分布于雅西尔沟和月牙湖一带，据岩石特征、岩相组合划分为三叠系下统万泉河群和康鲁组。其中万泉河群为一套浅海相碳酸盐岩建造，康鲁组为一套陆相碎屑岩建造，前者分布于雅西尔沟以南，万泉河以北；后者分布于月牙湖、普尔错一带。

（一）万泉河群（T_1WQ）

1. 地层沿革、分布及划分依据

万泉河群为本次工作新建地层单位，该套地层主要分布于日土县拉竹龙地区雅西尔沟与万泉河之间，地层总体呈近东西向展布，与下伏泥盆系拉竹龙组间为角度不整合接触关系。该套地层前人曾将其划归泥盆系雅西尔群和拉竹龙组，从目前已取得的资料来看，拉竹龙地区既存在泥盆纪地层，也存在三叠纪地层，虽然二者在岩性组合特征上具一定的相似性，但二者在化石面貌上存在着较大的差异（泥盆纪地层中化石组合以腕足类、珊瑚等为主，三叠纪地层中化石则以腹足类、双壳类为主），故应以化石资料为依据，应将原归入泥盆纪地层中的属于三叠纪的地层从中剔除出来，并重新进行岩石地层单位的划分。

本文根据岩石地层单位的命名原则，将该套地层新建为万泉河群，其定义为出露于日土县北部拉竹龙地区雅西尔沟南、万泉河之北的一套以灰红、紫红色色调为主碳酸盐岩夹泥岩的地层，其时代归入三叠世早期。该套地层总厚度大于 333.1m，根据岩石组合特征，该套地层可进一步划为两个组，下部为泥岩组（T_1WQms），厚 107.27m，上部为石灰岩组（T_1WQls），厚度大于 225.83m，各组的岩性组合特征见剖面描述。

2. 剖面描述

该剖面位于西藏日土县兽形湖西侧通往雅西尔沟的大沟中段，起点坐标：$X=3853806$，$Y=14515556$，$H=5\ 220$m；终点坐标：$X=3854790$，$Y=14516315$，$H=5\ 450$m。剖面编号为 P_6（图 2-21）。

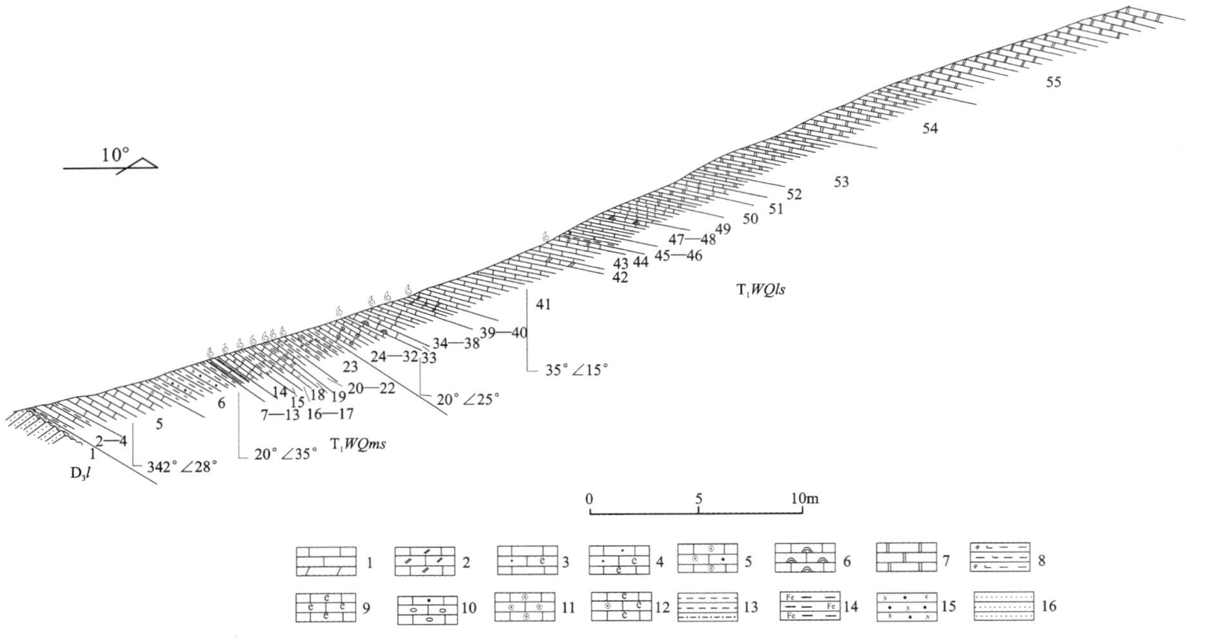

图 2-21　三叠系下统万泉河群实测地层剖面图

1. 灰岩及泥灰岩；2. 白云质灰岩；3. 含砂质含生物屑灰岩；4. 砂质生物屑灰岩；5. 鲕粒砂质灰岩；6. 叠层石灰岩；7. 白云岩；8. 含钙质白云岩化泥岩；9. 生物屑灰岩；10. 含砂质灰岩及砾屑灰岩；11. 鲕粒灰岩；12. 含鲕粒生物屑灰岩；13. 泥岩及粉砂质泥岩；14. 铁质泥岩；15. 长石砂岩；16. 粉砂岩

三叠系万泉河群(T_1WQ) （未见顶） **厚度＞333.10m**

碳酸盐组(T_1WQls) **厚度＞225.83m**

25(55).灰色、灰白色中层—厚层状亮晶粉晶白云岩。鸟眼构造发育 33.13m

24(54).灰色、灰白色中薄层—中层状微晶白云岩 24.69m

23(53).灰色薄层状微晶白云岩 29.04m

22(52).灰色薄层状泥晶灰岩与灰黄色薄层状微晶白云岩互层。局部水平纹层发育 6.11m

21(51).灰色厚层状亮晶鲕粒灰岩。横向不稳定呈透镜状 4.28m

20(50).灰黄色薄层状粉晶白云岩。纹层发育，与下伏小层呈渐变过渡 9.17m

19(49).灰色薄层状夹页片状含砂屑泥晶灰岩。含大量海百合茎，其茎板形态有圆形面、梅花瓣面、五角形面等 12.04m

18(48).灰色叠层石礁灰岩。叠层石波状纹层呈小型穹丘状，侧向上相互连接 0.80m

17(47).灰色、深灰色薄层状泥晶灰岩夹页片状砂屑泥晶灰岩。生物遗迹发育，含大量海百合茎，其茎板形态有圆形面、梅花瓣面、五角形面等 9.53m

16(46).灰色薄层状微晶白云岩。风化面呈灰黄色，波状纹层发育 1.50m

15(45).紫红色泥岩。页理不发育，波状层理，与下伏小层渐变过渡 1.20m

14(42—44).灰色、深灰色薄层状泥晶灰岩夹紫红色、灰色薄层状白云质微晶灰岩。水平纹层理。生物遗迹发育，以沿层面分布的各种遗迹为主，见少量垂直层理的生物潜穴或钻孔

双壳类：*Lyriomyophoria*? sp.（琴氏褶翅蛤） 12.23m

13(41).灰色、深灰色页片状夹薄层状泥晶灰岩。水平纹层理、波状层理。层面上生物遗迹发育，含少量双壳类化石 40.92m

12(40).灰、灰红色薄板—薄层状白云质微晶灰岩。水平纹层发育，含丰富的腹足类和双壳类化石

双壳类：*Entolium discitesmicrotis* Bittner（小耳光海扇）等

腹足类：*Omphaloptycha* cf. *schmidti* Assmann（斯氏脐褶螺比较种）

Coelostylina sp.（空轴螺）

Anomphalus sp.（无脐螺）等 4.48m

11(39).灰、灰红色含生物碎屑微晶灰岩。水平纹层发育 0.70m

10(37—38).灰、灰紫红色薄板状—厚层状泥晶灰岩夹灰、灰红色含生物碎屑微晶灰岩。水平层理、波状层理。含双壳类化石，大小一般1.0～1.5cm

双壳类：*Entolium discitesmicrotis* Bittner（小耳光海扇）

Eumorphotis sp.（正海扇）等 22.71m

9(30—36).灰绿色、灰紫红色中薄层—薄层微亮晶砂质生物屑灰岩、团块状含生物屑泥晶灰岩夹灰紫红色薄板状白云质微晶灰岩、叠层石礁灰岩。下部为水平纹层理，上部为波状层理、潮汐层理、小型斜层理。白云质微晶灰岩层面生物遗迹发育，并含丰富的双壳类化石

双壳类：*Myophoria*（*Neoschizodus*）cf. *laevigata elongate* Philippi（延长新裂齿哈）（相似蛤）

Unionites? sp.（蚌形蛤?） 7.10m

8(24—29).灰色中薄层状—厚层状泥晶灰岩夹灰色厚层状鲕粒灰岩。水平纹层理、微波状层理。层间夹20cm褐红色古风化壳 6.20m

泥岩组(T_1WQms) **厚度 107.27m**

7(21—23).灰紫红、灰黄绿色页片状含钙质泥质微晶白云岩。下部以波状纹层为主，生物扰动强烈，层面上生物遗迹发育，大多为 *Thalassinoides* sp. 海生迹，少数为垂直层面的潜穴或钻孔。上部微晶白云岩则发育水平纹层理 15.31m

6(15—20).紫红色泥岩夹灰色、深灰色、灰黑色中薄层状亮晶生物屑灰岩，亮晶含鲕粒生物屑灰岩。生物屑灰岩波状纹理发育，含丰富的个体完整的双壳类和腹足类

双壳类：*Claraia* sp.

Unionites fassaensis（Wissmann）

腹足类：*Streptacis sichuanensis*（Pan）（四川弯曲螺）

Omphaloptycha sp.（脐褶螺）

Coelostylina sp.（空轴螺）

Agnesia? sp.（埃氏螺?）

Streptacis cf. *regularis* Pan（规则弯曲螺比较种）

Donaldina sp.（齿螺）等 16.44m

5(7—14). 灰紫红色页片状粉砂质泥岩、灰黄色钙质页岩夹灰绿色中薄层状亮晶鲕粒砂屑灰岩、含生物屑鲕粒灰岩、含生物泥晶灰岩。水平层理，泥岩页理较发育，由粉砂质泥岩—灰岩构成基本层序，由下往上泥岩厚度变薄、灰岩增厚。粉砂质泥岩层面上生物遗迹发育，局部含个体完整的双壳类化石

双壳类：*Myophoria*(*Neoschizodus*) sp.（新裂齿蛤）

Claraia stachei Bittner（射饰克氏蛤）等 13.11m

4(6). 紫红色泥岩。底部夹一层厚 0.5m 的灰红色薄板状中细粒长石砂岩 24.85m

3(5). 灰色、深灰色厚层状微晶灰岩，顶部为鲕粒灰岩。泥晶灰岩与鲕粒灰岩呈渐变过渡，由下往上鲕粒含量逐渐增多。波状纹层理，微晶灰岩缝合线构造发育 22.09m

2(2—4). 黑色泥岩夹灰色、黑灰色厚层状泥晶灰岩。泥岩页理较发育，泥晶灰岩发育水平纹层 15.32m

1(1). 褐红色铁质（泥岩）风化壳。横向上厚度变化较大，局部为团块状 0.15m

~~~~~~~~~~~~ 角度不整合 ~~~~~~~~~~~~

下伏地层：泥盆系兽形湖组

3. 地层特征

该组主要分布于雅西尔沟南一带，根据岩石组合特征，该套地层可进一步划分为两个组，下部为泥岩组（T_1*WQms*），上部为石灰岩组（T_1*WQls*）（图 2-22）。

1）泥岩组（T_1*WQms*）

其底部为褐红色铁质风化壳，分布不稳定，厚 0～0.5m，下部为黑色泥岩及灰色、深灰色厚层状微晶灰岩、灰黑色鲕粒灰岩；中部为紫红色泥岩、灰红色薄层粉砂质泥岩、页岩夹灰绿色薄层状亮晶鲕粒砂屑灰岩、含生物屑鲕粒灰岩、亮晶生物屑灰岩、亮晶含鲕粒生物屑灰岩、含鲕粒生物屑腹足灰岩；上部为紫红色页片状钙质泥质微晶白云岩夹灰色中厚层生物屑砂质亮晶灰岩；顶部为厚度 20cm 褐红色古风化壳，与上覆碳酸盐组之间可能存在沉积间断。下部和中部的生物屑灰岩、鲕粒灰岩以波状层理为主，偶见有低角度冲洗交错层理；粉砂质泥岩以水平层理、平行层理为主。在粉砂质泥岩、生物屑灰岩层面上分布大量的个体保存完整的双壳类和腹足类化石，双壳类壳体大小一般为 1～2cm，小者 4～5mm，腹足类一般壳体较小，多为 2～4mm，双壳类化石最大扁平面与层面一致。双壳类有 *Claraia* sp.，*Unionites fassaensis*（Wissmann），*Myophoria*（*Neoschizodus*）sp.，*Claraia stachei* Bittner；腹足类有 *Streptacis sichuanensis*（Pan），*Omphaloptycha* sp.，*Coelostylina* sp.，*Agnesia* ? sp.，*Streptacis* cf. *regularis* Pan，*Donaldina* sp. 等。上部泥质微晶白云岩发育水平纹层、微波状层理等，生物扰动强烈，常见生物平面遗迹（*Thalassinoides* sp. 海生迹）和潜穴。

该组宏观特征以紫红色泥岩为主，夹多层灰岩，鲜艳的紫红色色调可作为野外识别标志。同时在紫红色泥岩、生物碎屑灰岩中含丰富的双壳类和腹足类化石，并且局部地段生物化石富集成层，也可作为识别标志之一，与上覆以灰色、灰白色色调为主的碳酸盐岩组，地质地貌分界明显。本组厚度为 107.27m。

2）石灰岩组（T_1*WQls*）

下部为灰，深灰色薄层泥晶灰岩，微亮晶砂质生物屑灰岩，团块状含生物屑泥晶灰岩，夹灰红色薄层白云质微晶灰岩、灰色厚层鲕粒灰岩、叠层石礁灰岩。水平层理、微波状层理、潮汐层理、小型斜层理发育（图版Ⅺ，4、5），白云质微晶灰岩层面上常见 3～5mm 宽的管状、弯曲状、互相交叉的生物遗迹（图版Ⅺ，7）。生物屑微晶灰岩中含丰富的双壳类和腹足类化石，其中双壳类有 *Myophoria*（*Neoschizodus*）cf. *laevigata elongate* Philippi（延长新裂齿哈相似种），*Unionites*? sp.（蚌形蛤?），*Entolium discitesmicrotis* Bittner（小耳光海扇），*Eumorphotis* sp.（正海扇）等，壳体大小一般为 1～1.5cm，小者 3～5mm，大者 2～3cm。腹足类主要有 *Omphaloptycha* cf. *schmidti* Assmann（斯氏脐褶螺比较种），*Coelostylina* sp.
~~~~~~~~~~~~

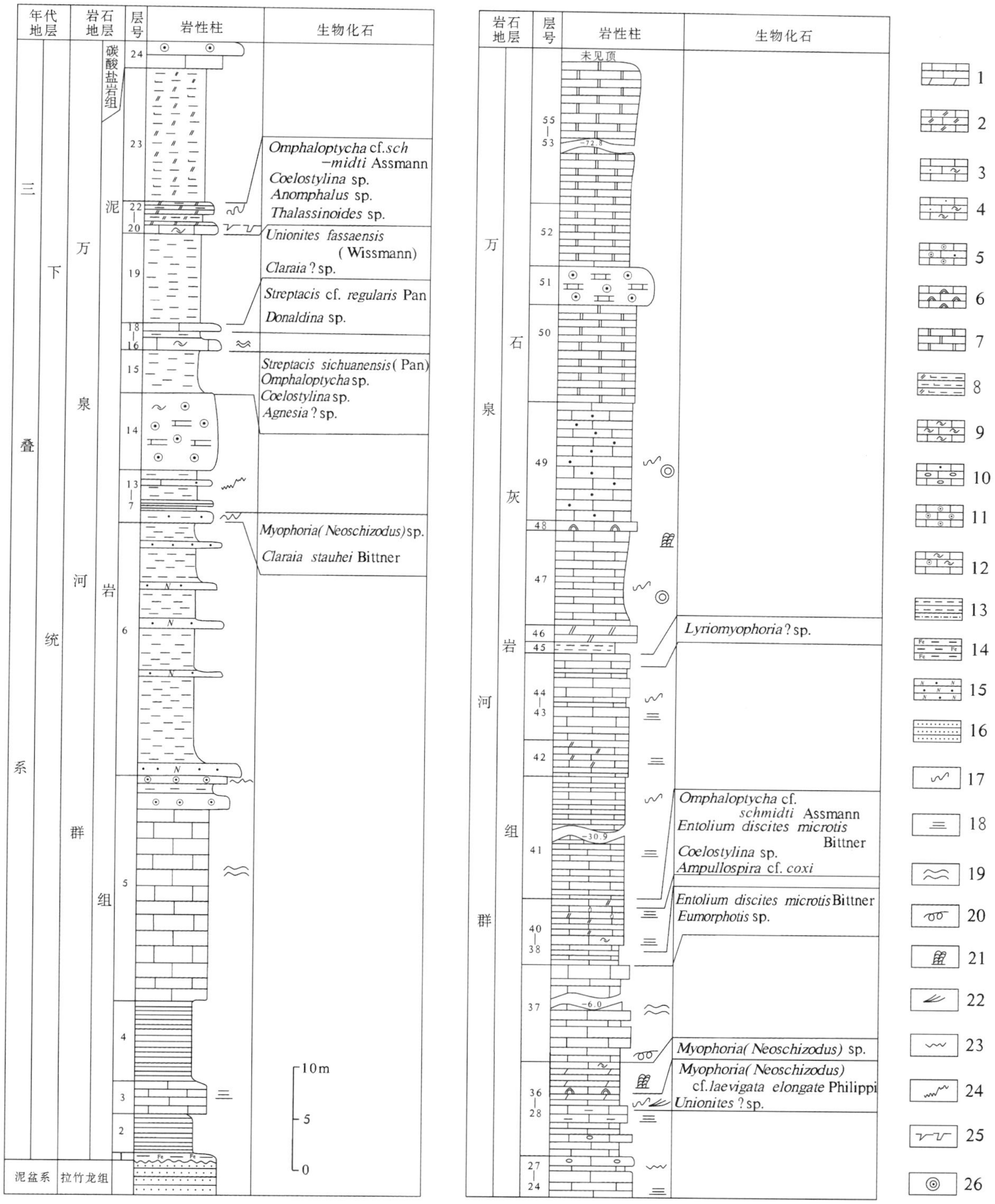

图 2-22 拉竹龙地区三叠系下统万泉河群实测剖面柱状图

1. 灰岩及泥灰岩；2. 白云质灰岩；3. 含砂含生物屑灰岩；4. 生物屑砂质灰岩；5. 砂质鲕粒灰岩；6. 叠层石灰岩；7. 白云岩；8. 钙质白云岩化泥岩；9. 生物屑灰岩；10. 砂质灰岩及砾屑灰岩；11. 鲕粒灰岩；12. 含鲕粒生物屑灰岩；13. 泥岩及粉砂质泥岩；14. 铁质泥岩；15. 长石砂岩；16. 粉砂岩；17. 生物平面遗迹；18. 水平纹层理；19. 波浪状纹层理；20. 生物扰动构造；21. 叠层石；22. 低角度斜层理；23. 冲刷侵蚀面；24. 缝合线构造；25. 生物潜穴及钻孔；26. 海百合茎

（空轴螺），*Anomphalus* sp.（无脐螺）等，个体保存完整，多顺层面密集分布（图版Ⅺ，6）。叠层石侧向上呈分离堆砌，分离的纹层呈独立的穹丘状隆起（图版Ⅺ，8），表明具有稳定的潮间环境。

中部为灰、深灰色页片状、薄层状含砂屑泥晶灰岩和白云质微晶灰岩夹紫红色泥岩、叠层石礁灰岩和一层鲕粒灰岩，层理较下部明显变薄。以水平纹理发育为特征，灰岩中含少量个体完整的双壳类 *Lyriomyophoria*? sp.(琴氏褶翅蛤)，叠层石侧向相互紧密连接，波状纹层呈小型穹丘状，是典型的潮上或潮间带上部所特有的标志。砂屑泥晶灰岩中含大量海百合茎，海百合茎板的形态多种多样，其茎板(上表外观)形态主要有圆形面、梅花瓣、五角形状，其分布层位稳定，与叠层石礁灰岩共生。上部为灰、灰白色薄层、中层微晶白云岩和灰白色中—厚层粉晶白云岩，鸟眼构造发育。

总体该组以薄层泥晶灰岩和微晶、粉晶白云岩为主，夹生物屑灰岩、叠层石礁灰岩和一层鲕粒灰岩为特征，色调主要为灰色、灰白色，与下伏泥岩组色调反差极大。本组未见顶，其厚度大于 225.83m。

据岩性组合及纵向叠覆规律，万泉河群地层结构特征及沉积层序见图 2-23，A 型层序由紫红色粉砂质泥岩—紫红色页岩—亮晶鲕粒砂屑灰岩或亮晶生物屑灰岩构成的基本层序在垂向上的多次叠置，每个基本层序厚 1.5～3.0m，一般由 2～3 个基本层序构成厚度 6.2～7.1m 的三级或四级层序。基本层序中粉砂质泥岩厚度 1.2～1.5m，水平纹层，其底部有时存在一层厚度约 0.3～0.5m 的细粒长石砂岩，顶部与紫红色页岩呈渐变过渡，页岩厚度一般 10～20cm，页理上部较下部发育，泥岩中常含双壳类化石。亮晶鲕粒砂屑灰岩厚度 12～80cm，含大量破碎较强烈的生物碎片和少量海绿石，波状纹层理，由下向上层理由薄变厚、鲕粒含量由少变多、由小变大，呈逆粒序。垂向上总体由下向上泥岩由厚变薄，鲕粒砂屑灰岩由薄变厚。其特点显示总体向上由潮上泥坪沉积为主向潮间或潮下浅滩过渡的叠置层序。

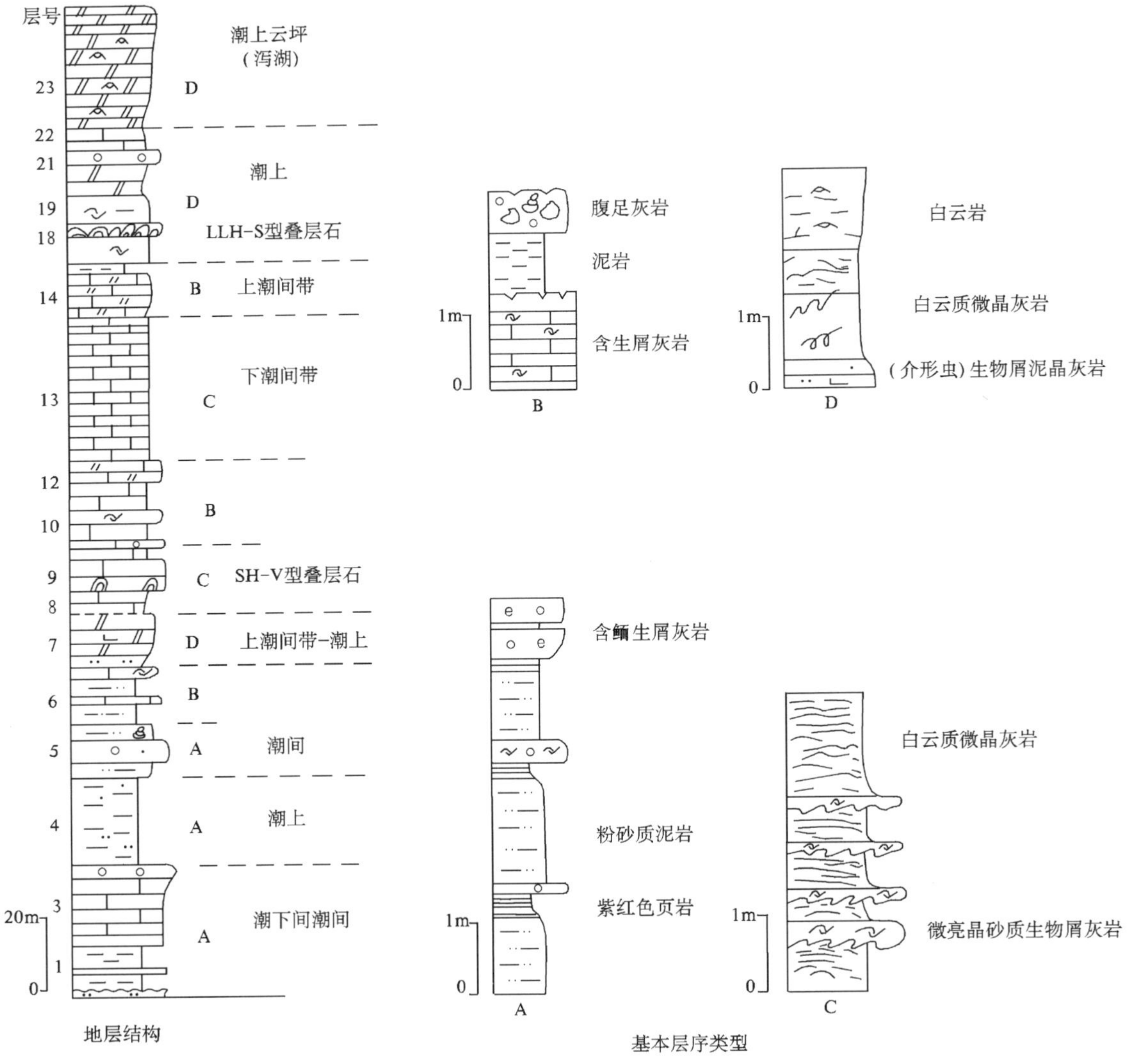

图 2-23　万泉河群地层结构及基本层序类型图

B型层序由亮晶生物屑灰岩—紫红色泥岩—含鲕粒腹足灰岩或白云质微晶灰岩组成的基本层序在垂向上的叠置，单个层序一般厚2.0～2.7m。亮晶生物屑灰岩厚1.3～2.0m，波状层理，顶部为厚10～20cm的扁平棱角状白云质微晶灰岩砾，暴露面特征明显，紫红色泥岩单层厚0.8～1.0m，层面上生物遗迹发育且含较多个体完整的双壳类化石，含鲕粒腹足灰岩垂向上不稳定，出现于个别层序中，厚度约0.6m，总体向上逐渐被D型层序所替代。其特点显示由潮间沉积为主向潮上过渡的叠置层序。

C型层序由灰绿色微亮晶砂质生物屑灰岩—紫红色白云质微晶灰岩构成的基本层序在垂向上的重复叠置，每个基本层序一般厚0.3～0.8m，由4～5个基本层序构成的三级或四级层序厚约4.0～6.0m。层序下部砂质生物屑灰岩以波状层理、潮汐层理为主，厚度为5～30cm，向上渐变过渡为水平纹层理发育的白云质微晶灰岩，其厚度0.2～1.6m，层序内呈渐变过渡，层序间呈冲刷侵蚀接触关系，顶部出现褐红色古风化壳时为三级或四级层序的分界面。总体由下向上，基本层序厚度增大，砂质生物屑灰岩由厚变薄，白云质微晶灰岩由薄变厚，岩石色调灰绿色减弱，紫红色增强。其特点显示出以潮下—潮间带下部沉积为主的叠置层序。

D型层序由灰紫红色含泥质生物屑(介形虫)泥晶灰岩—紫红色含介形虫白云质微晶灰岩—灰、灰黄色含灰泥质微晶白云岩构成的基本层序，每个层序厚3.0～5.0m，少数可达10m以上。泥质生物屑泥晶灰岩单层厚0.4～0.6m，垂向上不稳定，向上该单元缺失，含介形虫白云质微晶灰岩单层厚1.5～2.0m，微波状层理，层面上生物活动的觅食迹、爬行迹发育，并存在少量垂直于层面的潜穴，对该层而言下部生物活动强烈，含量达30%～40%，向上生物活动遗迹明显减弱，含量不到5%。灰泥质微晶白云岩单层厚度较大，占单个层序厚度的50%～70%，水平纹层发育，上部和顶部常见鸟眼构造。其特点显示出以潮上带—泻湖沉积为主的叠置层序。

横向上纵观青藏高原地质图属于早三叠世的地层并不发育，涉及藏北羌塘地区属于碎屑岩和碳酸盐岩组合时代为三叠纪早期的地层只有在距该区南东东方向约1 000多千米的尼玛县北部双湖一带发育有康鲁组和硬水泉组，本区和双湖一带的康鲁组和硬水泉组二者在化石特征上虽具一定的相似性，但二者在岩性组合上却存在较大的差异。双湖一带的康鲁组其定义为“指连续沉积于……的一套紫红色碎屑岩，岩性以紫红色、黄灰色细砂岩、粉砂岩为主夹泥灰岩，底部夹紫红色砂砾岩，含克氏哈等”。康鲁组中含丰富的双壳类化石，其下部有 *Claraia stachei* 组合，上部有 *C. aurita* 组合。而本区的泥岩组其主要岩性为紫红色泥岩夹灰岩，较双湖地区的康鲁组沉积环境有比较大的差别，但本区的泥岩组中也含有 *Claraia stachei*，证明二者为同期不同相的产物。

硬水泉组的定义为“指整合于康鲁组紫红色碎屑岩之上的一套地层体，岩性为中—薄层灰岩、泥灰岩为主，局部夹钙质砂岩、页岩，产丰富的菊石、双壳类化石”。本区的石灰岩组其主要岩性组合为薄层灰岩为主，其上部为薄—中层白云岩，未见砂岩等碎屑岩夹层，所以二者在岩性组合上存在一定的差异，但双湖地区的硬水泉组和本区的石灰岩组同样都含有 *Entolium discites microtis* Bittner、*Myophoria* sp.等化石，也证明本区早三叠世地层与双湖地区具有一定的可对比性。

4. 岩石特征及沉积环境分析

1）岩石特征

该组的岩石组合以碳酸盐岩为主，碎屑岩次之，碳酸盐岩主要为亮晶生屑(腹足)灰岩、微亮晶砂质生物屑灰岩、亮晶鲕粒砂屑灰岩、亮晶鲕粒灰岩、(含砂屑或泥质)泥晶灰岩、含泥质(白云质)微晶灰岩、(含灰泥质或粉屑)微晶白云岩、泥晶白云岩等。碎屑岩主要为泥岩、页岩、粉砂质泥岩。主要岩石类型特征如下。

亮晶生物屑(腹足、双壳)灰岩　呈灰色或灰褐色，生物碎屑结构，层状构造。碎屑颗粒由生物屑、鲕粒、砂屑组成，其中生物屑含量约60%～80%，由腹足、双壳碎屑构成，垂直切面碎片较平直，呈长条形相互叠置，壳厚0.02～0.3mm，壳体长0.4～5.0mm。外层为正柱状结构，柱径0.02～0.3mm。内层较薄0.01～0.05mm，微晶结构。胶结物为亮晶方解石，含量小于20%，呈透明粒状，大小0.02～0.2mm。孔隙式胶结，颗粒支撑。

微亮晶砂质生物屑灰岩　呈紫红、红褐色，砂质砂屑结构，层状或团块状构造。碎屑颗粒由生物碎屑、砂质组成，其中生物屑含量约 45%，主要为瓣鳃类、介形虫、腹足类等。瓣鳃类多为半壳状，定向排列，壳厚 0.02～0.0mm，壳长约 6.0～15.0mm；介形虫大小 0.02mm×0.2mm～0.03mm×0.6mm，玻纤结构，定向排列。砂质含量 35%左右，主要为单晶石英，偶见硅质岩、钾长石，呈棱角状，大小 0.05～0.2mm。部分生屑颗粒见示底构造。胶结物为微亮晶方解石，含量 20%左右。孔隙式胶结，颗粒支撑。其特征说明形成于潮汐流作用下的潮间环境。

亮晶（砂屑）鲕粒灰岩　呈灰、深灰色，鲕粒结构，块状构造。碎屑颗粒主要由鲕、砂屑组成，其中鲕粒含量约 60%～75%，主要为真鲕、薄皮鲕，偶见复鲕，受鲕核所限其形态呈圆状、椭圆状、长条形和不规则形，具同心环状包壳结构，鲕核为内碎屑、生物屑或藻屑，鲕粒大小一般为 0.3～1.0mm，个别为 1.5mm；砂屑含量 5%～40%，成分主要为泥晶灰岩、微晶灰岩呈圆形、椭圆形，圈层结构不明显，大小 0.15～0.5mm；偶见生物屑、石英砂。磨圆度、分选性较好，长向颗粒定向排列。填隙物为亮晶方解石，含量 20%～40%，呈不规则粒状，孔隙式胶结，颗粒支撑。其特征充分说明形成于水下高能浅滩环境。

（泥质、白云质）泥晶—微晶灰岩　呈灰、灰褐色、红褐色，泥晶或微晶结构，层状构造。矿物成分主要为方解石、白云石、菱铁矿、生物屑、泥铁质及少量粉砂，其中方解石含量占 60%～80%，粒状微透明；白云石、菱铁矿、生物屑、泥铁质含量一般为 5%～10%，白云石、菱铁矿呈自形粒状，生物屑定向排列。白云石化强烈时，其含量可达 30%～40%，具雾心亮边结构，大小 0.03～0.10mm。

白云岩　呈浅灰、黄灰色，泥晶结构、微晶结构或粉晶结构，矿物成分主要为白云石，含量 92%～98%，自形粒状，紧密镶嵌分布，大小 0.03～0.05mm；其次含少量褐色粒状铁质矿物、粉砂、生物屑、泥质，多分布于白云石晶粒边缘。具微晶结构或粉晶结构的白云石均为次生白云石，一般含粉屑、生物屑；泥晶白云岩，鸟眼构造发育，鸟眼多被亮晶方解石充填，大小 0.2～3.0mm，应为准同生白云岩。

2）岩石化学特征

剖面测制过程中，对该组不同类型的碳酸盐岩进行了拣块取样，碳酸盐岩化学成分见表 2-6。从表上可知，粉晶、泥晶灰岩中 CaO 含量极高，SiO_2含量、K_2O/Na_2O 值及陆源物含量极低，为较闭塞的半封闭的局限海沉积。粉晶白云岩 MgO 含量高，SiO_2含量较高，K_2O/Na_2O 值较高，可能为潮上泻湖沉积。

表 2-6　万泉河群碳酸盐岩岩石化学成分表（%）

样号	岩性	SiO_2	TiO_2	Al_2O_3	Fe_2O_3	MnO	MgO	Na_2O	CaO	K_2O	P_2O_5
P6TS-1	微晶灰岩	0.91	0.05	0.07	<0.01	0.01	0.09	0.06	54.76	<0.01	0.01
P6TS-2	泥晶灰岩	1.62	0.05	0.27	<0.01	0.01	0.28	0.06	54.30	<0.01	0.02
P6TS-3	粉晶白云岩	13.52	0.27	1.84	0.41	0.02	12.77	0.09	30.50	0.40	0.03

3）沉积环境分析

综上所述，万泉河群据其岩性、岩相组合、沉积构造、生物特征，并结合沉积层序和岩矿特征，总体为一套潮坪沉积为特征的碳酸盐岩建造。其识别依据如下。

a. 沉积层序特征，不同类型的基本层序反映出不同的微环境。A 型层序反映出早期，以潮上泥坪沉积为主向潮间或潮下浅滩过渡的叠置层序；B 型、C 型层序以含砂质和个体完整的生物化石及其碎片的灰泥沉积为主的下潮间带—潮下带上部沉积相序；D 型层序为潮上—泻湖沉积为主的叠置层序，垂向上由 A 型→B 型→D 型，总体表现为水体由浅→深→浅。

b. 沉积构造方面，砂屑灰岩、鲕粒灰岩、砂质生物屑灰岩以微波状层理、潮汐层理、小型斜层理为主，其中砂屑、鲕粒、生物屑表面普遍发育紫红色氧化圈，镜下长形颗粒定向排列，且部分颗粒被溶解并充填有亮晶方解石，形成示顶底构造等特征，充分说明具短暂暴露且处于氧化环境，在一种间歇性弱动荡介质条件下的潮间坪沉积。此外灰紫红色含灰泥质微晶白云岩、紫红色泥岩层面上生物遗迹构造相当发育，以顺层面分布的爬行迹、觅食迹为主，偶见生物潜穴或钻孔，其生物遗迹构造特征及发育程度亦反映出典型的潮坪沉积。

c. 在古生物特征上，主要为双壳类和腹足类生物组合(图版Ⅻ)，其壳体较小、壳饰简单，且多保存于紫红色粉砂质泥岩、灰紫红色砂质生物屑灰岩和灰红色状白云质微晶灰岩中。沉积物总体色调及生物化石特征皆说明其当时气候干燥炎热，以喜欢松软砂泥的底埋底栖类型动物组合为主，总的趋势显示了生活于半咸水(潮坪)环境中的双壳、腹足动物特征。

该组叠层石形态和组合类型属 LLH－S 型和 SH－V 型半球状组合[据洛甘等(Logan,1964)]，其中 SH－V 型呈侧向上分离堆砌，分离的纹层由于水流冲刷相对较强，只能垂向加叠呈穹丘状隆起，表明具有稳定的潮间环境；LLH－S 型侧向相互紧密连接，波状纹层呈小型穹丘状，属水流活动微弱的潮上泥坪。

5. 时代划分依据

该套地层中生物化石丰富，以双壳类和腹足类化石为主，另见少量生物遗迹，本次工作共采集到 11 个化石层位，下部的泥岩组以双壳类和腹足类化石为主，而上部的石灰岩组则以双壳类化石为主。泥岩组中双壳类化石有(图版Ⅻ,1)：*Myophoria*(*Neoschizodus*) sp.(新裂齿哈)，其时代为 P_1—T_3；*Claraia stachei* Bittner(射饰克氏哈)，*Unionites fassaensis*(Wissmann)(法萨蚌形哈)，*Claraia*? sp.(克氏蛤？未定种)，其时代皆为 T_1。腹足类化石有(图版 Ⅻ,2)：*Streptacis sichuanensis*(Pan)(四川弯曲螺)，*Omphaloptycha* sp.(脐褶螺未定种)，*Coelostylina* sp.(空轴螺未定种)，*Agnesia*? sp.(埃氏螺？未定种)，*Streptacis* cf. *regularis* Pan (规则弯曲螺比较种)，*Donaldina* sp.(齿螺未定种)，*Omphaloptycha* cf. *schmidti* Assmann(斯氏脐褶螺比较种)，*Coelostylina* sp. (空轴螺未定种)，*Anomphalus* sp.(无脐螺未定种)，其时代皆为 T_1^1，其中特别有重要时代意义或广泛分布的分子为 *Claraia stachei* Bittner(射饰克氏哈)，是确定为三叠纪早期的主要依据。石灰岩组中双壳类化石有：*Myophoria*(*Neoschizodus*) cf. *laevigata elongate* Philippi(延长新裂齿哈相似种)，*Unionites*? sp.(蚌形蛤？未定种)，*Eumorphotis* sp.(正海扇未定种)，这些化石的时代皆为 T_1，*Myophoria*(*Neoschizodus*) sp.(新裂齿哈未定种)和 *Lyriomyophoria*? sp.(琴氏褶翅蛤？未定种)的时代为 P_1—T_3，其中有重要时代意义或广泛分布的分子为 *Entolium discitesmicrotis* Bittner(小耳光海扇)，其时代为 T_1^2。以上化石成果皆说明该套地层的时代为早三叠世，而非泥盆世。综合分析各化石分子出现的频率，可将该套地层的时代确定为早三叠世。

(二) 康鲁组(T_1k)

1. 地层沿革、分布及划分依据

康鲁组由文世宣 1979 年创名，建组于双湖办事处之北西的康鲁山，岩性以紫红、灰紫色砂岩、粉砂岩为主。1993 年《西藏自治区区域地质志》引用其名，代表印度阶。1997 年全国地层多重划分对比研究时《西藏自治区岩石地层》沿用其名，含义与原始定义大体相当，岩性以紫红色、黄灰色细砂岩、粉砂岩为主，底部夹紫红色砂砾岩等。本次工作中发现分布于普尔错—月牙湖一带的一套紫红色碎屑岩建造，其岩石特征、岩相组合与康鲁山层型剖面对比大体一致，因此本书将该套地层仍沿用“康鲁组”。

2. 剖面描述

月牙湖剖面：该剖面位于西藏日土县月牙湖西岸，起点坐标：$X=3862817$，$Y=14607543$，$H=5\ 210$m。剖面编号为 P_8，未见顶底(图 2-24)。

三叠系康鲁组(T_1k) (未见顶)	**厚度>1 744.16m**
50(67). 暗紫红色页岩夹灰色薄层状细粒岩屑石英砂岩。页理发育	89.51m
49(66). 黑色页岩夹灰绿色薄层状细粒岩屑石英砂岩。露头较差，细粒岩屑石英砂岩厚 1.0～2.0m，出现 5 个夹层，垂向上可相变为页片状粉砂岩→粉砂质页岩	232.83m
48(65). 紫红色页岩夹黑紫红色薄层状铁质细粒石英砂岩。上部夹一层 2.0m 厚的黑色泥岩	79.35m

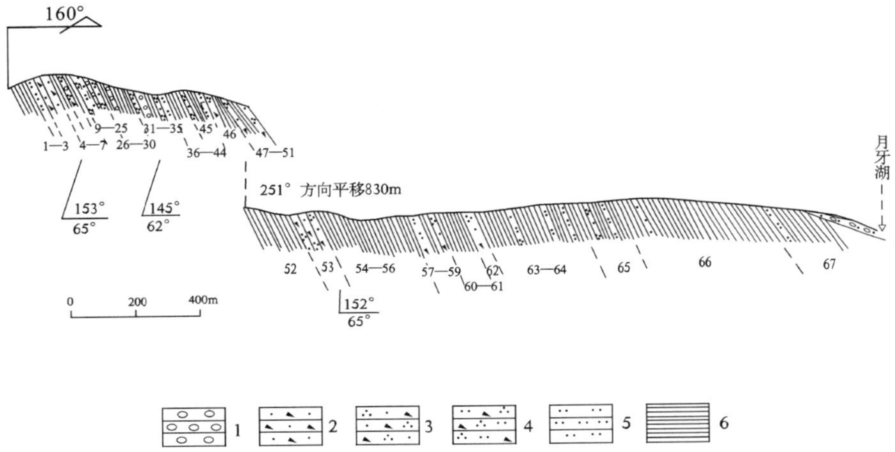

图 2-24　月牙湖康鲁组实测地层剖面图

1.砾岩;2.岩屑砂岩;3.岩屑石英砂岩;4.岩屑石英粉砂岩;5.粉砂岩;6.泥岩、页岩

47(64).紫红、灰绿色页岩夹灰绿色薄层状钙质粗粒岩屑石英粉砂岩。露头较差,局部粉砂岩轻微变质但变形较强,矿物定向线理发育　228.04m

46(63).紫红色页岩。露头较差　26.78m

45(62).灰绿色中层夹薄层状细粒岩屑石英砂岩　25.97m

44(61).紫红色页岩夹灰绿色页岩及少量灰绿色薄层状细粒岩屑石英砂岩。页理发育　47.17m

43(60).紫红色页岩夹暗紫红色薄层状粗粒岩屑石英粉砂岩。粉砂岩波状层理发育　36.60m

42(58—59).灰黄色页岩→灰绿色薄层状细粒岩屑砂岩韵律层。页岩单层厚度大于砂岩　14.32m

41(57).紫红色页岩。露头较差　19.89m

40(56).灰绿色薄层、中薄层状细粒岩屑砂岩。夹三层厚度为1.2～1.5m的灰黄色页岩,由页岩—砂岩构成三个砂泥沉积旋回　27.81m

39(55).紫红色、灰绿色页岩夹暗紫红泥质粉砂岩。露头较差　53.38m

38(54).紫红色页岩夹暗紫红色薄板状泥质粉砂岩。露头较差,局部露头显示由紫红色页岩→褐色泥质粉砂岩→灰绿色泥质粉砂岩呈渐变过渡关系　174.50m

37(53).灰绿色中层—厚层状细粒岩屑石英砂岩　26.64m

36(52).紫红色页岩夹暗紫红色薄板状泥质粉砂岩。露头较差,粉砂岩共两层,厚度分别为30cm、50cm,与上下紫红色页岩呈渐变过渡　129.37m

35(51).灰色、灰绿色中层状钙质细粒岩屑石英砂岩夹灰绿色页片状粗粒岩屑石英粉砂岩。砂岩层厚小于80cm,层系厚40～50cm,平行层理为主　37.28m

34(50).紫红色页岩夹暗紫红色薄层泥质粉砂岩。下部夹两层厚度小于30cm的暗紫红色层间砾岩　38.27m

33(49).灰绿色中薄层状细粒岩屑石英砂岩夹粉砂质页岩　3.83m

32(48).紫红色页岩夹暗紫红色泥质粉砂岩。层间发育4～5层厚度小于30cm的暗紫红色砾岩　26.81m

31(47).灰绿色中薄层状细粒岩屑石英砂岩夹粉砂岩。层系厚度20～30cm,上部夹一层30cm左右的灰绿色砾岩,与上下岩性层呈过渡关系　10.38m

30(46).紫红色页岩。上部夹一层厚约40cm的褐红色钙质粉砂岩　21.56m

29(45).暗紫红色中薄层钙质细粒岩屑石英砂岩。中部夹两层厚约1.2m、0.8m的层间砾岩　23.08m

28(44).暗紫红色薄层状粗粒岩屑石英粉砂岩,中部夹灰绿色砾岩　5.36m

27(43).暗紫红色薄层状粗粒岩屑石英粉砂岩与紫红色页岩互层　5.36m

26(42).灰绿色砾岩。砾石成分复杂,磨圆度、分选性差,与上部粉砂岩呈过渡关系　1.79m

25(41).暗紫红色薄层状岩屑石英粉砂岩。波状层理　8.94m

24(40).紫红色页岩夹暗紫红色钙质岩屑石英粉砂岩。页理较发育　25.04m

23(39).灰绿色钙质细粒岩屑石英砂岩。平行层理　3.58m

22(38). 紫红色页岩夹暗紫红色钙质岩屑石英粉砂岩　5.36m
21(37). 深灰色钙质细粒岩屑石英砂岩。斜层理发育，顶部渐变过渡为粉砂岩　6.26m
20(36). 紫红色页岩夹暗紫红色钙质岩屑石英粉砂岩。页理较发育　45.86m
19(35). 灰绿色含砾粗粒岩屑石英砂岩。底部含砾，分选性、磨圆度差，向上过渡为粉砂岩　4.05m
18(33—34). 紫红色页岩夹暗紫红色钙质岩屑石英粉砂岩。粉砂岩发育波状层理　28.37m
17(32). 暗紫红色砾岩。砾石磨圆度、分选性差　4.86m
16(31—30). 紫红色页岩夹暗紫红色钙质细粒岩屑石英砂岩、粉砂岩　63.53m
15(29). 暗紫红色砾岩。砾石成分复杂，主要为脉石英、片岩、砂岩及细砂砾岩等，分选性差，大小混杂。磨圆度较差，呈棱角状，最大扁平面多与层面一致　9.11m
14(28). 紫红色薄层状细粒岩屑石英砂岩夹褐色岩屑石英粉砂岩　9.11m
13(27—24). 灰绿色页岩夹灰绿色中薄层细粒岩屑石英砂岩　21.03m
12(23—22). 暗紫红色砾岩。正粒序，由粗砾岩→细砾岩四个韵律构成，顶部为厚 0.70m 的紫红色页片状粉砂岩　5.20m
11(21—19). 紫红色薄层状细粒岩屑石英砂岩夹粉砂岩　4.50m
10(18—11). 暗紫红色砾岩与紫红色页岩互层。砾石成分复杂，磨圆度、分选性较差　4.80m
9(10). 暗紫红色薄层钙质岩屑石英粉砂岩。斜层理　1.10m
8(9). 紫红色粉砂质泥岩。波状层理　9.56m
7(8). 灰绿色薄层细粒岩屑石英砂岩夹灰绿色页岩。平行层理　4.78m
6(6—7). 紫红色泥岩。上部夹一层厚约 30cm 的层间砾岩，砾石成分为砂岩、页岩，分选性、磨圆度较差　6.14m
5(5). 灰色厚层含砾不等粒岩屑石英砂岩。层间砾岩发育，分选性、磨圆度较差。具粗尾递变层理　12.77m
4(4). 紫红色页岩夹紫红色薄层泥岩　10.87m
3(3). 灰绿色中薄层细粒岩屑砂岩夹灰绿色粉砂质页岩。平行层理　19.95m
2(2). 紫红色薄层钙质岩屑石英粉砂岩　14.32m
1(1). 紫红色页岩、粉砂质页岩夹紫红色薄层钙质岩屑石英粉砂岩　29.19m

（未见底）

3. 地层特征

该组分布于月牙湖—普尔错东西两侧，呈北东-南西向带状展布，为一套陆相碎屑岩建造。宏观地貌特征为突出的低矮带状山脊，呈较鲜艳的紫红色色调，地层产状较陡，与其两侧地质地貌单元明显不同。该组厚度约 1 744.16m。

下部岩性为紫红色薄层钙质岩屑石英粉砂岩、灰绿色中薄层细粒岩屑砂岩、灰色厚层含砾不等粒岩屑石英砂岩、暗紫红色砾岩夹暗紫红色细粒石英砂岩、泥质粉砂岩及紫红色页岩（图版Ⅻ,1）。以平行层理、粒序递变层理、斜层理为主。砂岩、粉砂岩中层间砾岩发育，其细粒物质在全层内均有分布，以细粒物质作为基质，砾石及粗颗粒自下而上逐渐减小和变细。砾石成分较复杂，主要由脉石英、泥岩、粉砂岩、砂岩砾等组成，大小一般 2.0～7.0cm，多呈棱角状。该段厚约 532.0m。

上部岩性为灰绿、紫红色页岩和暗紫红色钙质粗粒岩屑石英粉砂岩夹灰绿色薄层细粒岩屑砂岩、暗紫红色薄层细粒铁质石英砂岩。该段总体露头较差，局部灰绿色薄层粉砂岩发生轻微绢云母化、绿泥石化，矿物线理、皱纹线理发育。后期方解石脉斜穿层理，宽 10.0cm 左右，且较发育。该段厚度约 1 212.16m，横向上变化较大。

康鲁组地层结构特征及沉积层序见图 2-25，据岩性组合及纵向叠覆规律，可以划分出由粗变细的两种不同岩性组合的基本层序。A 型层序由紫红色砾岩—紫红色粉砂岩或页岩组成多个向上变细的基本层序的垂向叠加，每个基本层序厚 1.0～4.0m。砾岩单层一般厚 0.3～1.0m，个别厚达 1.5～2.0m，递变粒序层理，砾石成分复杂，成熟度较低，磨圆度、分选性较差，具近源搬运沉积特征。上部单元粉砂岩或页岩单层厚度 0.5～1.0m，粗粒粉砂岩具斜层理，局部层间砾岩发育。上部单元在个别层序中缺失，主要由粗砾岩—细砾岩组成(层序 A_2)，垂向上下粗上细粒序特征明显，冲刷侵蚀面清楚。总体反映出典型的砾质辫状河道与砂质心滩沉积的垂向叠加，河流相二元结构特征非常明显。

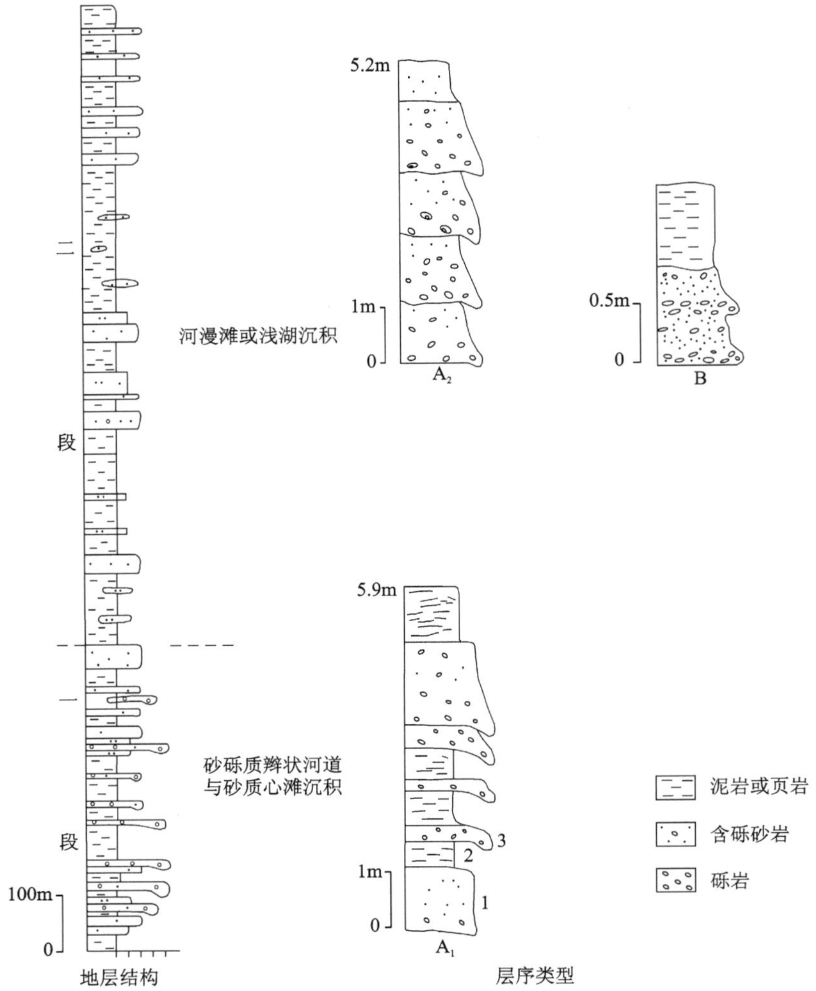

图 2-25　康鲁组地层结构及基本层序类型图

B 型层序由紫红色细粒岩屑石英砂岩、粉砂岩—紫红色页岩组成的基本层序，每个基本层序厚 3.0～6.0m，个别层序厚可达 10m 以上。层序下部砂岩、粉砂岩单层厚 0.3～0.8m，局部显示波状层理，横向上不连续，呈透镜体夹于页(泥)岩中，上部页岩单层厚 0.70～4.50m。总体表现为河漫滩或浅湖沉积，垂向上 A 型层序见于该组下部，B 型层序出现于上部，呈现出向上变细的演化序列。

4. 岩石特征及沉积环境分析

1) 岩石特征

该组主要岩石类型为砾岩、细粒岩屑石英砂岩、含砾不等粒岩屑石英砂岩、细粒岩屑砂岩及岩屑石英粉砂岩、页岩。

砾岩　主要分布于该组下部，呈厚层状、薄层状、块状产出，横向上呈透镜体。多呈暗紫红色、杂色钙质砾岩，砾石含量从大于 30%到大于 60%不等，其成分复杂(图版Ⅻ,2)，主要为紫红色、灰绿色砂岩，粉砂岩，紫红泥岩，灰白色石英岩，绿泥片岩，千枚岩，基性火山岩等，砾径一般为 2～8mm 或 5～7cm，大者 10cm 左右。砾石分选性差，磨圆度差—中等，呈次棱角状—次圆状，表面不光滑，颗粒支撑。砾间被泥砂质充填，钙质胶结。垂向上显示粒序层理，砾石具一定定向性，长轴方向与层理面一致。

细粒岩屑石英砂岩　岩石多呈灰、褐灰色、紫红色，细粒砂状结构，层状或块状构造。碎屑含量占

85%～90%，胶结物占5%～10%，杂基3%～10%。碎屑组分为石英、岩屑、长石、重矿物，石英由单晶、石英岩、硅质岩组成，占碎屑总量的79%～90%；岩屑成分有千枚岩、泥岩、中酸性火山岩、碳酸盐岩，含量10%～20%；长石以斜长石、钾长石为主，含量小于5%；重矿物少量，主要矿物为电气石、锆石、磷灰石及绿帘石。胶结物成分主要为方解石，其次为铁质。碎屑颗粒大小以0.06～0.12mm为主，分选好，形态以次棱角状、次圆状为主，孔隙式胶结，颗粒支撑。岩石的结构成熟度和成分成熟度均较高。

细粒岩屑砂岩 呈灰色、灰褐色，细粒砂状结构，层状构造。碎屑含量占90%以上，胶结物占5%～10%，杂基含量小于5%。碎屑组分为石英、长石、重矿物，其中石英由单晶石英、硅质岩、石英岩组成，占碎屑总量的60%～65%；岩屑成分有火山岩、泥岩、白云母，含量25%左右；长石以斜长石为主，含量小于5%；重矿物少量至3%，主要矿物为电气石、锆石、磷灰石。胶结物成分主要为硅质，其次为方解石。杂基成分为隐晶质粘土矿物。碎屑颗粒大小以0.06～0.3mm为主，分选好，形态以次棱角状、次圆状为主，孔隙式胶结，颗粒支撑。成分成熟度低，结构成熟度较高。

钙质岩屑石英粉砂岩 岩石一般呈红褐色、紫红色、灰绿色，粉砂状结构，层状构造。碎屑含量60%～80%，胶结物含量15%～40%。碎屑组分为石英、岩屑、长石和少量重矿物，其中石英主要为单晶石英，占碎屑总量的90%以上，岩屑成分为泥岩、火山岩、白云母等，含量5%～10%，长石以斜长石、钾长石为主，含量小于5%。胶结物成分以方解石为主，铁质次之。碎屑颗粒以0.01～0.06mm为主，分选好，基底式胶结，微晶支撑。岩石的成分成熟度高，结构熟度较低。

2）沉积环境分析

综上所述，据其岩性、岩相组合、沉积构造，并结合沉积层序和岩矿特征，该组总体为一套河流沉积的碎屑岩建造。其识别依据如下。

a. 沉积层序特征，不同类型的基本层序反映出不同的微环境（图2-25）。A型层序垂向上下粗上细粒序特征明显，冲刷侵蚀面清楚，总体反映出典型的砾质辫状河道与砂质心滩沉积的垂向叠加，层间砾岩发育（图版Ⅻ，3），河流相二元结构特征非常明显。B型层序以紫红色页岩为主，而层序下部的紫红色细粒岩屑石英砂岩、粉砂岩，向上粒度由粗变细，发育波状层理，垂向上多表现为薄的夹层或透镜体，为河漫滩或浅湖沉积。

b. 沉积构造方面，砾岩下部表现为块状层理，随粒度变化出现相应的变化，显示出下粗上细的正旋回粒序层理—平行层理—小型波状层理或斜层理—水平纹层理的大致顺序。

c. 粒度分布累计概率曲线图（图2-26），粒度分析结果表明，其标准偏差$\delta=0.79\sim0.98$，分选性中等；图中a_1、a_2、a_4主要由跳跃总体组成（占90%以上），跳跃总体的斜率为65°～70°，a_3为洪水型，T截点不明显，在截点处出现零散点，形成混合过渡带，反应了沉积速度快和分异差的洪水期沉积特点，其粒度区间分布很宽，曲线斜率为40°～60°。从粒度参数散布图中分析，其总的趋势为河流沙区。

d. 在砂体形态上，剖面上砂体呈透镜状、板状或透镜状，横向上呈断续条带状分布。

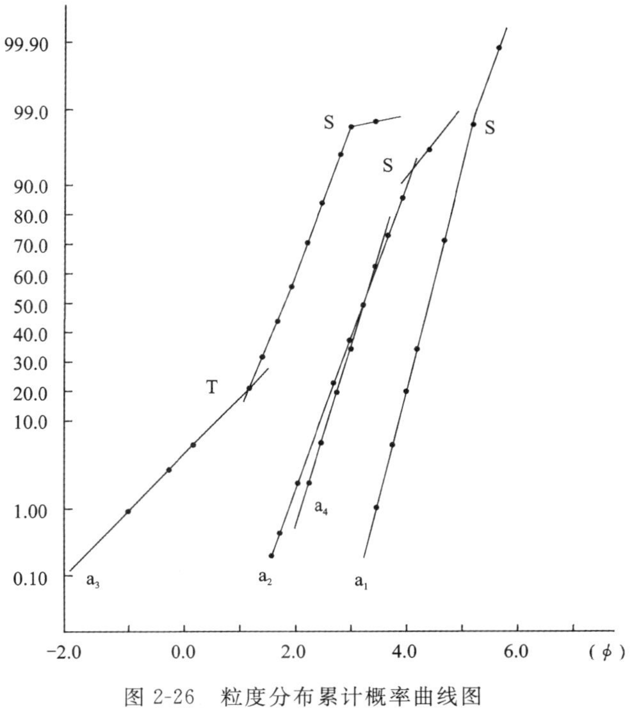

图2-26 粒度分布累计概率曲线图

5. 时代划分依据

该组地层为一套化石贫乏的陆相杂色碎屑岩建造，前人及本次工作在本区一直未找到化石，据其岩性组合特征与康鲁山层型剖面对比大体一致，层型剖面中双壳类化石为：*Astarte* sp.—*Claraia* sp.组合。故将区内分布于月牙湖—普尔错一带以紫红色色调为主的碎屑岩建造归属早三叠世。横向上与分布于兽形湖一带的万泉河群属同期异相的产物。

二、侏罗系

——雁石坪群(J_2YS)

1. 地层沿革、分布及划分依据

1957年詹灿惠、韦思槐(手稿)创名“雁石坪岩系”。日土幅1∶100万区调报告(1987)中将分布于拜惹布错一带的侏罗系自上而下划分为淡水河组、雁石坪群、拜惹布错组。《西藏自治区区域地质志》(1993年)将下部的火山岩称那底岗日群,其上部的灰岩和碎屑岩组成的地层以龙木错—查桑-澜沧江断裂为界,在南部的称为佣钦错群,北部的自下而上称为白龙冰河组、雁石坪群。《西藏自治区岩石地层》(1997)将西藏北部羌塘地区的侏罗系定义为:不整合于结扎群及其他地层之上的一套碎屑岩夹灰岩,下部局部地段夹火山岩组成的地层,统称为雁石坪群,由下而上划分为雀莫错组、布曲组、夏里组、索瓦组、雪山组,各组之间均为整合接触。正层型剖面在青海省雁石坪一带,西藏境内的次层型剖面位于改则县北查桑那底岗日西山。本次区调工作中,将分布于测区北部邦达错及土则岗日一带,以灰岩为主夹碎屑岩的一套地层,依据所采集的化石组合、时代及岩性组合特征与层型剖面对比,划分为中侏罗统布曲组和夏里组。

2. 剖面描述

1) 邦达错剖面

该剖面位于西藏日土县邦达错西部一带,起点坐标:$X=3866215$,$Y=14539516$,$H=5\ 044$m;终点坐标:$X=3870602$,$Y=14541547$,$H=5\ 042$m。剖面编号为P_1,剖面由三个不连续的小山包构成,总体构造形态为背斜、向斜。基岩露头良好,局部层序清楚,但对比、划分出的岩石地层单位及上下关系依据不足,仅供参考。

侏罗系雁石坪群(J_1YS) (未见顶) **厚度>647.18m**

夏里组(J_2YSx) **厚度>398.58m**

34(6—15).灰黑、灰色中薄层、中厚层弱白云石化亮晶砂质屑灰岩夹灰黄色页片状钙质粉砂岩。波状层理、小型斜层理、平行层理 18.30m

33(16—20).灰、灰黑色薄层—薄板状微亮晶粉砂质粉屑灰岩夹亮晶鲕粒灰岩、生物碎屑灰岩
双壳类:(灰岩中)*Radulopecten tipperi* Cox(梯氏刮具海扇) 9.50m

32(21—27).灰、灰黄色、灰黑色薄层状鲕粒灰岩、含鲕粒砂屑灰岩夹泥晶灰岩。泥晶灰岩水平纹层发育,鲕粒灰岩、砂屑灰岩具微波状层理 28.40m

31(28).白色、深灰色薄层状、页片状硬石膏岩 42.83m

30(29).灰黑色、灰色角砾状、疙瘩状泥晶灰岩。底部层理清楚,向上形成厚度不等的角砾状灰岩,顶面凹凸不平 1.20m

29.灰黑色、灰色中薄层状—厚层状微泥晶粉屑灰岩。水平层理。缝合线构造发育 3.60m

28(32—36).灰色、深灰色薄层、中层或厚层泥晶灰岩。薄层泥晶灰岩单层厚0.2～1.0m,厚层泥晶灰岩单层厚1.2～2.5m,由薄层—厚层—块状层理泥晶灰岩构成基本层序 50.70m

27.第四系冲积物覆盖(现代冲沟)

26(37).灰黑色泥、页岩夹灰白色薄层状细粒石英砂岩。泥岩中含褐红色扁平状铁质结核,砂岩厚度一般小于20cm,呈透镜状 2.47m

25(38).灰白、黑灰色薄层状中粒岩屑砂岩 3.46m

24(39).灰黑色泥(页)岩夹灰、灰黄、灰紫红色泥岩、页岩 43.49m

23(40). 灰白色薄层—中薄层状中粒岩屑砂岩。平行层理发育　47.54m
22(41). 黑色灰黑色泥(页)岩夹灰、灰黄色、灰紫红色等杂色泥岩　28.18m
21(42). 灰色、灰黑色中薄层—薄层状中粒岩屑砂岩。平行层理,后期节理发育　7.68m
20(43). 灰黑色、黑色泥(页)岩夹少量灰、灰紫红色泥岩　15.63m
19(44). 灰、灰白色薄层—中薄层状中细粒岩屑砂岩。小型斜层理　25.45m
18(45). 灰黑色、黑色泥(页)岩。页理较发育　32.94m
17(46). 灰白、灰色薄层—中薄层状中细粒岩屑砂岩。含黄铁矿晶粒　12.80m
16(47). 灰、灰黑色泥岩夹少量灰黄色、灰紫红色泥岩、页岩　5.74m
15(48). 灰、灰白色中薄层—薄层状中细粒岩屑砂岩。节理发育　11.48m
14(49). 灰黑色、黑色泥、页岩夹灰紫红色、页岩　3.53m
13(50). 灰、灰白色薄层状中细粒岩屑砂岩　3.66m

(未见底,第四系冲积物覆盖)

布曲组(J_2YSb)　(未见顶)　**厚度>248.60m**

12(67). 灰色、灰白色薄层状粉晶白云岩　56.97m
11(66). 青灰色薄层状细晶白云岩　6.14m
10(65). 灰黑色薄层状泥晶灰岩　23.57m
9(64). 黑色、灰黑色薄层—厚层状泥晶灰岩。由下向上构成3个薄层—厚层韵律,单个韵律厚约7.0～14.0m,顶部为40cm厚的角砾状灰岩　35.35m
8(63—62). 灰黑色厚层状泥晶灰岩。块状层理,陡坎地貌　17.67m
7(61—60). 黑色、灰黑色薄层状泥晶灰岩。底部为薄层,向上渐变过渡为中厚层　9.00m
6(59). 灰黑色中层、厚层微亮晶粉屑灰岩。块状层理,水平纹层发育,陡坎地貌　5.30m
5(58). 灰黑色薄层状泥晶粉屑灰岩。缓坡地貌　15.37m
4(57—54). 灰黑色厚层—巨厚层状泥晶灰岩夹薄层微亮晶粉屑灰岩。水平纹层发育　35.47m
3(53). 黑色、灰黑色薄层状微亮晶粉屑灰岩　2.05m
2(52). 黑色、灰黑色纹层状泥晶灰岩,层间夹透镜状内碎屑灰岩　40.30m
1(51). 深灰色、灰黑色薄层状泥晶灰岩与厚层状泥晶灰岩互层。波状层理、水平层理。由薄层与厚层泥晶灰岩构成10个沉积旋回层序　14.10m

(未见底)

2) 红山达坂剖面

该剖面位于西藏日土县红山达坂,起点坐标:$X=3868000$,$Y=14602729$,$H=5\ 262$m。剖面编号为P_7-04、P_7-05点,剖面由两个不连续出露的小山包构成,基岩露头较好,层序清楚,但出露范围较小,大多被新近系唢呐湖组覆盖,对比并划分出的岩石地层单位及上下关系依据不足。

上覆地层:新近系唢呐湖组

~~~~~~~~~~~~ 不整合 ~~~~~~~~~~~~

布曲组(J_2YSb)　**厚度>28.60m**

11. 灰色块状泥晶灰岩。含少量生物碎屑,水平纹层发育　1.00m
10. 灰色中层状含生物屑泥晶灰岩　0.40m
9. 灰黄色薄层泥晶灰岩。含较丰富的双壳类化石
　双壳类:*Radulopecten tipperi* Cox
　Radulopecten cf. *tipperi* Cox
　Ostreacea gen. et sp. indet
　Pseudolimea sp.
　Pseudotrapezium cordiforme Deshayes 等　0.20m
8. 灰色中薄层泥晶灰岩。底部为薄层,向上渐变过渡为中薄层　0.70m
7. 灰色薄层含生物屑泥晶灰岩。水平纹层发育　2.20m
6. 灰色块状含生物屑泥晶灰岩。块状层理,水平纹层发育
　双壳类化石:*Radulopecten tipperi* Cox
~~~~~~~~~~~~

Ampullospira cf. *coxi* J－C. Fisher　11.40m

5. 黑色薄层泥晶灰岩与生物屑砂屑灰岩互层。生物屑砂屑灰岩具波状层理　3.40m

4. 灰、深灰色生物屑灰岩

双壳类化石：*Pholadomya socialis*（Morris et Lycett）

Camptonectes（*Camptochlamys*）sp.

Radulopecten tipperi Cox

Radulopecten sp.

Trigonastarte sp.　0.80m

3. 灰、深灰色薄层泥晶灰岩夹页片状钙质泥岩。水平纹层发育　4.50m

2. 灰、深灰色亮晶（双壳）介屑灰岩。不显层理　1.50m

1. 灰色片状钙质粉砂岩　2.50m

（未见底）

3. 地层特征

该组主要分布于邦达错西至郭扎错南及土则岗日一带，在红山达坂附近有零星基岩出露，前人曾将其厘定为中侏罗统松木西错群，本次工作根据所获化石时代、岩性组合与区域上对比后，将其厘定为雁石坪群，并划分为布曲组、夏里组两个组。

1）布曲组（J_2YSb）

岩性主要为灰、灰黑色薄层、厚层泥晶灰岩，亮晶粉屑灰岩，灰色薄层泥晶灰岩和生物屑泥晶灰岩。顶部为青灰色薄层细晶白云岩、粉晶白云岩；泥晶灰岩发育水平层理、微波状层理，生物遗迹较发育（图版Ⅷ，4），粉晶白云岩具鸟眼构造。在该组中采集到了大量古生物化石，主要为双壳类、腹足类等，其中双壳类：*Pholadomya socialis*（Morris et Lycett），*Camptonectes*（*Camptochlamys*）sp.，*Radulopecten tipperi* Cox，*Radulopecten* sp.，*Trigonastarte* sp.，*Ostreacea* gen. et sp. indet，*Pseudolimea* sp.，*Pseudotrapezium cordiforme* Deshayes；腹足类：*Ampullospira* cf. *coxi* J－C. Fisher。该组厚度大于248.60m，由于分布局限，横向上厚度变化不详，但从零星分布的基岩露头来看，其岩性相对稳定，在红山达坂一带，主要为一套灰、深灰色块状生物屑泥晶灰岩，含生物屑砂屑灰岩，泥晶灰岩，夹双壳灰岩、钙质粉砂岩、泥岩。

2）夏里组（J_2YSx）

岩性主要为灰、灰黑、灰黄、灰紫色泥页岩，灰、灰白色薄层—中薄层细粒岩屑砂岩，夹灰、灰黑色微晶粉屑灰岩，灰黄色砂屑灰岩，砂质砂屑灰岩，粉砂质粉屑亮晶灰岩及鲕粒灰岩、生物碎屑灰岩和石膏。细粒岩屑砂岩平行层理、斜层理发育，局部含黄铁矿晶粒。粉屑灰岩具缝合线构造。在该组生物碎屑灰岩中采集到了双壳类古生物化石：*Radulopecten tipperi* Cox（梯氏刮具海扇）。

垂向上据岩性组合及纵向叠覆规律，雁石坪群可识别并划分出的沉积层序类型见图2-27。A型层序由灰、深灰色亮晶鲕粒灰岩—薄层微亮晶含粉砂质鲕粒灰岩—灰黄色薄层粉砂质粉屑灰岩或含生物屑泥晶灰岩构成的基本层序在垂向上的多次叠置，该层序出现于雁石坪群布曲组及夏里组上部，每个基本层序厚4.5～7.4m，一般由2～3个基本层序构成厚度12.2～15.1m的三级或四级层序。基本层序中亮晶鲕粒灰岩单层厚度1.0～1.5m，与薄层微亮晶含粉砂质鲕粒灰岩呈渐变过渡，其单层厚度一般1.2～5.6m，含大量破碎较强烈的生物碎片；粉砂质粉屑灰岩单层厚2.5～3.0m，垂向上总体由下向上层理由厚变薄、鲕粒含量由多变少、陆源碎屑由少变多。其特点显示出水体相对较浅，介质能量较强的潮间沙坝或近岸浅滩环境。

B型层序由深灰色、灰黑色泥晶灰岩—薄层微泥晶粉屑灰岩组成的基本层序在垂向上的叠置，该层序出现于雁石坪群布曲组，单个层序厚一般2.7～3.5m。其中厚层泥晶灰岩单层厚度1.4～2.3m，块状层理，水平纹层发育，含丰富的介形虫、有孔虫、棘皮等微体化石；薄层微泥晶粉屑灰岩单层厚1.2～1.3m，水平纹层发育。两者渐变过渡呈互层状，其特点显示出潮下低能沉积为主的叠置层序。

C型层序由灰、灰白色中细粒岩屑岩—黑色、灰黄色、灰紫红色泥岩构成的基本层序在垂向上的重

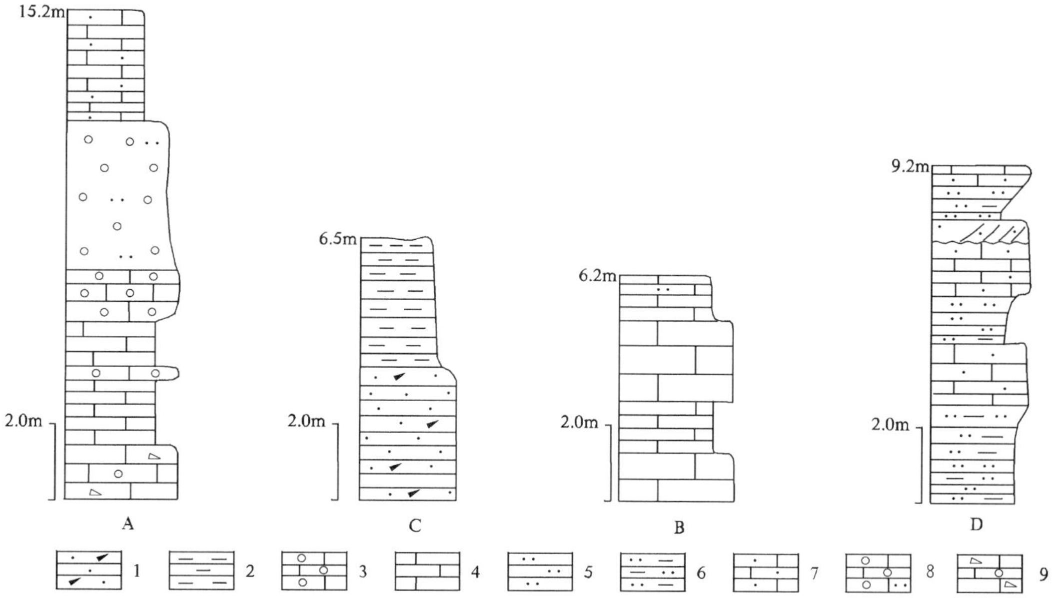

图 2-27　雁石坪群基本层序类型

1.岩屑砂岩;2.泥岩;3.鲕粒灰岩;4.泥晶灰岩;5.粉砂岩;6.泥质粉砂岩;7.砂屑灰岩;
8.含粉砂质鲕粒灰岩;9.含鲕粒砂屑泥晶灰岩

复叠置,该层序出现于雁石坪群夏里组,每个基本层序一般厚 3.0～6.5m,个别层序厚度可达 10.0～20.0m。层序下部岩屑砂岩以平行层理为主,常含黄铁矿晶粒,单层厚度为 3.6～5.0m;上部泥岩多呈黑色、灰黄色、灰紫红色等,页理较发育,其单层厚度 3.5m。层序内及层序间接触关系不详。其特点显示出陆源碎供应充足的低潮坪—高潮泥坪沉积(且较封闭的海湾)为主的叠置层序。

D 型层序由灰黄页片状钙质粉砂岩—灰、深灰色薄层砂质砂屑灰岩或含粉砂粉屑灰岩构成的基本层序,该层序出现于雁石坪群夏里组,每个层序厚 1.5～4.3m。其中灰黄页片状钙质粉砂岩单层厚 1.0～2.5m,平行层理发育;薄层砂质砂屑灰岩单层厚 0.5～2.1m,微波状层理、小型斜层理发育,个别层序顶部出现石膏层。总体向上表现出粉砂岩单层由厚变薄、砂质砂屑灰岩由薄变厚,陆源碎屑由多变少的趋势,其特点显示出陆源碎屑供应减少以潮坪沉积为主间泻湖沉积的叠置层序。

横向上由于岩层露头不连续,地层褶皱和断裂发育,测区内雁石坪群各组厚度较难估计。但其岩性组合及古生物特征相对变化较小,以海生双壳类动物群最为繁盛,并以喀喇昆仑、羌塘、唐古拉、昌都等地广泛分布的最为常见的特提斯型中侏罗世种属为特征。

4. 岩石特征及沉积环境分析

1）岩石特征

该组主要岩石类型较为复杂,碎屑岩主要类型为岩屑砂岩、钙质粉砂岩泥岩及页岩;碳酸盐岩主要为含生物屑粉屑灰岩、砂质砂屑灰岩、介壳灰岩、粉砂质微晶灰岩、泥晶灰岩、鲕粒灰岩及细晶、粉晶白云岩等,此外还夹有蒸发岩石膏或硬石膏。

(1) 碎屑岩

岩屑砂岩　呈浅灰、灰、紫灰色,中粒砂状结构为主,层状或块状构造。碎屑含量 90%～93%,胶结物含量 3%～5%,杂基含量 5%左右。碎屑组分主要为石英、岩屑,其中石英为单晶石英、石英岩、硅质岩,占碎屑总量的 60%～65%,大小 0.15～0.40mm;岩屑含量约 30%～40%,成分主要为泥岩、粉砂岩、中酸性火山岩、白云母;此外,长石、重矿物碎屑少量。胶结物成分主要为硅质,其次为铁质,杂基成分为隐晶质粘土矿物(部分重结晶成水云母),孔隙式胶结。岩石的结构成熟度较高,成分成熟度则较低，据此成因分析，其形成于氧化还原条件下较封闭的海湾环境。

（2）碳酸盐岩

亮晶砂质砂屑灰岩　呈灰、深灰色，砂质砂屑结构，层状构造。碎屑颗粒由砂屑、粉砂、生物屑、鲕粒组成，其中砂屑占50%～60%，成分为泥晶方解石，部分砂屑白云石化，呈次圆状、圆状，大小0.06～0.25mm，分选较好；粉砂占5%～25%，成分主要为单晶石英，呈次棱角状，大小0.05～0.15mm；生物屑含量小于5%，主要由棘皮、介形虫、腕足等组成，大小0.1～0.5mm，破碎强烈；鲕粒少量或小于10%，以薄皮鲕为主，鲕核为内碎屑、生物屑，形态呈圆形、椭圆形，部分鲕粒白云石化。填隙物含量30%～35%，成分为亮晶粒状方解石。孔隙式胶结，颗粒支撑。据此成因分析，其形成于水动力相对较强、水体极浅且时常暴露的沙坝或近岸浅滩环境。

微亮晶粉屑灰岩　呈灰、深灰色，粉屑结构，层状或块状构造。碎屑颗粒由粉屑、粉砂、生物屑、砂屑组成，其中粉屑占60%～80%，成分为泥晶方解石，呈次圆状、圆状，大小0.03～0.06mm，分选极好；粉砂少量，有时含量高达25%，成分为单晶石英、硅质岩、长石，呈次棱角状，生物屑少量，主要由有孔虫、介形虫、腕足等组成；砂屑少量，成分与粉屑相同。胶结物含量20%～40%，成分为微亮晶粒状方解石。孔隙式或基底式胶结，颗粒支撑或微亮晶支撑。

亮晶鲕粒灰岩　呈灰、深灰色，鲕粒结构，块状构造。碎屑颗粒主要由鲕、粉砂、生物屑组成，其中鲕粒含量约80%，主要为真鲕、薄皮鲕、放射鲕，其形态呈圆状、椭圆状，具同心环状包壳结构，鲕核为内碎屑、生物屑或藻屑，鲕粒大小一般为0.06～0.15mm，分选极好；粉砂含量0～5%，成分主要为单晶石英，呈棱角状，大小0.03～0.1mm；生物屑含量1%左右，主要为介形虫、腕足等。填隙物为亮晶方解石，含量15%～20%，呈不规则粒状，孔隙式胶结，颗粒支撑。其特征充分说明形成于水动力较强的近岸浅滩环境。

泥晶灰岩　呈深灰、灰黑色，泥晶结构，块状构造。主要由泥晶方解石组成，含量占90%以上，其次含10%的由介形虫、腕足、有孔虫、棘皮等组成的生物碎屑，破碎较强烈，大小不等，杂乱分布。其中含有个体完整的有孔虫，大小0.1～0.3mm。

2）沉积环境（及构造环境）分析

综上所述，雁石坪群据其岩性、岩相组合、沉积构造，并结合沉积层序和岩矿特征，总体为一套台地潮坪相碳酸盐岩一碎屑岩建造。其识别依据如下。

a. 沉积层序特征，不同类型的基本层序反映出不同的微环境。A型层序中鲕粒灰岩多呈夹层，与粉砂质粉屑灰岩、砂屑灰岩、生物碎屑泥晶灰岩共生，鲕主要以真鲕、薄皮鲕、放射鲕为主，粒径较小，粉砂质粉屑灰岩中所含鲕粒多白云石化，总体反映出潮间沙坝或近岸浅滩环境。B型层序以泥晶灰岩为主，而层序上部和下部的层理特征明显不同，厚层泥晶灰岩中含丰富的介形虫、有孔虫、棘皮等微体化石，薄层微泥晶粉屑灰岩常含生物屑、陆源粉砂，反映出一个温暖浅水清澈透光，微体生物繁生可提供大量碳酸盐沉积物的潮下静水低能环境。C型、D型层则反映出陆源碎供应充足的低潮坪—高潮泥坪沉积或泻湖沉积。

b. 沉积构造方面，厚层泥晶灰岩显示块状层理，水平纹层发育，鲕粒灰岩、砂屑灰岩具微波状层理。碎屑岩结构成熟度较高，成分成熟度则较低，碎屑多呈棱角状、次棱角状。

c. 在古生物特征上，以海生双壳类动物群最为繁盛，常见的壳型有海扇型、固着蛤型，壳体较大且形态复杂多变。以*Radulopecten*、*Pholadomya*、*Pseudolimea*等大量繁衍为特征，并由其组成了介壳灰岩夹层。此外与其伴生的尚有腕足类、棘皮及有孔虫、介形虫等。上述动物群代表了侏罗纪特别是中侏罗世广泛发育的温暖正常浅海环境。

5. 时代划分依据

雁石坪群为一套以灰岩为主夹碎屑岩建造，本次在剖面测制及路线地质调查工作中采集到较多古生物化石，主要为双壳类：*Pholadomya socialis*（Morris et Lycett）友谊笋海螂（J_2），*Camptonectes*（*Camptochlamys*）sp. 岔套海扇（J_{2-3}），*Radulopecten tipperi* Cox 梯氏刮具海扇（J_2），*Radulopecten* sp. 刮具海扇（J_{2-3}），*Trigonastarte* sp. 三角花蛤（J_2），*Ostreacea* gen. et sp. 牡蛎类（T—K），*Pseudolimea* sp. 假小锉蛤(T—K),*Pseudotrapezium cordiforme* Deshayes 心形假梯蛤(J_2)。此外在土则雪山西侧地质路线调查中,地质点号 1078 点、4058 点、1080 点采集到双壳类:*Propeamussium* (*Propeamussium*) cf. *heptacostatum* Wen 七脊近日月海扇(J_2),*Camptonectes* (*Camptonectes*) *auritus*(Schlotheim) 耳岔线海扇(J_{1-3}),*Radulopecten* sp. 刮具海扇(J_{2-3}),*Radulopecten baimaensis* Wen. 白马刮具海扇(J_2);腕足类 *Monsardithyris cortonensis* (Buckman)考腾蒙撒德贝(J_2^1);腹足类:*Ampullospira* cf. *coxi* J-C. Fisher 坛旋螺(J_2)。上述化石的时代为 J_{2-3},以 J_2 为主,其中 *Monsardithyris cortonensis* (Buckman)是中侏罗世早期的属种,曾见于法国普罗旺斯(Provence)和加尔(Gard)的阿尔代什(Ardeche)的巴柔阶(Bajocian)。双壳类生物群是中侏罗世(巴通期)雁石坪群常见的生物种属,它们分布于唐古拉地区藏东、青海南部以及滇西南柳湾组,从而将该套地层的时代确定为中侏罗世,据其岩性组合特征及古生物组合,与层型剖面对比大体相当于雁石坪群布曲组和夏里组。

三、白垩系

——铁隆滩组(K*t*)

1. 地层沿革、分布及划分依据

1975 年新疆石油管理局地调处在英吉沙县南吐依洛克创建铁隆滩组。1979 年中国科学院南京地质古生物研究所顾知微将该套地层的上部称铁隆滩群,时代定为早白垩世。1981 年《西北地区区域地层表:新疆维吾尔自治区分册》沿用铁隆滩群,时代定为白垩纪。1987 年吴瑞忠等将该套地层分下部砂岩组、上部灰岩组,时代为白垩纪。其后新疆、西藏两省岩石地层清理标准仍未统一。1999 年《新疆维吾尔自治区岩石地层》称铁隆滩群,时代为晚白垩世。1997 年的《西藏自治区岩石地层》降群为组,称铁隆滩组,并扩大其含义,时代定为晚白垩世。本文采用组级单位。

2. 剖面描述

1) 普尔错剖面

该剖面位于西藏日土县普尔错北西 13km 处,起点坐标:$X=3871420$,$Y=14573550$,$H=55\ 350$m。剖面编号为 P_{21},该剖面总体露头一般,地质地貌多呈陡坎,地层产状相对较缓。

白垩系铁隆滩组(K_2t) (未见顶) **厚度>910.1m**

二段(K_2t^2) **厚度>413.3m**

10. 紫红色厚层泥晶灰岩夹生物碎屑灰岩。局部含个体完整的双壳类化石
 双壳类:*Praeradiolites* sp. inde
 Hippurites sp.
 Bournonia sp. 120.0m
9. 灰黄色厚层泥晶灰岩夹灰色薄层灰岩。块状层理 85.6m
8. 紫红色厚层砾状灰岩夹生物碎屑灰岩。砾屑呈不规则细条状,最大扁平面与层面一致,含有个体完整的双壳类化石
 双壳类:*Vepricardium* sp.?
 Pycnodonte sp.? 56.5m
7. 灰黑色厚层泥晶灰岩。水平纹层发育,含少量生物碎屑及完整的双壳类化石
 双壳类:*Praeradiolites* sp. ind 92.6m
6. 灰黄色中厚层灰岩夹生物碎屑灰岩。含较丰富的生物碎屑及完整的生物化石,主要为双壳类化石
 双壳类:*Pycnodonte* sp. indet
 Praeradiolites sp. 58.6m

一段（K_2t^1）　　厚度 496.8m

5. 灰色薄层粉砂岩。风化后呈碎片状，露头较差　　110.0m

4. 灰色中厚层岩屑砂岩。中粗粒状结构，块状构造　　80.6m

3. 灰白色厚层岩屑石英砂岩夹紫红色页岩。细粒砂状结构，块状构造　　110.8m

2. 紫红色、灰黄色厚层岩屑长石砂岩。粗粒结构，块状构造，局部夹厚 5.0m 的砾岩，其横向上不稳定，呈透镜状　　157.0m

1. 黑色薄层—中厚层泥晶灰岩、含生物屑灰岩
　双壳类：*Plagiostoma* sp.?　　38.4m

～～～～～～ 不整合 ～～～～～～

下伏地层：泥盆系拉竹龙组

2）郭扎错剖面

该剖面位于日土县多玛区郭扎错东，东经 81°14′10″，北纬 34°56′09″，据日土幅修测（图 2-28）。

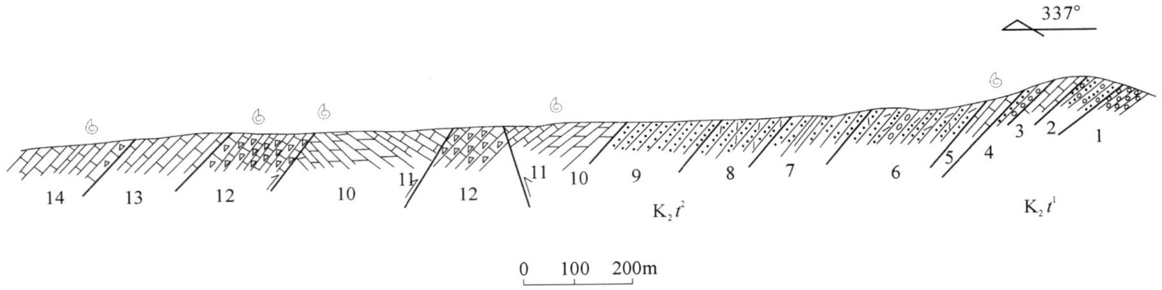

图 2-28　日土县多玛区郭扎错东晚白垩世地层实测剖面（与剖面描述层号对应）

白垩系铁隆滩组（K_2t）　　（未见顶）

二段（K_2t^2）　　厚度 549.06m

14. 紫红色厚层状灰岩
　双壳类：*Praeradiolites* sp. indet.
　　Radiolotodae gen. et sp. indet.
　　Hippurites sp.
　　Bournonia sp.
　　Milouanouicia sp.　　159.15m

13. 黄灰色块状灰岩　　115.31m

12. 紫红色厚层砾状灰岩
　双壳类：*Praeradiolites hedini* Douville'
　　Hippurites sp.
　　Pycnodonte (Pycnododnte) sp. indet.
　　Texigryphaea cf. *roemeri* (Marco)
　　Vepricardium? sp.
　　Cardium sp.
　　Ptagiostoma sp. indet.
　　Radiolitodac.　　122.52m

═══════ 断　层 ═══════

11. 灰黑色块状灰岩
　有孔虫：*Quinqueloculina* spp.
　双壳类：*Praeradiolites*　　93.47m

10. 灰黄色中厚层状泥灰岩
　双壳类：*Pycnodonte*(Pycnodonte) sp. indet.
　　Praeradiolites sp.

Texigryphaea cf. *roemeri*(Marcou)

腕足类：Leptainidae.　　58.61m

——————整　合——————

一段(K_2t^1)　　**厚度 635.88m**

9. 灰色粉砂岩　　106.97m

8. 灰色薄层状岩屑砂岩　　88.41m

7. 灰白色厚层状长石岩屑砂岩夹少量页岩　　110.05m

6. 紫红色、灰黄色厚层状岩屑粗砂岩夹一层 5m 厚砾岩　　157.46m

5. 黑色薄—中厚层状灰岩

双壳类：*Plagiostoma* sp.

腹足类口盖：*Mirolaminatus* sp.　　37.69m

4. 褐黄色中—薄层状细砂岩夹细砾岩　　51.12m

3. 深灰色薄层状灰岩　　10.25m

2. 灰褐色薄层状含砾砂岩　　43.93m

1. 紫红色块状复成分砾岩　　>30.00m

3. 地层特征

主要分布于郭扎错南一带，在普尔错北部亦有零星出露，与下伏地层泥盆系拉竹龙组或侏罗系雁石坪群为角度不整合接触关系，该组厚度大于 910.1m，大体划分为两个岩性段。

1）一段(Kt^1)

该段为一套碎屑岩建造，岩性主要为紫红色、灰色薄层—中厚层中粗粒长石岩屑砂岩，岩屑砂岩，粉砂岩夹少量紫红色页岩，底部为一层黑色中厚层泥晶灰岩，含双壳类：*Plagiostoma* sp.?，该段厚度约 496.8m。

横向上厚度变化较大，在郭扎错南一带与下伏侏罗系雁石坪群角度不整合接触，一段底部为灰色块状复成分砾岩，之上为灰褐色薄层含砾钙屑砂岩、褐黄色中—薄层细砂岩、粉砂岩，厚度约 600～700m。据前人资料，铁隆滩组下部或近底部普遍出露厚度不等的紫红色、灰紫色砂岩，砂砾岩和砾岩，在界山达坂以西砾岩层普遍较厚，以东至测区内郭扎错、普尔错砂砾岩或砾岩层厚度变薄或缺失，主要表现为一套细碎屑岩建造。

2）二段(Kt^2)

该段为一套碳酸盐岩建造，主要岩性为灰黄、灰黑色中厚层状泥晶灰岩，生物屑灰岩，厚层砾屑灰岩，紫红色厚层泥晶灰岩夹灰色薄层灰岩。块状层理，水平纹层发育，含丰富的生物化石，以双壳类为主。含双壳类：*Hippurites* sp.，*Praeradiolites* sp.，*Texigryphaea* cf. *roemeri*，*Hippurites* sp.，*Quinqueloculina* sp.，*Plagiostoma* sp.。该段厚度大于 413.3m。

垂向上该组下部由紫红色、灰紫色砾岩或砂砾岩(不稳定)—中粗粒岩屑长石砂岩—粉砂岩构成由粗到细的基本层序在垂向上的重复叠置，每个基本层序一般厚 1.3～2.8m，砾岩的砾石成分复杂，有变质岩、花岗岩、灰岩等，大小不等，磨圆差。砂岩成分成熟度低，结构成熟度中等，总体反映出海侵初期的一套碎屑岩组合，该组上部主要为一套泥晶灰岩、生物碎屑灰岩，岩性相对单调，岩相较稳定，双壳类中以固着蛤为主体的生物群较繁盛为特征。

横向上岩性相对稳定，不同地段其保存厚度差异较大，据前人资料普尔错往西，在郭扎错北岸该段以灰岩、生物碎屑灰岩为主，出露厚度大于 1 200m，且灰岩中含较丰富的 *Actaeonella* sp.，*Praeradiolites* sp.，*Plagiostoma* sp.，*Adiozoptyxis* (?)，*Coquandiana*(*dorbigny*) Requieniidae 等双壳类和腹足类化石。再往西至测区外界山达坂北东部，该段厚度可达 2 000m 以上。

4. 岩石特征及沉积环境分析

1）岩石特征

该组一段以碎屑岩为主，二段以碳酸盐岩为主，碎屑岩的类型有砾岩、含砾钙屑砂岩、岩屑长石砂岩、细粒岩屑砂岩、粉砂岩及页岩，碳酸盐岩主要为泥晶灰岩、生物碎屑灰岩及少量砾状灰岩。

砾岩　主要分布于该组一段下部，横向上不稳定，呈透镜状断续分布，岩石呈紫红色、灰褐色，砾状结构，块状构造。砾石成分复杂，主要为砂岩、花岗岩、灰岩、脉石英、燧石等，砾径一般 5～7cm，大者 15～20cm。形态呈次棱角状—次圆状，磨圆度差—中等，砾石分选性差。砾间被砂泥质充填，钙质、铁质胶结。

含砾钙屑砂岩　呈紫红色，含砾砂状结构，块状构造，碎屑含量 80%左右，胶结物含量 20%左右。碎屑组分主要为石英、岩屑、砾，其中石英为单晶石英、石英岩、硅质岩，占碎屑总量的 49%，大小 0.06～0.15mm；岩屑占碎屑总量的 50%，成分主要为碳酸盐、泥岩、粉砂岩、火山岩，大小 0.05～2.0mm；此外重矿物碎屑占 1%。砾石含量约占全岩的 10%，砾石成分由泥晶灰岩、细晶灰岩、砂屑灰岩、石英砂岩、石英岩等组成，大小 2～17mm，杂乱分布，分选性差，形态呈棱角状、次棱角状，磨圆度差。胶结物成分主要为方解石，其次为铁质，孔隙式胶结，颗粒支撑。岩石的结构成熟度和成分成熟度低，其中的碳酸盐岩约占岩屑总量的 70%以上，据此成因分析，其形成于搬运距离短、沉积速度快的环境条件下，且其主要碎屑成分与下伏地层的岩性有关。

生物碎屑灰岩　呈灰、灰黄色，生物碎屑结构，块状构造。碎屑颗粒由生物屑、砂屑组成，其中生物屑占全岩的 65%，主要由苔藓虫、有孔虫、腕足、棘皮及少量介形虫等组成，除有孔虫有完整的个体外，其余生物呈碎屑状，大小 0.1～1.0mm，杂乱分布；砂屑占 20%左右，成分为泥晶方解石，呈次圆状、次棱角状，大小 0.03～0.4mm。胶结物含量 20%左右，成分为亮晶粒状方解石。孔隙式式胶结，颗粒支撑。

2）沉积环境分析

综上所述，铁隆滩组据其岩性、岩相组合，并结合沉积层序和岩矿特征，总体为一套台地过渡相碎屑岩与浅海相碳酸盐岩建造。

a. 岩石特征方面，不论是砾岩，还是砂岩，其分选性、磨圆度均差，砾石及碎屑主要成分以碳酸盐岩为主，钙质胶结。其主要碎屑成分来自下伏侏罗系灰岩。总体显示出海侵初期以河流相或过渡相为主，搬运距离短、沉积速率快的特点。

b. 沉积层序方面，该组底部普遍沉积一套海侵砂砾岩，横向上厚度不稳定，岩性变化大，垂向上由下向上，碎屑粒度由粗变细；海侵达到高峰，广泛出现了碳酸盐台地相沉积。以发育厚层泥晶灰岩、生物屑灰岩等为特征，岩性单调、厚度相对稳定。

c. 在古生物特征上，以双壳类动物群占统治地位，双壳类：*Praeradiolites* sp.，*Hippurites* sp.，*Plagiostoma* sp. 等大量繁衍，与其共生的生物群还有苔藓虫、有孔虫、棘皮及少量介形虫，呈现出多门类动物群繁盛的温暖浅海环境。

5. 时代划分依据

据本次剖面测制中采集的古生物化石，并结合前人在东部郭扎错一带白垩系灰岩中采到的双壳类化石：*Praeradiolites* sp.，*P. hedine*，*Radiolitidae*，*Hippurites* sp.，*Milovanovicia* sp.，*Pycnodonte* sp.，*Texigryphaea* cf. *roemeri*，*Vepricardium* sp.，*Cardium* sp.，*Plagiostoma* sp.；有孔虫：*Quinqueloculina* sp. 等。其中 *Hippurites*，*Milovanovicia*，*Bournonia*，*Milouanouicia*，*praeradiolites* sp. 等是晚白垩世常见的属种，*Praeradiolites* 属的时代从早白垩世晚期到晚白垩世晚期，而 *P. hedini* 种则是前苏联亚美尼亚地 Santon 期的常见分子。由上所述，铁隆滩组的时代归属于晚白垩世。

第五节 新 生 界

调查区发育有新近系和第四系，以往在不同的地质调查阶段，对新生界地层单位的划分上存在同物异名的现象。本次工作根据《中国地层典》意见，参照《西藏自治区岩石地层》的划分方案，确定了区内新生界的划分方案。

新近系：图幅内的新近系属青藏滇西地层区，主要出露的地层有康托组(N_1k)和唢呐湖组(N_1s)。以角度不整合与下伏不同时代地层接触。

第四系：图幅内第四系属西部沉积区，青藏高原沉积分区。主要发育有各种不同成因的松散沉(堆)积物，分布在大小湖泊周围、山间洼地、河流两岸，本次调查按成因类型划分并填绘(表2-7)。

表2-7 新生界划分方案

界	系	统	组	代号	沉积类型及岩性	剖面
新生界	第四系	全新统		Qh^{fl}	湖积：砂、粉砂、粘土、盐类堆积	
				Qh^{al}	冲积：砂、砾、亚砂土	
				Qh^{pl}	洪积：砾、砂砾石、亚砂土、扇积物	
				Qh^{apl}	冲洪积：砂、砾、亚粘土	
				Qh^{gl}	冰水沉积：无分选堆积物、终积、侧终	
	新近系	中新统	唢呐湖组	Ns	唢呐湖组二段：湖相泥岩、灰岩 唢呐湖组一段：细碎屑岩、砾岩	P_4
			康托组	Nk	康托组一段：砾岩 康托组二段：细碎屑岩	
下伏地层			不同时代的前中新世地层			

一、新近系

区内的新近系地层岩性及厚度变化甚大，分布广泛，根据区域资料及野外地质调查，基本上沿用1∶100万日土幅区域地质调查报告的划分方案，将区内新近系划分为康托组和唢呐湖组。

(一) 康托组(Nk)

1.地层沿革、分布及划分依据

康托组为西藏区调队(1986年)命名。创名地点位于改则县北康托附近。原义指岩性为紫红色砾岩夹砂岩、含砾砂岩、粉砂岩及少量泥岩夹基性喷出岩和凝灰质砂岩的地层。《西藏自治区区域地质志》(1993)及《西藏自治区岩石地层》(1997)沿用其名，其定义为一套以紫红色砂砾岩为主，次为杂色泥岩、粉砂岩沉积，底部夹基性火山岩的地层体。其不整合于下伏日贡拉组(E_3r)之上，未见顶，地质时代定为新近纪。本次工作将区内分布于雅西尔沟北岸及清澈湖西一带的一套以砖红色亚砂土—亚粘土，紫红色、褐红色中层—厚层钙质细粒岩屑砂岩，夹灰白、灰紫色厚层砾岩的地层，据其岩性组合及产出层位与层型剖面对比，归属新近系康托组。

2. 剖面描述

剖面位于西藏日土县雅西尔沟北一带，呈条带状展布。地层走向总体呈北东向，岩层产状较平缓，倾角一般 20°～30°，起点坐标：X＝3866754，Y＝14534889，高程为 5 075m。该剖面第 1—19 层为康托组，现将其介绍如下。

上覆地层：唢呐湖组　灰紫红、灰褐色巨厚层—块状砾岩

～～～～～～～　微角度不整合　～～～～～～～

康托组(N*k*)	厚度 89.8m
19. 砖红色亚砂土。下部夹一层厚 0.3m 的紫红色砂岩	4.5m
18. 紫红色、灰紫色中厚—中薄层状砂岩。楔状交错层理、脉状层理	3.2m
17. 砖红色亚砂土	4.1m
16. 灰白色、灰紫色厚层状砾岩。砾石成分主要为砂岩，其次为灰岩，分选性、磨圆度差	0.7m
15. 砖红色亚砂土—亚粘土	2.1m
14. 紫红色、红褐色中厚—厚层状砂岩。楔状交错层理发育	4.8m
13. 砖红色亚粘土—亚砂土。夹一层厚 0.3m 的砾岩	12.0m
12. 紫红色中厚层状细粒岩屑砂岩。发育双向交错层理	4.2m
11. 砖红色亚砂土—砂土。夹两层厚度为 0.3m、0.5m 的杂色砂岩	7.2m
10. 紫红色、杂色薄层状砂岩。斜层理发育	0.7m
9. 紫红色中厚层状钙质细粒岩屑砂岩。发育小型楔状交错层理	4.6m
8. 紫红色、砖红色砂土	1.2m
7. 紫红色厚层状含砾粗砂岩。砾石大小 2～3mm，成分为石英、燧石，分选性、磨圆度好，发育双向交错层理	2.1m
6. 浅砖红色砂土—亚砂土	14.8m
5. 紫红色中薄—中厚层状钙质细粒岩屑砂岩。中部夹一层厚约 40cm 的杂色砂岩	4.8m
4. 砖红色亚砂土	6.0m
3. 紫红色厚层状钙质细粒岩屑砂岩—泥质粉砂岩。层理明显，毫米级纹层发育	4.6m
2. 砖红色粘土—亚粘土	3.0m
1. 紫红色厚层状钙质细粒岩屑砂岩、泥质粉砂岩。由下向上泥质成分增多，与上覆小层呈渐变过渡	5.2m

～～～～～～～　角度不整合　～～～～～～～

下伏地层：侏罗系雁石坪群

3. 地层特征

区内仅见于雅西尔沟北和清澈湖西南，岩层产状较陡，倾角达 30°～40°，近东西向展布，岩性为砖红色亚砂土—亚粘土，夹紫红色、褐红色中层—中厚层岩屑砂岩，泥质粉砂岩及含砾粗砂岩、砾岩。据其岩性组合及岩石特征可划分为两个段。康托组与唢呐湖组岩性特征差别较大，分界截然，从宏观上看，与上覆唢呐湖组呈微角度不整合接触。

该组岩性为砖红色亚砂土—亚粘土，夹紫红色、褐红色中层—厚层钙质细粒岩屑砂岩，泥质粉砂岩、含砾粗砂岩及灰层白、灰紫色厚层砾岩。砂岩中发育大型楔状交错层理、双向交错层理、斜层理及脉状层理，砾岩横向上厚度变化较大，不稳定，剖面上呈透镜体展布。该组出露厚度 89.8m。

横向上往东在改则县长尾湖东，新近系康托组下部岩性为紫红色泥岩与紫红色泥质砂岩韵律层或呈互层，夹灰绿、黄绿色泥岩及灰绿色薄层微晶白云岩；中部为灰紫色、灰褐色细砂岩与灰紫色泥岩不均匀互层，夹灰绿色、杂色薄层含砾不等粒岩屑砂岩和黑色薄层钙质粉砂岩；上部为灰、灰黑色细砂岩，含砾粗粒砂岩，紫红色泥岩，夹灰绿、灰黑、灰紫等杂色砾岩和灰绿色含砾不等粒岩屑砂岩。

4. 岩石特征及沉积环境分析

1）岩石特征

主要岩性特征为：总体颜色呈砖红色、紫红色，中部夹少量杂色；胶结物成分主要为钙质、铁质，半固结状；上部以砖红色亚砂土—亚粘土为主，夹砂岩、砂砾岩，其中砂岩发育多种不同类型的交错层理，亚砂土—亚粘土则不显层理。上部以灰紫—灰红褐色巨厚层—块状砾岩、紫红色含砾粗砂岩为主，砾岩中夹较多的砂岩透镜体，砾石成分主要为砂岩、灰岩，其次为燧石、脉石英，大小不一，大者 0.5～1.0m，小者 5.0～10.0mm，分选性、磨圆度差，砾石基本无序排列，半固结—固结状。

2）沉积环境分析

综上所述，康托组据其岩性、岩相组合，并结合沉积层序和岩石特征，总体为一套山间河—湖盆地沉积的碎屑岩建造。

a. 岩性特征方面，总体色调以紫红、灰紫色为主，局部夹灰黄、灰绿色。钙质、铁质胶结为主，岩石的固结性一般，反映出该时期气候干旱炎热，红色、紫红色沉积物发育。碎屑分选性、磨圆度均差，岩石的结构成熟度和成分成熟度低，总体显示出搬运距离短、沉积速率快的特点。

b. 沉积层序方面，由砂—泥构成的沉积旋回明显，物理风化产生大量碎屑物质为山间盆地快速堆积提供了充足的物源。以粘土夹透镜状、席状砂体，并发育楔状交错层理、斜层理、双向交错层理、脉状层理等为特征。

（二）唢呐湖组（N*s*）

1. 地层沿革、分布及划分依据

唢呐湖组为西藏区调队（1986）创名，命名地点位于双湖县所在地北西西方向约 210km 的唢呐湖东。原义指岩性为泥灰岩、泥岩、粉砂岩夹生物碎屑泥晶灰岩、含砾砂岩及多层石膏。《西藏自治区区域地质志》（1993）及《西藏自治区岩石地层》（1997）沿用其名，其定义为：岩性主要为红色、砖红色、土红色或鲜红色泥岩，泥质粉砂岩，砂岩，粗砂岩，含砾砂岩，砾岩，夹多层石膏层含盐岩石地层体。产淡水双壳类化石，其时代定于上第三纪。本次工作将区内分布于邦达错—月牙湖及清澈湖—美马错断陷盆地两侧的一套灰紫—灰红褐色巨厚层—块状砾岩夹紫红色含砾粗砂岩的地层，据其岩性组合及层位与层型剖面对比，划分为唢呐湖组，并沿用其名。

2. 剖面描述

剖面位于西藏日土县雅西尔沟北一带，呈条带状展布。地层走向总体呈北东向，岩层产状较平缓，倾角一般 20°～30°，起点坐标：$X=3866754$，$Y=14534889$，高程为 5 075m。该剖面第 20—27 层为唢呐湖组，现将其介绍如下。

唢呐湖组（Ns）	（未见顶）	**厚度＞120.0m**
27. 灰红色、灰紫色巨厚—块状砾岩		＞5.6m
26. 砖红色亚砂土夹 6～7 层砂砾岩透镜体。透镜体厚 40～50cm，延伸长十至几十米，砾石成分主要为砂岩、灰岩，大小一般 4～5cm，分选性、磨圆度差		28.8m
25. 灰红色、灰紫色巨厚—块状砾岩		9.1m
24. 砖红色亚砂土		7.2m
23. 灰红色、灰紫色巨厚—块状砾岩。砾石成分以砂岩为主，灰岩、燧石、脉石英次之		16.0m
22. 紫红色含砾粗砂岩。砾石分布不均，局部构成层间砾岩		8.6m
21. 砖红色亚砂土		14.7m
20. 灰紫红、灰褐色巨厚层—块状砾岩。砾石成分以砂岩为主，灰岩、燧石次之		30.0m
	～～～～～～ 微角度不整合 ～～～～～～	

下伏地层：新近系康托组　砖红色亚砂土

3. 地层特征

在测区内分布较广泛，角度不整合于下伏地层之上。该组主要岩性为灰紫—灰红褐色巨厚层—块状砾岩夹紫红色含砾粗砂岩及砖红色亚砂土。砾岩其砾石成分以砂岩、灰岩为主，其次为少量燧石、脉石英，大小不一，大者砾径 1.0～0.5m，小者为 0.5～1.0cm。分选性较差，磨圆中等。

横向上各地岩性有所差异。在雅西尔沟一带，岩性为灰紫—灰褐色巨厚层—块状砾岩夹紫红色含砾粗砂岩及砖红色亚砂土，与下伏康托组（N*k*）呈角度不整合接触。在月牙湖以东一带沿窝尔巴错-拜惹布错断裂带呈北东向展布，延伸长 50km 左右，宽约 5～10km，岩层产状较平缓，构成一宽缓的向斜，受断裂带晚期作用的影响，局部岩层产状近直立，岩石破碎强烈，岩性为紫灰、黄褐色中层状砾岩、含砾粗砂岩和紫红色泥岩，其中泥岩中发育白色网状石膏脉（图版Ⅷ，5、6），钙质胶结。在淡水河北岸一带砾岩中夹厚约 40m 的灰岩。在清澈湖西南，主要岩性为暗紫红色复成分砾岩和砂砾岩，地层产状较为平缓，与康托组呈断层接触。

4. 沉积环境分析

综上所述，唢呐湖组据其岩石特征、岩相组合及沉积层序，总体以冲洪积成因的块状砾岩夹洪水期后的泥状物为特征，沉积物的结构成熟度差、粒径变化范围很大，从泥粒级到大砾级都有，分选性、磨圆度差，反映了其沉积物搬运距离较短的山间冲洪积扇沉积。

二、第四系

（一）更新世冰碛物（Qp^{gl}）

更新世冰碛物在区内高山山谷有零星出露。地貌上多表现为 U 型沟谷，出露标高一般在 5 600m 以上。冰碛物主体岩性为一套杂色砾石层、砂砾石层。其中的砾石成分与物源区的母岩成分紧密相关，变化较大。砾石砾径大小不等，呈混杂状堆积，其磨圆度和分选性均较差。砾石呈颗粒支撑、杂砂支撑。冰碛物结构疏松，基本没有固结性。冰碛物常以角度不整合上覆于基岩之上，出露厚度不稳定，常随地势变化而变化。中国科学院青藏高原综合科学考察队在考察喀喇昆仑地区冰川后，认为该地区末次冰期发生在距今约 1.2～2.2 万年（苏珍等，1998），其后气候转暖，进入冰后期。通过综合分析，推断区内冰碛物应该是末次冰期形成的，其时代为晚更新世。

本区常年积雪山脉大多呈孤立状大山体，如土则岗日、窝尔巴错南侧山脉、清澈湖—美马错以西的山脉，冰盖规模较小，冰川不发育，均为冰舌前缘的侧碛、终碛和垅岗等，冰碛物主要为冰碛转石、砂砾、冰碛和冰水堆积物。

（二）全新统

全新统分布于区内山间凹地及较大的沟谷两侧。成因类型较多，主要有湖积物（*fl*）、冲洪积物（*apl*）、洪积物（*pl*）、冲积物（*al*）和冰碛物（*gl*）等，其中以冲洪积物和湖积物最为发育。

1. 冲洪积物（Qh^{apl}）

主要分布于区内大面积的较低凹的地带，其厚度在横向上变化很大，主要成分为砂砾石及砂土沉积。砾石以砂岩、脉石英及砂质泥岩为主，砾石磨圆度不均一，分选性不明显，多为次圆至次棱角状，砾石在地层中的含量离基岩区越远越少，砾石成分受周围出露基岩的岩性控制，地层在局部地区偶显层理。

冲洪积沉积物在地貌上很平坦，高原地区由于大多数河流“有头无尾”，大量的残坡积物被搬运至较低凹地带沉积，逐渐填平，形成了现在较平坦的地貌。厚度一般为 0～10m。岩性为泥、砂、砾石及黄色粉砂质粘土，成分复杂。砾石砾径一般 3～4cm，大者可达 1m 以上，磨圆度中等。

2. 冲积物（Qh^{al}）

由于区内地形复杂，因而第四系沉积物的成因类型、岩性、分布特征以及地层发育等均有较大的差别。区内第四系冲积物主要分布于饮水河、雅西尔沟等较大河流的中下游的宽缓地带，在区内出露面积较小，多沿河床呈带状分布，局部形成河流的一级阶地。主要成分为砂砾石及亚砂土，砾石具一定磨圆，成分受河流中上游及周围出露地层岩性控制。厚度一般为 0～5m。

3. 洪积物（Qh^{pl}）

主要分布于清澈湖一带的山体周围，由于高原地区洪水期不太明显，大量的残坡积物只能被搬运至山体周围沉积，在较大的河流口形成较明显的洪积扇，厚度一般为 0～10m。其主要成分为砂砾石及砂土沉积。砾石以砂岩和砂质泥岩为主，砂砾石无磨圆，岩性受周围出露基岩的岩性控制。

4. 湖积物（Qh^{fl}）

主要分布于邦达错、鲁玛江冬错等区内较大的湖泊周边。沉积物包括湖滨相砂砾石层、湖相粉砂质粘土层、灰绿色粘土层和湖相化学沉积等，厚度数米至数十米不等。其中邦达错的湖积阶地较为发育，保存完好，呈连续环状分布，湖积阶地一般有 3～5 级，高级阶地大多数残缺不全，保存不好，分布最高的湖积物高出现湖面约 117m。

第三章 岩 浆 岩

调查区岩浆岩主要产出于土则岗日构造带及其以南的南羌塘陆块内。其中侵入活动主要集中于晚古生代二叠纪和中生代三叠纪—白垩纪(表 3-1),二叠纪侵入岩规模小,分布局限,明显受区域性构造控制,主要以基性侵入岩为特征,岩石类型为辉绿岩、辉长岩;中生代侵入岩以中酸性岩类为主,以较大规模的岩基或岩株产出,岩石类型有闪长岩、黑云母花岗岩、花岗闪长岩、花岗斑岩等,侵入岩出露面积总计约 500km^2,仅占测区总面积的 3.5%左右。火山活动主要发生在晚古生代,发育晚石炭世—中二叠世火山岩。其中晚石炭世—早二叠世火山岩主要产出于霍尔巴错群展金组中,分布于鲁玛江冬错北一带;早—中二叠世火山岩主要产出于霍尔巴错群曲地组中,分布于独立石湖、土则岗日和阿鲁错西一带。

表 3-1 侵入岩简表

填图单位	时代	代号	产状	主要岩石类型	同位素年龄(Ma) 或时代依据	分布地区
石英斑岩	白垩纪	$K\lambda\pi$	岩株	石英斑岩	侵入于雁石坪群布曲组	土则岗日
花岗岩		$K\gamma$	岩基	二云母花岗岩 角闪黑云母花岗岩 花岗斑岩	100.32Ma(K-Ar) 110.48Ma(K-Ar)	多湖、窝尔巴错
黑云母 花岗岩	三叠纪	$T\gamma\beta$	岩基或 岩株	黑云母花岗岩 花岗斑岩	239.8Ma(K-Ar) 246±2Ma(U-Pb)	清澈湖、黄羊泉
闪长岩		$T\delta$	岩株	黑云母石英闪长岩 闪长岩	220～288Ma(U-Pb)	美马错、阿鲁错
辉绿岩	二叠纪	$P\beta\mu$	岩脉	辉绿岩 变质辉绿岩	345±2Ma(U-Pb)	拉竹龙、月牙湖
辉长岩		$P\nu$	岩株	辉长岩		拉竹龙南

第一节 基性侵入岩

测区基性侵入岩不发育,主要为二叠纪辉绿岩脉,规模较小,零星分布于窝尔巴错-拜惹布错断裂带附近,呈脉状产出。主要岩性有橄榄辉绿玢岩、变质辉绿岩、辉长岩等。

1. 地质特征

辉绿岩($P\beta\mu$) 本次工作共发现三条岩脉,出露于红山达坂北侧及拉竹龙南部一带,岩脉一般长约 450～800m,宽 30～60m,呈脉状侵入于泥盆系拉竹龙组、二叠系曲地组中,局部为新近系康托组、第四系不整合覆盖。主要岩性见有变质辉绿岩、橄榄辉绿玢岩、辉绿岩。

辉长岩($P\nu$) 岩体出露于独立石湖西,南侧与二叠纪火山岩岩片呈侵入接触,北侧被新近系康托组不整合覆盖。东西长约 40m,南北宽 30m,规模较小。

2. 岩石特征

橄榄辉绿玢岩　岩石呈灰黑色，斑状结构，基质为显微嵌晶含长结构，块状构造。由斑晶、基质两部分组成，斑晶矿物为斜长石，含量为 33%，板柱状，聚片双晶发育，见环带结构。晶体大小(0.5～2)mm×5mm。少量橄榄石，含量为 2%，粒状，0.3～1.5mm。基质，含量为 65%，主要由斜长石(25%)、辉石(20%)、橄榄石(10%)等组成。

辉绿岩　岩石一般呈灰绿色，辉绿结构、嵌晶含长结构，辉绿玢岩具斑状结构，块状构造。主要矿物成分：辉石(30%～35%)，为普通辉石，晶体大小 0.3～4.0mm；斜长石(25%～50%)，板柱状，较自形，钠黝帘石化强烈，晶体大小 0.05mm×0.3mm～0.4mm×2.0mm；绿泥石含量为 5%～10%；另见少量金属矿物。岩石多绿泥石化、绢云母化，含绢云母、绿泥石、等蚀变矿物。

辉长岩　岩石呈灰绿色，辉长结构，块状构造。主要矿物成分：斜长石(50%)，板柱状，较自形，绢云母化、高岭土化、碳酸盐化强烈，晶体大小 0.1mm×0.3mm～1.0mm×1.2mm；辉石(40%)，柱状、粒状，晶体大小 0.2～1.5mm；石英(3%)，不规则料状，0.05～0.5mm，钾长石(5%)，0.1～0.5mm，副矿物见磁铁矿、绿帘石。

3. 岩石化学及地球化学特征

1）岩石化学特征

岩石化学成分及含量及有关参数见表 3-2，辉绿(辉长)岩类 SiO_2 含量 40.71%～48.07%，平均 45.81%，明显偏低，与岩矿鉴定定名存在一定出入。Al_2O_3 含量 10.65%～18.2%，平均 14.4%，明显偏高；MgO 含量 3.16%～6.23%，变化范围较大；Fe_2O_3＋FeO 含量 9.47%～12.21%，平均 11.71%；K_2O＋Na_2O 含量 2.11%～8.49%，表现为基性岩的化学特征。铝质指数(A/NCK)为 0.33～0.79，属正常范围。里特曼指数 σ=1.86～6.22，大部分为 1.6～3.3，属钙碱性系列岩石。在 SiO_2－K_2O 图解(图 3-1)中样品投入钙碱性系列岩区。岩石地球化学成分具富 TiO_2、K_2O＋Na_2O 之特点，其分异指和数(DI)固结指数(SI)平均值为 27.95 和 25.41，属正常范围。

表 3-2　基性侵入岩岩石化学成分含量及有关参数

样号	岩石名称	氧化物含量(w_B%)										
		SiO_2	TiO_2	Al_2O_3	Fe_2O_3	FeO	MnO	MgO	CaO	Na_2O	K_2O	P_2O_5
2515Gs-1	变质辉绿岩	46.45	2.77	14.5	1.92	11.08	0.21	5.49	9.26	2.59	1.12	0.52
2021Gs-4	变质辉绿岩	40.71	2.63	10.65	3.6	7.82	0.15	6.23	15.21	2.7	0.45	0.43
1066Gs-1	橄榄辉绿玢岩	48.07	2.22	18.2	6.05	5.48	0.14	3.16	9.71	2.63	1.07	0.3
1061Gs-1	辉长岩	48.02	2.43	14.25	3.01	7.85	0.21	6.05	11.01	2.23	1.17	0.48
平均值		45.81	2.52	14.4	3.65	8.06	0.18	5.23	11.30	2.54	0.95	0.43

样号	岩石名称	氧化物含量(w_B%)			有关参数				
		H_2O^+	CO_2	总量	A/NCK	σ	AR	SI	DI
2515Gs-1	变质辉绿岩	3.75	0.11	99.77	0.65	2.76	1.37	24.73	29.75
2021Gs-4	变质辉绿岩	3.09	6.05	99.72	0.33	6.22	1.28	29.95	18.95
1066Gs-1	橄榄辉绿玢岩	2.03	0.14	99.2	0.79	2.22	1.31	17.18	35.32
1061Gs-1	辉长岩	2.86	0.14	99.71	0.57	1.86	1.31	29.79	27.79
平均值		2.93	1.61	99.60	0.59	3.27	1.32	25.41	27.95

2）微量元素特征

微量元素含量见表 3-3，与克拉克值相比，Sc、Sr、Co、Cr、Ni 含量明显偏高，其他元素含量近于或低

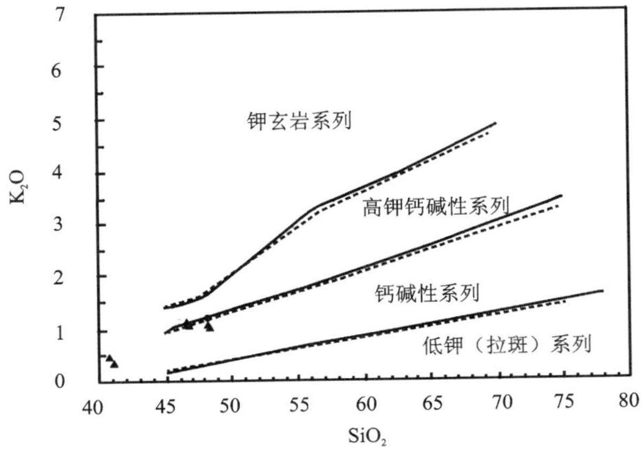

图 3-1　基性侵入岩 SiO_2-K_2O 图

于地壳丰度值。微量元素洋脊玄武岩标准化蛛网图见图 3-2，曲线形态基本一致，显示了各样品具有相似的地球化学特征，不相容元素 Rb、Ba 等亲大离子亲石元素强烈富集，曲线形态与洋岛型玄武岩接近。其与展金组基性、中基性火山岩微量元素洋脊玄武岩标准化蛛网图既具有一定的相似性，亦有所不同，辉绿岩墙的曲线形态峰谷分布不明显，而展金组基性、中基性火山岩则具有多峰多谷之形态，这些特征表明区内辉绿岩墙的成因既与展金组火山岩具有一定的成因联系，也具有各自的演化特点。

表 3-3　基性侵入岩微量元素含量表

样号	岩石名称	微量元素及含量($w_B/10^{-6}$)													
		Nb	Sc	Zr	Th	Sr	Ba	V	Co	Cr	Ni	Rb	Ta	Hf	Y
2515wl-1	变质辉绿岩	17.7	22.9	144	3.4	376	387	337	44.1	125	93.1	27	1.7	3.4	23.2
2021wl-4	变质辉绿岩	50.5	24	239	5.7	623	176	268	55.7	292	240	14.3	0.92	6	22.2
1066wl-1	橄榄辉绿玢岩	25.7	20.6	161	3.7	476	321	238	45.6	55	38.7	22	1.6	4.2	18.6
1061wl-1	辉长岩	15.2	24.7	117	2.5	401	641	315	48.3	229	110	31	1.1	3.1	21
克拉克值(维,1962)		20	10	170	13	340	650	90	18	83	58	150	2.5	1	29

3）稀土元素特征

稀土元素含量及有关参数见表 3-4。在稀土元素特征上，表现出基性岩的稀土元素特征。稀土总量 $\Sigma REE=137.7\times10^{-6}\sim245.34\times10^{-6}$，稀土元素总量较低，LREE/HREE＝6.83～10.26，表现为轻、重稀土分馏不明显，$\delta Eu=1.14\sim1.29$，平均值 1.20，大于 0.7，说明为基性岩浆分异的产物。稀土元素球粒陨石标准化配分型式曲线(图 3-3)表现为平坦型，显示弱的正铕异常。

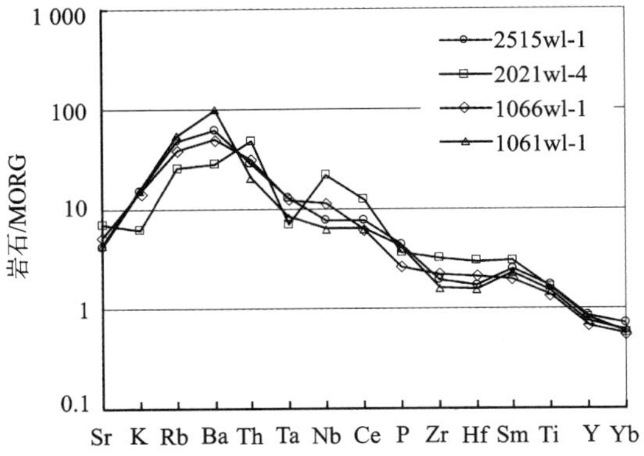

图 3-2　基性侵入岩微量元素洋脊玄武岩标准化蛛网图

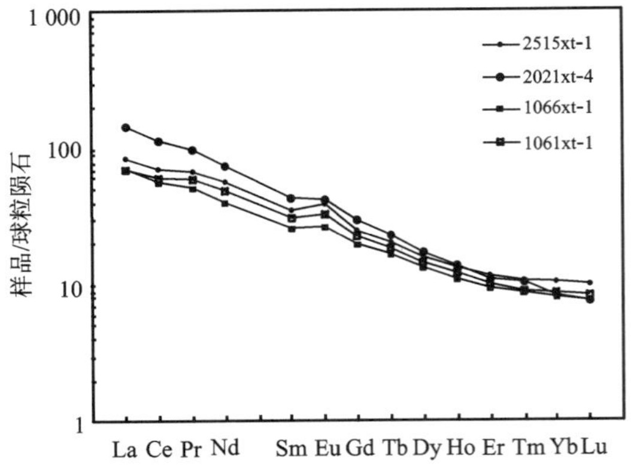

图 3-3　基性侵入岩稀土元素配分型式曲线图

表 3-4 基性侵入岩稀土元素含量及有关参数

样号	岩石名称	稀土元素含量($w_B/10^{-6}$)										
		La	Ce	Pr	Nd	Sm	Eu	Gd	Tb	Dy	Ho	Er
2515xt-1	变质辉绿岩	26.28	57.1	7.69	33.33	6.65	2.79	6.37	0.95	5.15	0.96	2.41
2021xt-4	变质辉绿岩	45.67	91.24	11.07	44.18	8.18	2.98	7.57	1.09	5.57	0.98	2.31
1066xt-1	橄榄辉绿玢岩	22.12	45.67	5.87	23.39	5	1.94	5.11	0.78	4.28	0.78	1.97
1061xt-1	辉长岩	21.94	48.57	6.73	29	5.98	2.36	5.83	0.87	4.65	0.87	2.16

样号	岩石名称	稀土元素含量($w_B/10^{-6}$)				有关参数					
		Tm	Yb	Lu	Y	ΣREE	LREE	HREE	LREE/HREE	δEu	δCe
2515xt-1	变质辉绿岩	0.35	2.14	0.32	23.2	175.69	133.84	18.65	7.18	1.29	0.96
2021xt-4	变质辉绿岩	0.34	1.72	0.24	22.2	245.34	203.32	19.82	10.26	1.14	0.95
1066xt-1	橄榄辉绿玢岩	0.29	1.66	0.24	18.6	137.7	103.99	15.11	6.88	1.16	0.95
1061xt-1	辉长岩	0.3	1.82	0.27	21	152.35	114.58	16.77	6.83	1.21	0.95

4. 副矿物特征

基性侵入岩副矿物主要由黄铁矿、磁铁矿、磷灰石、榍石、锐钛矿、金红石、锆石等组成，显示基性侵入岩的副矿物组合特征。主要副矿物特征：磁铁矿，d=0.05～0.5mm，褐黑色，不规则粒状，褐铁矿化，光泽暗淡；黄铁矿，d=0.05～0.5mm，黄色，多数为不规则棱角状，少数为立方体，金属光泽；磷灰石，d=0.05～0.2mm，无色、淡黄色，粒状和柱状，透明，玻璃光泽；榍石，d=0.1～0.2mm，淡黄色，颗粒碎块，个别为扁平信封状，透明，金刚光泽；锐钛矿，d=0.05mm，浅蓝色，四方双锥状，半透明，金刚光泽；金红石，d=0.05～0.1mm，红色，碎块，金刚光泽。

锆石：a×b×c=(0.03～0.06)mm×(0.03～0.06)mm×(0.03～0.15)mm，浅紫色，少数为无色，颗粒细小晶面不清，呈浑圆状四方柱和四方双锥的聚形或者由四方柱(110)、(100)和四方双锥(111)及偏锥面(131)、(311)组成的聚形，个别颗粒内含细小黑色包体。透明度较差，半透明，金刚光泽，长宽比为1∶1.5～3。

5. 形成时代

区内基性侵入活动微弱，主要为小规模侵入的辉绿岩脉，脉体侵入的最老地层为泥盆系拉竹龙组，本次工作在相邻的托和平错幅新发现大量辉绿(玢)岩侵入体，侵入于石炭系-二叠系霍尔巴错群中，多以近东西向展布，局部为三叠系肖茶卡组不整合覆盖，初步确定其形成时代为二叠纪。本次工作采获了345±2Ma 的同位素年龄(U-Pb)，李才等(2004)对改则县鲁谷友谊沟口北侧和改则县戈木日东侧的辉绿岩脉进行了同位素测年工作，分别获得了 312±4Ma 的单颗粒锆石 U-Pb 谐和线年龄，以及 299±13Ma、314±5Ma 两个 Sm-Nd 全岩等时线年龄，本区辉绿岩脉与上述地区的辉绿岩脉具有相同的地质背景，结合地质依据及其演化特征，初步认为区内基性侵入岩属晚古生代二叠纪岩浆活动的产物。

6. 构造环境分析

一般认为基性岩墙群是大陆伸展背景下主要来自陆下软流圈或地幔岩石圈的岩浆侵入体，是古板块伸展、裂解事件的反映。对基性岩浆事件的研究既可恢复岩墙侵位时古板块的性质和古板块裂离的动力学背景与行为过程，又可以为同一构造域构造-岩浆事件对比研究提供参照体系。晚古生代是古特提斯洋裂解的重要时期，辉绿岩的形成与古特提斯洋裂解密切相关。测区辉绿岩脉侵入的最早地层为泥盆系拉竹龙组，在邻幅托和平错一带多侵入于石炭系-二叠系霍尔巴错群中，不仅在研究区内发育，在整个羌塘地区也十分发育，普遍认为是冈瓦纳大陆裂离事件的反映。本区内辉绿岩在 La/Zr－Nb/Zr 和 Th/Zr－Nb/Zr 判别图（图 3-4）中，投影点多集中分布于Ⅳ1 和 D1（大陆板内裂谷、拉张玄武岩区及陆缘裂谷拉张玄武岩区），表明该类侵入岩形成于陆内初始裂谷及陆缘裂谷拉斑玄武岩区。这与岩石化学特征所反映的信息是一致的，通过系统的岩石学特征、岩石化学的研究，表明区内侵入岩形成于陆内初始裂谷及陆缘裂谷拉斑玄武岩区。

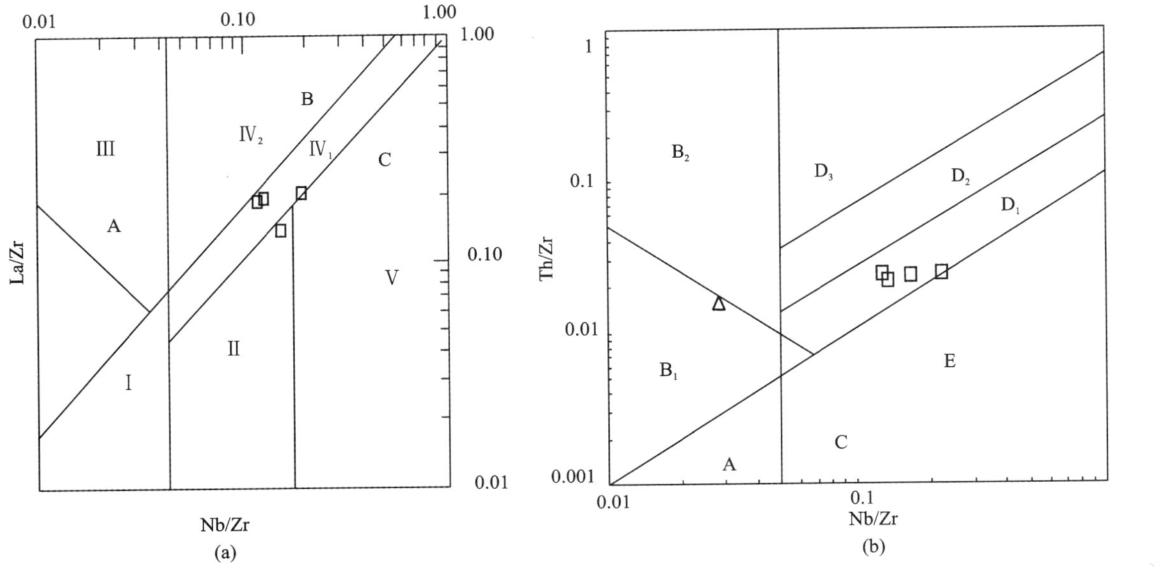

图 3-4　辉绿岩 La/Zr－Nb/Zr(A)、Th/Zr－Nb/Zr(B)判别图

图(a)中：Ⅰ. 大洋板块发散边缘 N－MORB 区；Ⅱ. 大洋板内洋岛、海山玄武岩区及 T－MORB、E－MORB 区；Ⅲ. 板块汇聚边缘；$Ⅳ_1$. 大陆板内裂谷、拉张玄武岩区及陆缘裂谷拉张玄武岩区；$Ⅳ_2$. 大陆板内陆-陆碰撞带玄武岩区；Ⅴ. 地幔热柱玄武岩区；

图(b)中：A. 大洋板块发散边缘 N－MORB 区；B. 板块汇聚边缘（B_1. 大洋岛弧玄武岩区；B_2. 陆缘火山弧玄武岩区）；C. 大洋板内玄武岩区；D. 大陆板内玄武岩区（D_1. 陆内初始裂谷及陆缘裂谷拉斑玄武岩区；D_2. 大陆拉张带玄武岩区；D_3. 陆-陆碰撞带玄武岩区）

第二节　中酸性侵入岩

一、三叠纪侵入岩

三叠纪侵入岩主要分布于土则岗日幅黄羊泉、清澈湖一带，另在美马错和阿鲁错西、拉竹龙南及诺尔门北也有小规模出露。呈岩基、岩株或脉状产出，出露面积共 165km²。岩性主要为中酸性的闪长岩、花岗闪长斑岩、花岗斑岩、黑云母花岗岩，代表性岩体有清澈湖南黑云母花岗岩体和黄羊泉花岗岩体等。

1. 地质特征

清澈湖黑云母花岗岩体（$T\gamma\beta$）　分布于清澈湖南岸，为一形状不规则的岩基，东西长约 20km，宽 4～10km，出露面积约 140km²。岩体构成极高山地貌，最高海拔 6 440m，成为区内最高的雪山。岩体遭到后期东西向断层破坏，分解为近北西向展布的两个岩体，分别位于清澈湖、骆驼湖南岸。骆驼湖南岩体西部与石炭系-二叠系霍尔巴错群擦蒙组呈侵入接触关系，南部与二叠系曲地组、吉普日阿组呈断层接触，北部大多被新近系唢呐湖组不整合覆盖；清澈湖南岩体侵入于霍尔巴错群曲地组中，围岩普遍发生接触变质作用，北侧与擦蒙组呈断层接触。主要岩性为黑云母花岗斑岩、二长花岗岩等。

黄羊泉花岗岩体（$T\gamma$）　分布于黄羊泉西，呈东西展布的长条形，东西长约 10km，南北宽约 1～2km，出露面积约 20km²。岩体南侧与石炭系霍尔巴错群擦蒙组、二叠系吉普日阿组为侵入接触，北侧与二叠系吉普日阿组为断层接触关系，东侧被第四系覆盖。岩石类型简单，主要岩性为花岗岩、灰白色花岗闪长斑岩。

闪长岩体(Tδ) 分布于美马错—阿鲁错西，规模较小，共发现两个侵入体，面积约 4km²。呈不规则状小岩株状产出，受北西向断裂控制。侵入于石炭系擦蒙组和二叠系曲地组中，边部具 0.5～1m 的冷凝边，岩石发生轻微变质。主要岩性有闪长岩、黑云母石英闪长岩。

2. 岩石特征

黑云母花岗斑岩 岩石呈浅红色，变余斑状结构，定向构造。主要矿物成分：钾长石(47%)，多粒状，大小 0.02～1.5mm；斜长石(25%)，板柱状，粒状，晶体大小 0.05～1.0mm；石英(35%)，不规则粒状，波状消光，拉长定向，晶体大小 0.02～0.1mm；黑云母(3%)，鳞片状，褐棕色，多绿泥石化，片体大小(0.1～0.7)mm×1.0mm。磷灰石及少量金属矿物。岩石有较强的绢云母化和绿泥石化。

花岗闪长斑岩 岩石一般呈灰白色，斑状结构，基质为微粒结构，块状构造。由斑晶和基质两部分组成，其中斑晶含量为 55%，由斜长石、钾长石、角闪石、黑云母组成。斜长石(45%)，板柱状，较自形，环带结构极为发育，为中长石，大小 0.12mm×0.3mm～1.2mm×2.0mm；钾长石(5%)，粒状，大小 0.3～0.7mm；角闪石(2%)，长柱状，黄绿色，见聚片双晶，大小(0.04～0.3)mm×1.2mm；黑云母含量为(3%)。基质(45%)，主要由微粒斜长石、钾长石、石英和黑云母组成。副矿物多见榍石。

黑云母石英闪长岩 岩石呈灰白色，半自形粒状结构，块状构造。主要矿物成分：斜长石(58%)，板柱状，较自形，聚片双晶、环带结构发育，为中长石，绢云母化，大小(0.5～2.0)mm×(2.0～3.0)mm；石英(20%)，粒状，格子双晶，条纹结构发育，大小 0.1～1.0mm；钾长石约为 5%，粒状，格子双晶、条纹结构发育，大小 1.0mm×3.5mm；黑云母含量为 12%，角闪石含量为 3%；副矿物见磷灰石、锆石、榍石、绿帘石、金属矿物。

闪长岩 岩石呈灰色，半自形粒状结构，块状构造。主要矿物成分：角闪石(35%)，柱状，纤闪石化，晶体大小 0.15mm×0.4mm～0.4mm×1.0mm；斜长石(61%)，较自形，板柱状，部分绢云母化，大小 0.1mm×0.3mm～0.7mm×1.5mm；石英(3%)，粒状，大小 0.1～0.5mm；另见少量金属矿物。

3. 岩石化学及地球化学特征

1) 岩石化学

三叠纪侵入岩岩石化学成分及含量见表 3-5，SiO_2 为 66.21%～77.69%，平均为 72.14%，Al_2O_3 为 10.8%～16.09%，变化范围较大，平均 13.05%，含量明显偏高。K_2O 为 2.91%～4.2%，平均为 3.95%，Na_2O 为 2.00%～4.04%，平均为 3.23%。铝质指数 A/NCK＝0.79～1.08，里特曼指数 σ＝1.10～2.23，为次铝的钙碱性系列岩石。SI＝2.69～10.99，显示岩浆分异程度较高，DI＝75.67～90.41，属正常花岗岩范围。在 SiO_2－K_2O 图解(图 3-5)中有三个样品落入高钾钙碱性系列岩区，一个样品落入钙碱性系列岩区。

表 3-5 三叠纪中酸性侵入岩岩石化学成分含量及有关参数

样号	岩石名称	氧化物含量(w_B%)										
		SiO_2	TiO_2	Al_2O_3	Fe_2O_3	FeO	MnO	MgO	CaO	Na_2O	K_2O	P_2O_5
2026Gs-1	花岗闪长斑岩	66.21	0.5	16.09	1.71	1.82	0.03	1.33	3.28	3.93	3.31	0.2
* GS3i80	二长花岗岩	77.69	0.12	10.8	0.88	0.88	0.03	0.22	1.18	2	4.2	0.043
2021Gs-3	黑云母花岗岩	71.28	0.43	11.87	1.56	1.15	0.08	0.65	2.84	4.04	2.91	0.07
4522Gs-1	变质黑云母斑岩	73.36	0.2	13.42	0.57	1.02	0.04	0.57	1.55	2.93	5.29	0.05
平均值		72.14	0.31	13.05	1.18	1.22	0.05	0.69	2.22	3.23	3.93	0.09

续表 3-5

样号	岩石名称	氧化物含量(w_B%)			有关参数				
		H_2O^+	CO_2	总量	A/NCK	σ	AR	SI	DI
2026Gs-1	花岗闪长斑岩	1.1	0.17	99.68	1.00	2.23	2.19	10.99	75.67
* GS3i80	二长花岗岩		1.88	99.923	1.08	1.10	3.15	2.69	90.41
2021Gs-3	黑云母花岗岩	1.16	1.78	99.82	0.79	1.68	2.79	6.30	85.43
4522Gs-1	变质黑云母斑岩	0.6	0.16	99.76	1.00	2.22	3.44	5.49	88.44
平均值		0.44	1.00	99.80	0.97	1.80	2.89	6.37	84.99

注：* 为 1∶100 万日土幅资料。

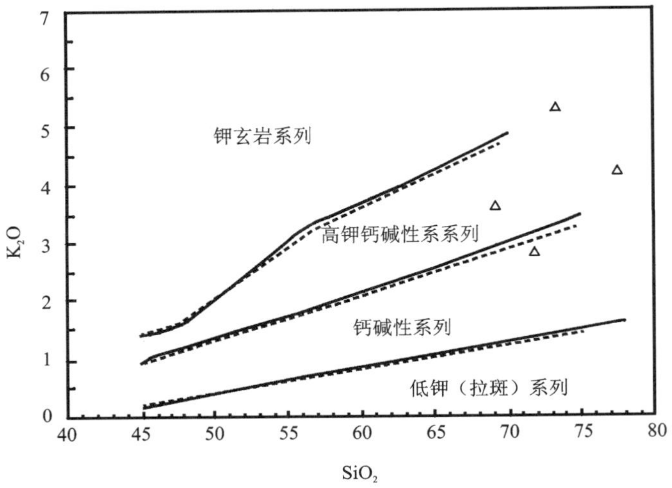

图 3-5　三叠纪侵入岩 SiO_2 - K_2O 图解

2）微量元素特征

微量元素含量见表 3-6，微量元素含量与维氏值相比，除 Sr、Ba、Co 含量较高外，其余元素含量均低于地壳丰度值。与洋脊花岗岩标准值相比，具有强烈富集 Rb、Ta、Th 的特征，而亏损 Ta、Nb、Zr、Y 等相容元素，其他元素接近或略低于 ORG 值。微量元素洋脊花岗岩标准化曲线（图 3-6）起伏较大，呈台阶状，峰谷不明显，表现为不相容元素强烈富集，高场强元素亏损的特征。

表 3-6　三叠纪中酸性侵入岩微量元素含量表

样号	岩石名称	微量元素及含量($w_B/10^{-6}$)													
		Nb	Sc	Zr	Th	Sr	Ba	V	Co	Cr	Ni	Rb	Ta	Hf	Y
2026wl-1	花岗闪长斑岩	12.8	13	152	13.4	642	1 090	68.5	21.1	47	26.4	116	0.71	4.0	20.06
2021wl-3	黑云母花岗岩	7.4	12.6	229	13.1	86	581	43.6	9.5	76.8	11.3	69.6	0.54	6.4	9.92
4522wl-1	变质花岗斑岩	12.5	3.76	90	29.6	180	261	22.1	10.6	13.4	4.34	282	1.79	2.57	23.3
克拉克值(维,1962)		20	10	170	13	340	650	90	18	83	58	150	2.5	1	29

3）稀土元素特征

稀土元素含量及有关参数见表 3-7。稀土元素方面轻稀土富集，重稀土亏损，轻、重稀土分馏强烈，稀土总量 $\Sigma REE=104.43\times10^{-6}\sim155.55\times10^{-6}$，LREE/HREE=15.53，$\delta Eu=0.93$。稀土配分型式曲线（图 3-7）右倾平滑，显示一定程度的负铕异常。

表 3-7 三叠纪中酸性侵入岩稀土元素含量及有关参数

样号	岩石名称	稀土元素含量($w_B/10^{-6}$)										
		La	Ce	Pr	Nd	Sm	Eu	Gd	Tb	Dy	Ho	Er
2021xt-3	黑云母花岗岩	21.07	40.85	5.27	18.23	3.44	0.52	3.52	0.61	3.64	0.8	2.47
2026xt-1	花岗闪长斑岩	37.82	62.48	7.25	24.27	3.92	1.08	2.97	0.41	2.19	0.44	1.24
4522xt-2	变质黑云母斑岩	23.5	47	5.57	20.9	4.3	0.51	3.8	0.69	3.86	0.75	2.52

样号	岩石名称	稀土元素含量($w_B/10^{-6}$)				有关参数					
		Tm	Yb	Lu	Y	ΣREE	LREE	HREE	LREE/HREE	δEu	δCe
2021xt-3	黑云母花岗岩	0.44	3.06	0.51	20.06	104.43	89.38	15.05	5.94	0.45	0.91
2026xt-1	花岗闪长斑岩	0.19	1.18	0.19	9.92	155.55	136.82	8.81	15.53	0.93	0.85
4522xt-2	变质黑云母斑岩	0.36	2.34	0.35	23.3	156.55	101.78	14.67	6.93	0.38	0.96

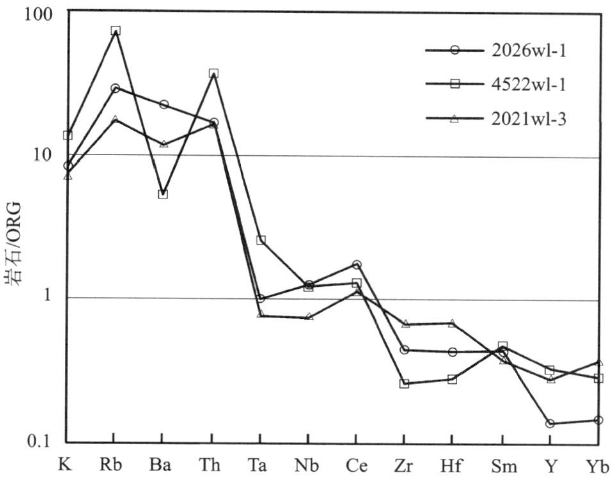

图 3-6 三叠纪侵入岩微量元素洋脊花岗岩标准化蛛网图
(洋脊花岗岩据 Pearce 等,1984)

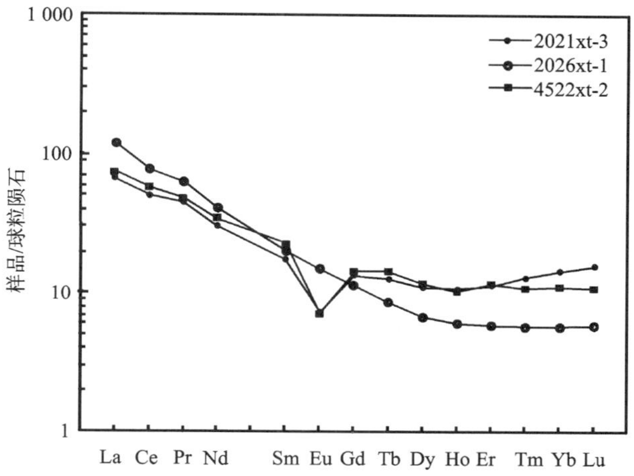

图 3-7 三叠纪侵入岩稀土配分型式曲线图
(球粒陨石据里德平均值,1973)

4. 副矿物特征

主要副矿物由磁铁矿、褐铁矿、黄铁矿、磷灰石、绿帘石、孔雀石、金红石、黄铜矿、锆石等组成。其中主要为磁铁矿、锆石和磷灰石,出现黄铁矿、黄铜矿等金属矿物,属常见岩浆型花岗岩副矿物组合。主要副矿物特征:磁铁矿,d=0.05~0.3mm,褐黑色,不规则粒状,少数为八面体,光泽暗淡,多褐铁矿化;褐铁矿,d=0.05~0.3mm,褐黑色,不规则粒状,光泽暗淡;黄铁矿,d=0.05~0.3mm,黄色,多数为颗粒碎块,少数为立方体,金属光泽;磷灰石,d=0.05~0.2mm,无色、不规则柱状、少数为粒状,透明,玻璃光泽;绿帘石,d=0.05~0.2mm,黄绿色,不规则粒状,半透明,玻璃光泽;孔雀石,d=0.05~0.1mm,鲜绿色,粒状,玻璃光泽;金红石,d=0.05~0.1mm,红色,不规则粒状,金属光泽;黄铜矿,d=0.05~0.1mm,黄铜色,颗粒碎块,金属光泽。

锆石特征:a×b×c=(0.02~0.06)mm×(0.02~0.06)mm×(0.06~0.15)mm,浅褐色,多数为颗粒碎块,个别为浑圆四方柱和四方双锥的聚形,透明,金刚光泽,颗粒细小。长宽比为 1∶2~2.5。

5. 成因

岩石化学成分 SiO_2 为 66.21%~77.69%,A/NCK=0.79~1.08,明显小于 1.1,里特曼指数 σ=

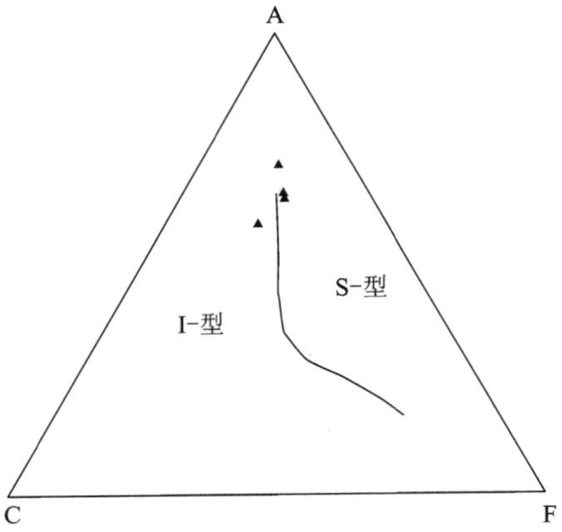

图 3-8　三叠纪侵入岩 A-C-F 图解

1.10～2.23，小于3.3，为次铝的钙碱性系列岩石。在判别花岗岩成因的 A-C-F 图解(图 3-8)中，投影点大多落于 S 型花岗岩区。综合分析认为属 S 型成因，物质主要来源于地壳。

6. 形成时代

本次工作在美马错西闪长岩和邻幅具有相似特征的鸭子湖花岗斑岩体、万泉湖西花岗斑岩体中采取同位素年龄样品，由宜昌地质矿产研究所中南实验检测中心进行 U－Pb 同位素测年分析，结果见表 3-8，获得了 220±7Ma～288±1Ma 的 $^{206}Pb/^{238}U$ 表面年龄。另据 1∶100 万日土幅资料，清澈湖南岸黑云母花岗岩同位素年龄值为 239.8Ma(K－Ar 法)，结合地质特征将其形成时代置于三叠纪。

表 3-8　三叠纪侵入岩 U－Pb 同位素年龄测试结果表

岩石名称	样品编号	样品信息		同位素原子比及误差 2σ				表面年龄(Ma)		
		序号	点号	$^{(206/204)}Pb$	$^{206}Pb/^{238}U$	$^{207}Pb/^{235}U$	$^{(207/206)}Pb$	$^{206}Pb/^{238}U$	$^{207}Pb/^{235}U$	$^{(207/206)}Pb$
花岗斑岩	2633TW-1	1	0204114－1	130.7	0.045 84	0.382 22	0.060 46	288	328	620
					0.000 29	0.027 17	0.004 31	1	23	44
		2	0204114－2	251.5	0.045 2	0.663 79	0.106 48	285	516	1 740
					0.000 38	0.047 23	0.007 63	2	36	124
		3	0204114－3	24.8	0.025	0.170 23	0.049 38	159	159	165
					0.001 64	0.102 38	0.029 87	10	96	100
		4	0204114－4	235.7	0.048 78	0.544 51	0.080 94	307	441	1 220
					0.000 48	0.057 3	0.008 55	3	46	128
	P20TW-3	1	0204115－1	98	0.039 04	0.326 29	0.060 61	246	286	625
					0.000 34	0.034 47	0.006 42	2	30	66
		2	0204115－2	28.9	0.052 91	0.425 53	0.058 32	332	360	541
					0.003 25	0.390 86	0.053 69	20	330	498
		3	0204115－3	163.6	0.043 81	0.371 74	0.061 53	276	320	657
					0.000 27	0.027 47	0.004 56	1	23	48
黑云母石英闪长岩	1110TW-1	1	0204002－1	174.8	0.029 31	0.245 33	0.060 86	186	222	628
					0.000 2	0.021 36	0.005 3	1	19	54
		2	0204002－2	299.1	0.038 19	0.364 65	0.069 23	241	315	905
					0.000 16	0.014 33	0.002 73	1	12	35
		3	0204002－3	457.3	0.043 14	0.438 19	0.073 66	272	368	1 032
					0.000 14	0.010 44	0.001 77	0	8	24
		4	0204002－4	239.9	0.025 6	0.242 24	0.068 61	162	220	887
					0.000 1	0.008 44	0.002 4	0	7	31

7. 构造环境分析

测区三叠纪侵入岩主要发育于南羌塘地块，侵入于石炭系-二叠系霍尔巴错群擦蒙组中。在花岗岩构造环境判别图 Y－Nb 和 Y＋Nb－Rb(图 3-9)中，落点全部分布于同碰撞花岗岩和火山弧花岗岩区，是龙木错-双湖裂谷在三叠纪初闭合、两侧地体碰撞的信息反映。

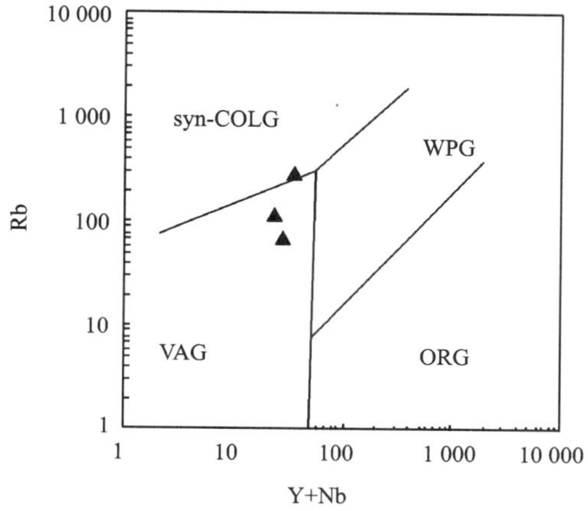

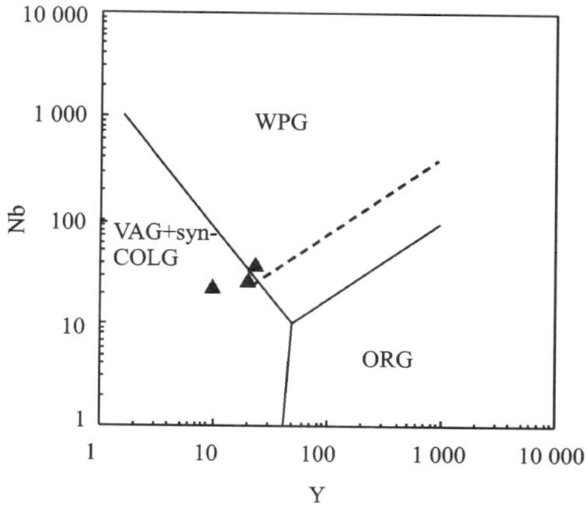

图 3-9 三叠纪花岗岩类构造环境判别图(据 Pearce J A，1984)

syn－COLG：同碰撞花岗岩；VAG：火山弧花岗岩；WPG：板内花岗岩；ORG：洋脊花岗岩

二、白垩纪侵入岩

白垩纪侵入岩主要分布于窝尔巴错—多湖一带，呈较大规模的岩基产出。出露面积约 350km²。另在土则岗日东也有小规模岩株出露。岩性主要为酸性的黑云母花岗岩、花岗斑岩、花岗闪长斑岩、石英斑岩。代表岩体为窝尔巴错和多湖花岗岩体。

1. 地质特征

多湖花岗岩体(Kγ) 岩体分布于多湖南，侵入于石炭系霍尔巴错群擦蒙组、二叠系吉普日阿组中，北侧为第四系覆盖。呈规模较大的岩基产出，形状极不规则。岩体东西长约 30km，南北宽 2～10km，出露面积约 167km²。围岩接触变质作用明显，边缘围岩普遍发生片岩化、角岩化。岩石类型主要有花岗斑岩、黑云母花岗岩、二云母花岗岩。

窝尔巴错岩体(Kγ) 岩体出露于窝尔巴错—多湖一带，为一东西长、南北短的不规则形岩基，出露面积 184km²。岩体侵入于石炭系霍尔巴错群擦蒙组中，围岩接触变质强烈，岩体边缘围岩普遍发生片岩化、角岩化。主要岩性有花岗斑岩、角闪黑云母花岗岩、黑云母二长花岗岩、黑云母花岗闪长斑岩。

2. 岩石学特征

花岗斑岩 岩石呈灰—灰绿色，斑状结构，基质具微粒结构，块状构造。由斑晶、基质两部分组成。斑晶含量为 75％，其中钾长石为 25％～40％，板柱状，较自形，卡式双晶发育，大小 0.2～4.0mm；斜长石(10％～15％)，板柱状，聚片双晶发育，绢云母化强烈；石英(10％)，半自形粒状，0.2～1.5mm；角闪石含量为 5％，黑云母含量为 10％。基质为 25％，主要为长英质及少量黑云母。磷灰石、锆石、绿帘石、金属矿物少量。暗色矿物黑云母、角闪石次生变化强烈。普遍发生绢云母化、绿泥石化、绿帘石化。

黑云母花岗岩 岩石呈浅红色，中粒花岗结构，块状构造，主要矿物成分：钾长石(50％)，粒状，具条纹结构偶见卡式双晶，大小 1.5～5.0mm，斜长石(20％)，板柱状，较自形，聚片双晶发育，(0.5～2.0)mm×4.0mm，石英(25％)，不规则粒状，波状消光。黑云母含量为 5％，磷灰石、锆石及金属矿物少量。

3. 岩石化学及地球化学特征

1）岩石化学特征

岩石化学成分及含量见表3-9，白垩纪侵入岩 SiO_2 含量中等，为63.34%～75.21%，平均值为68.63%；Al_2O_3 为12.32%～16.87%，平均值为14.42%，含量明显偏高。MgO 为0.12%～1.8%，平均值为1.09%；Fe_2O_3＋FeO 为0.66%～4.43%，随岩石向酸性演化变化范围较大，平均值为3.17%；CaO 为0.8%～3.41%，平均为2.45%，含量偏高，变化范围较大。Na_2O＋K_2O 为6.27%～8.41%，平均为7.08%，具有较高的 Al_2O_3、K_2O＋Na_2O 含量，其里特曼指数 σ＝1.53～2.90，平均1.96，为钙碱性岩石。在 SiO_2－K_2O 图解（图3-10）中，落入高钾钙碱性系列岩区。铝质指数 A/NCK 较高，为1.00～1.23，属过铝花岗岩类。分异指数（DI）和固结指数（SI）平均值分别为79.72和9.10，说明随着岩浆向酸性演化，岩石分异程度增高。

表3-9　白垩纪侵入岩岩石化学成分含量及有关参数

样号	岩石名称	氧化物含量（w_B%）										
		SiO_2	TiO_2	Al_2O_3	Fe_2O_3	FeO	MnO	MgO	CaO	Na_2O	K_2O	P_2O_5
4016Gs-1	花岗斑岩	63.34	0.74	15.18	2.15	2.28	0.07	1.8	3.41	3.14	3.47	0.26
4518Gs-1	黑云母花岗斑岩	68.33	0.48	14.72	0.55	2.98	0.09	1.42	2.96	3.17	3.1	0.28
4519Gs-1	花岗斑岩	63.5	0.74	14.27	2.28	3.62	0.08	2.4	3.38	2.56	3.72	0.24
4523Gs-1	变质花岗斑岩	75.21	0.11	12.76	0.58	0.5	0.05	0.26	1.52	2.96	5.00	0.02
1152Gs-1	黑云母花岗岩	68.79	0.51	13.58	2.23	1.37	0.08	0.9	1.9	2.44	4.24	0.11
4721Gs-1	石英斑岩	72.76	0.28	12.32	0.75	1.67	0.04	0.6	1.57	1.95	4.84	0.05
1039Gs-1	黑云母花岗闪长斑岩	66.75	0.58	14.87	1.12	2.32	0.07	1.36	2.95	3.39	3.44	0.23
* GS3e64	二云母花岗岩	63.54	0.65	16.87	1.52	2.46	0.084	0.98	3.14	4.91	2.92	0.24
* GS3e65－6	白云母花岗岩	72.38	0.22	15.07	0.58	0.8	0.006	0.12	0.8	3.07	5.34	0.20
* PisGS3e4	黑云母花岗岩	71.71	0.25	14.55	0.15	1.8	0.03	1.05	2.82	3.13	4.07	0.15
平均值		68.63	0.46	14.42	1.19	1.98	0.06	1.09	2.45	3.07	4.01	0.18

样号	岩石名称	氧化物含量（w_B%）			有关参数				
		H_2O^+	CO_2	总量	A/NCK	σ	AR	SI	DI
4016Gs-1	花岗斑岩	2.56	1.27	99.67	1.00	2.06	2.10	14.02	71.93
4518Gs-1	黑云母花岗斑岩	1.29	0.31	99.68	1.06	1.53	2.10	12.66	74.86
4519Gs-1	花岗斑岩	2.46	0.51	99.76	0.99	1.86	1.86	16.46	68.32
4523Gs-1	变质花岗斑岩	1.11	0.26	100.34	0.98	1.96	1.96	2.80	90.78
1152Gs-1	黑云母花岗岩	1.57	1.82	99.54	1.13	1.69	2.52	8.05	82.10
4721Gs-1	石英斑岩	1.52	0.96	99.31	1.09	1.53	2.91	6.12	85.64
1039Gs-1	黑云母花岗闪长斑岩	1.91	0.66	99.65	1.01	1.92	2.24	11.69	76.20
* GS3e64	二云母花岗岩		2.38	99.694	1.00	2.90	2.29	7.66	76.00
* GS3e65－6	白云母花岗岩		1.22	99.806	1.23	2.39	3.25	1.21	91.23
* PisGS3e4	黑云母花岗岩		0.36	100.07	0.99	1.80	2.42	10.29	80.18
平均值		1.77	0.98	99.75	1.05	1.96	2.37	9.10	79.72

注：* 为1∶100万日土幅资料。

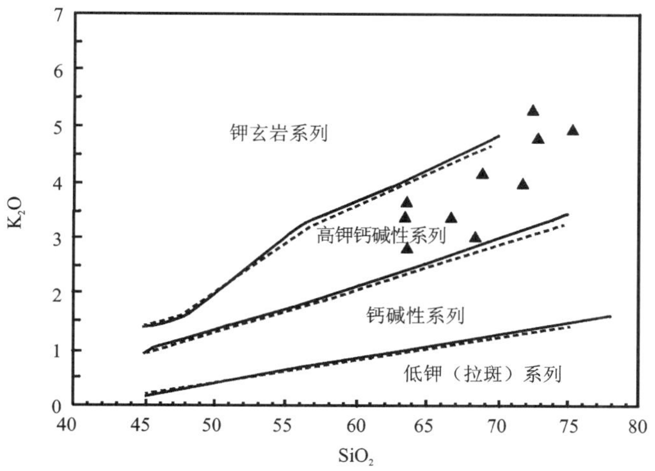

图 3-10 白垩纪侵入岩 SiO_2-K_2O 图

2）微量元素特征

微量元素含量见表 3-10，与维氏值相比，具有富 Rb、Zr、Ba、Th 特征，其他元素接近或略低于地壳克拉克值，其微量元素洋脊花岗岩标准化蛛网图（图 3-11）呈多峰多谷形态。

表 3-10 白垩纪侵入岩微量元素含量表

样号	岩石名称	微量元素及含量（$w_B/10^{-6}$）													
		Nb	Sc	Zr	Th	Sr	Ba	V	Co	Cr	Ni	Rb	Ta	Hf	Y
4016wl-1	花岗斑岩	26.7	14.3	227	38.5	570	1 384	86.2	14.1	68.3	18.7	157	1.89	6	16.76
4518wl-1	花岗斑岩	18.4	13.1	181	44.4	636	1 217	62.1	12.2	218	23.7	118	1.3	4.9	13.64
4519wl-1	花岗斑岩	17.1	17.3	212	25.4	275	803	120	17.5	117	19.1	198	0.54	5.8	20.49
4523wl-1	变质黑云母斑岩	18	3.1	93.4	34.2	116	159	12	13.4	8.7	2.7	310	2.28	3.58	31.1
4721wl-1	石英斑岩	13	14	170	13	71	859	27	6.7	87	11	164	1.3	5.3	26.67
1152wl-1	黑云母花岗岩	17	15	175	19	111	598	54	8.5	70	13	114	2.3	5.9	31.74
克拉克值（维，1962）		20	10	170	13	340	650	90	18	83	58	150	2.5	1	29

各元素曲线形态极其相似，说明其具有相似的地球化学特征和相同的生成环境。不相容大离子亲石元素（LIL）Ba、Rb、Th 富集，高场强元素（HFS）相对亏损。其形状与同碰撞花岗岩微量元素蛛网图形态极为相似，表明测区白垩纪侵入岩为同碰撞造山的产物。

3）稀土元素特征

稀土元素含量及有关参数见表 3-11。稀土元素含量较高，$\Sigma REE=200.13\times10^{-6}\sim315.16\times10^{-6}$，LREE/HREE=5.23～21.98，轻、重稀土分馏强烈，轻稀土富集，重稀土亏损。稀土配分型式曲线（图 3-12）呈向右倾斜的光滑曲线，轻稀土曲线较陡，重稀土曲线较为平缓。$\delta Eu=0.41\sim0.79$，负铕异常较为明显。

表 3-11 白垩纪侵入岩稀土元素含量及有关参数

样号	岩石名称	稀土元素含量（$w_B/10^{-6}$）										
		La	Ce	Pr	Nd	Sm	Eu	Gd	Tb	Dy	Ho	Er
4016xt-1	花岗斑岩	76.59	122.1	12.45	42.17	6.76	1.58	5.18	0.76	3.96	0.72	1.85
4518xt-1	花岗斑岩	83.2	132.4	14.57	49.15	7.44	1.64	5.03	0.69	3.48	0.61	1.53
4519xt-1	花岗斑岩	43.8	81.72	9.78	34.59	6.27	1.2	5.61	0.86	4.54	0.89	2.55
4523xt-1	变质花岗斑岩	22.1	44.3	5.4	20.2	4.68	0.35	4.21	0.84	4.91	1	3.35

续表 3-11

样号	岩石名称	稀土元素含量($w_B/10^{-6}$)										
		La	Ce	Pr	Nd	Sm	Eu	Gd	Tb	Dy	Ho	Er
1152xt-1	黑云母花岗岩	42.23	79.9	10.03	35.86	7.56	0.96	6.6	1.04	6.27	1.24	3.55
4721xt-1	石英斑岩	53.12	97.69	11.76	39.95	7.02	1.04	5.77	0.86	4.96	1.07	2.94

样号	岩石名称	稀土元素含量($w_B/10^{-6}$)				有关参数					
		Tm	Yb	Lu	Y	ΣREE	LREE	HREE	LREE/HREE	δEu	δCe
4016xt-1	花岗斑岩	0.28	1.8	0.27	16.76	293.23	261.65	14.82	17.66	0.79	0.87
4518xt-1	花岗斑岩	0.22	1.36	0.2	13.64	315.16	288.4	13.12	21.98	0.78	0.85
4519xt-1	花岗斑岩	0.4	2.36	0.36	20.49	215.42	177.36	17.57	10.09	0.61	0.91
4523xt-1	变质花岗斑岩	0.49	3.28	0.5	31.1	216.42	97.03	18.58	5.23	0.24	0.95
1152xt-1	黑云母花岗岩	0.57	3.75	0.57	31.74	200.13	176.54	23.59	7.48	0.41	0.91
4721xt-1	石英斑岩	0.45	2.96	0.46	26.67	230.05	210.58	19.47	10.81	0.49	0.90

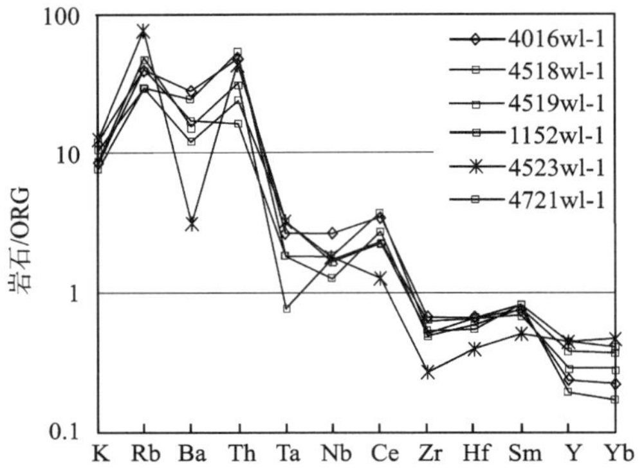

图 3-11　侵入岩微量元素洋脊花岗岩标准化蛛网图
(洋脊花岗岩据 pearce 等,1984)

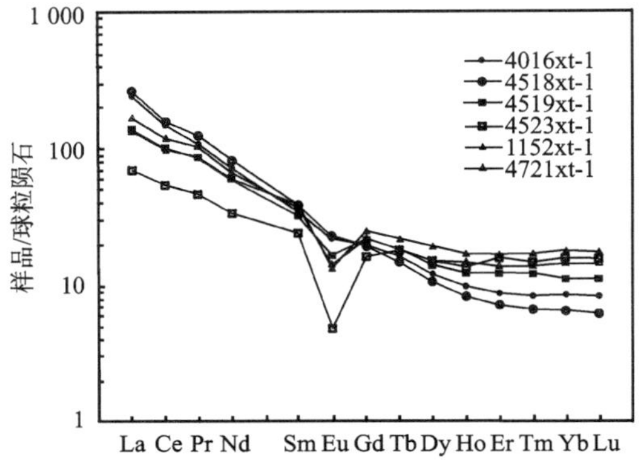

图 3-12　侵入岩稀土元素配分型式曲线图
(球粒陨石据里德平均值,增田,1973)

4. 副矿物特征

主要副矿物组成:磁铁矿、褐铁矿、磷灰石、榍石、黄铁矿、电气石、绿帘石、锆石等,为典型的岩浆花岗岩副矿物组合特征。副矿物特征:磁铁矿,$d=0.05\sim0.2$mm,黑色,不规则棱角状颗粒,少数为八面体,金属光泽;褐铁矿,$d=0.05\sim0.3$mm,褐黑色,不规则粒状,光泽暗淡;磷灰石,$d=0.05\sim0.2$mm,无色、不规则粒状、少数为柱状,透明,玻璃光泽;黄铁矿,$d=0.05\sim0.5$mm,黄色,不规则棱角状颗粒,金属光泽;榍石,$d=0.05\sim0.2$mm,浅黄色,颗粒碎块,透明,金刚光泽;白钛石,$d=0.1\sim0.5$mm,灰色或浅黄色,不规则半浑圆粒状,弱油脂光泽;绿帘石,$d=0.05\sim0.2$mm,黄绿色,不规则棱角状颗粒,不透明,少数半透明,玻璃光泽;电气石,$d=0.1\sim0.2$mm,黑色,褐黑色,不规则柱状颗粒,半透明,玻璃光泽。

锆石特征:$a\times b\times c=(0.03\sim0.18)mm\times(0.03\sim0.18)mm\times(0.07\sim0.4)$mm,浅褐色,少数为无色,晶体完整,透明,金刚光泽,主要由四方柱(110)、(100)和四方双锥(111)及偏锥面(131)(311)组成的聚形,少数颗粒表面具细小裂纹。长宽比为 1∶2.5～3.5 或 1∶4～5。

5. 成因

在划分花岗岩成因类型的 A-C-F 图解(图 3-13)中,投影点全部落入 S 型花岗岩区。白垩纪侵入岩 SiO_2 含量中等,为 63.34%～75.21%,平均值 68.63%;其里特曼指数为 1.55～2.14,为钙碱性岩石。铝质指数 A/NCK 较高，为 1.00～1.23，属过铝型花岗岩类。其微量元素和稀土元素特征也显示出地壳的部分熔融，因此综合分析认为其成因类型为 S 型，物质主要来源于地壳。

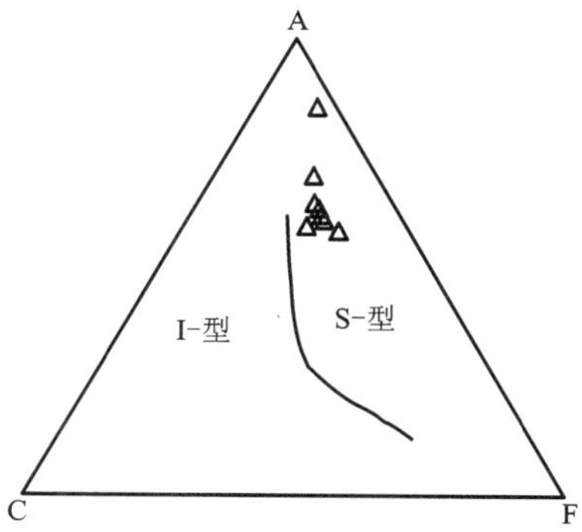

图 3-13　白垩纪侵入岩 A-C-F 图解

6. 形成时代

本次工作在多湖南花岗岩体中采取的同位素年龄样品，经宜昌地质矿产研究所中南实验检测中心进行 U－Pb 同位素测年，获得的同位素年龄结果见表 3-12，未能获得理想的测年数据。多湖和窝尔巴错岩体 K－Ar 法年龄值为 100.32Ma 和 100.48Ma(1∶100 万日土幅)，结合区内各侵入体的产出及岩浆演化特征，仍采用 1∶100 万日土幅的测年资料，将其时代置为早白垩世。

表 3-12　白垩纪 U－Pb 同位素年龄测试结果表

岩石名称	样品编号	样品信息		同位素原子比及误差 2σ				表面年龄(Ma)		
		序号	点号	$^{(206/204)}Pb$	$^{206}Pb/^{238}U$	$^{207}Pb/^{235}U$	$^{(207/206)}Pb$	$^{206}Pb/^{238}U$	$^{207}Pb/^{235}U$	$^{(207/206)}Pb$
花岗斑岩	4016TW-1	1	0204006-1	256.5	0.050 22	0.606 56	0.087 59	315	481	1 373
					0.000 22	0.020 26	0.002 95	1	16	46
		2	0204006-2	254	0.053 98	0.616 3	0.082 8	338	487	1 264
					0.000 23	0.020 08	0.002 72	1	15	41
		3	0204006-3	184.6	0.026 95	0.216 03	0.058 12	171	198	534
					0.000 22	0.024 22	0.006 53	1	22	60
		4	0204006-4	433.4	0.048 26	0.595 49	0.089 48	303	474	1 414
					0.000 2	0.017 72	0.002 88	1	14	42

注：宜昌地质矿产研究所中南实验检测中心测试。

7. 构造环境分析

分布于多湖一带白云母、二云花岗岩花岗斑岩具有过铝型花岗岩特征，在阳离子 R_1-R_2 图解(图 3-14)中，投影点集中分布于同碰撞花岗岩区及其附近。在花岗岩构造环境判别图 Y-Nb 和 Yb-Ta(图 3-15)中，其投影点也大多落在岛弧花岗岩区或同碰撞花岗岩区，表明其属于造山作用的产物，为陆-陆俯冲碰撞，出现增厚陆壳后，成熟陆壳局部熔融后岩浆上侵的产物。

三、综合对比与演化

1. 各时代侵入岩特征及演化特点

测区中酸性侵入岩浆活动较为强烈，时间上主要集中于中生代三叠纪、白垩纪，属印支早期、燕山晚期岩浆活动的产物。空间上集中分布于多湖—清澈湖一带。三叠纪侵入岩岩石类型出现闪长岩—花岗闪长斑岩—花岗斑岩—黑云母花岗岩的岩石组合；白垩纪侵入岩岩石组合特征表现为花岗闪长斑岩—花岗斑岩—黑云母花岗岩—白(二)云母花岗岩的演化特点。岩石化学特征方面，均表现出中性—中酸性—酸性的演化特点，二者又有明显差别，总体表现为从富钠系列向富钾系列、次铝型向过铝型花岗岩演化的特征。微量元素方面表现出相似

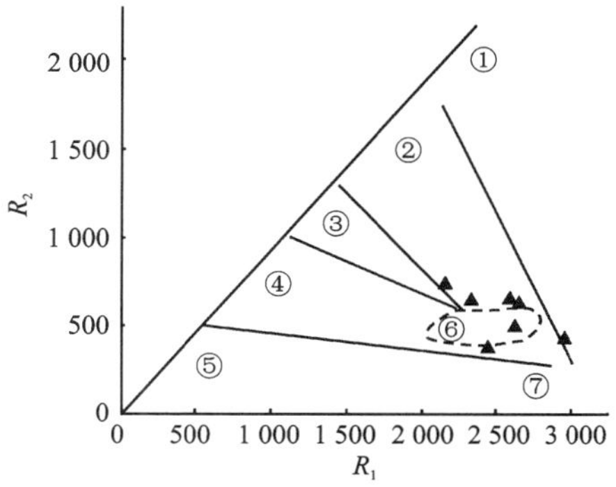

图 3-14　白垩纪侵入岩阳离子 R_1-R_2 图解
①地幔斜长花岗岩；②破坏性活动板块边缘(板块碰撞前)花岗岩；③板块碰撞后隆起期花岗岩；④晚造山期花岗岩；⑤非造山区 A 型花岗岩；⑥同碰撞(S 型)花岗岩；⑦造山期后 A 型花岗岩

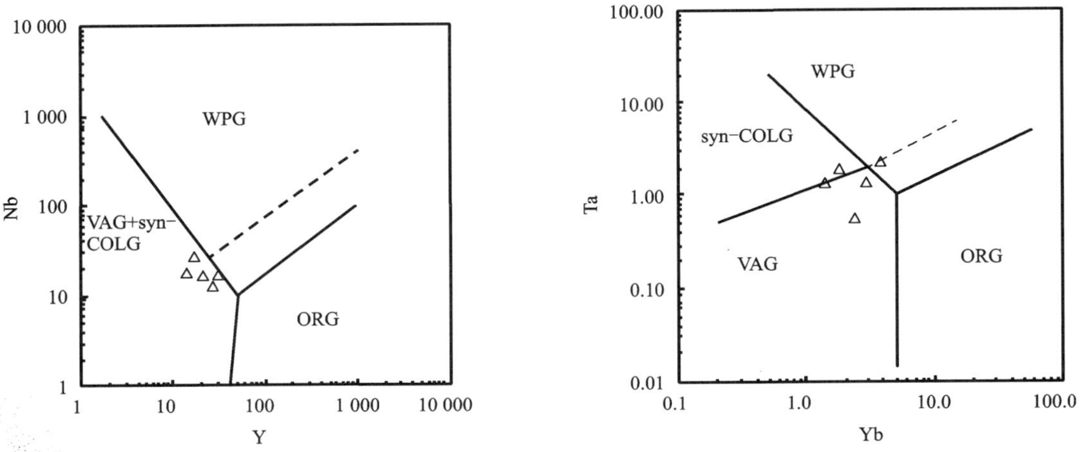

图 3-15　白垩纪花岗岩类构造环境判别图(据 Pearce J A,1984)

syn - COLG:同碰撞花岗岩;VAG:火山弧花岗岩;WPG:板内花岗岩;ORG:洋脊花岗岩

的地球化学特征,侵入岩微量元素洋脊花岗岩标准化蛛网曲线较为相似,均表现为不相容大离子亲石元素(LIL)强烈富集,高场强元素(HFS)相对亏损的特征。稀土元素方面白垩纪侵入岩稀土元素总量 ΣREE 更高,轻重稀土比值 LREE/HREE 更大,轻、重稀土分馏更加强烈,稀土元素配分型式曲线负铕异常更为明显。

2. 花岗岩类成因

图幅内中酸性侵入岩不论在岩石特征还是在岩石化学及地球化学特征方面都具有一定的相似性,表现出地壳的部分融熔,从而暗示其在成因方面存在一定的联系。在判断花岗岩成因类型的 A-C-F 图解(图 3-8、图 3-13)中,投影点均落入 S 型花岗岩区,因此综合分析认为区内三叠纪侵入岩和白垩纪侵入岩具有相同的成因类型,其成因类型为 S 型,物质主要来源于地壳的部分融熔。

3. 花岗岩类的就位机制

早已存在的或与岩浆活动同时发生的区域构造运动是花岗岩类就位机制最主要的控制因素,同时与其产出的大地构造环境关系密切。图幅内花岗岩多形成于火山弧构造环境,属造山作用的产物,为陆-陆俯冲、碰撞,出现增厚陆壳后,成熟壳部分熔融岩浆上侵的结果。由于不同时期多期次构造活动对岩体的构造改造,造成了岩体的变形变位,较大规模的多湖、清澈湖南侵入体又大部分为雪山覆盖,对岩体的就位机制的研究带来一定困难。图幅内花岗岩类的出露形态、展布方向与区域构造线方向基本一致,围岩在发生动力变质作用的同时,受到了强烈的韧性变形改造,反映其就位时以挤压为主的构造环境,显示出强力就位特征。

4. 岩体的形成深度、剥蚀程度及隐伏岩体的预测

测区中酸性侵入体在多湖、清澈湖南以较大规模的岩基产出,岩石组合均出现花岗岩斑岩,具似斑状结构,基质具微粒结构,矿物成分上出现钾长石和钠长石共存。围岩接触变质作用明显,同时伴生有低绿片岩相的区域变质作用。综合分析认为其形成于中等偏浅的深度范围。

多湖—清澈湖一带的花岗岩体出露面积超过 450km^2,占到图幅内侵入岩出露面积的 90%以上。岩体中少见围岩捕虏体,围岩具有明显的接触变质作用。岩石多具中粗粒花岗结构或斑状结构,表明其剥蚀程度较深。另外在多湖、窝尔巴错一带岩石出现角岩化,推测存在隐伏岩体的可能。

第三节 火 山 岩

调查区内主要发育晚古生代火山岩。主要出露于南羌塘地块、土则岗日构造带中，北羌塘地块内未见火山岩。晚石炭世—早二叠世火山岩分布较广，主要产出于南羌塘地块霍尔巴错群展金组中，分布于鲁玛江冬错北一带；早—中二叠世火山岩主要产出于土则岗日构造带霍尔巴错群曲地组中，分布于独立石湖、土则岗日雪山一带，另外在南羌塘地块霍尔巴错群曲地组中也见有零星出露，仅分布于图幅南部鲁玛江冬错西、阿鲁错西一带；在土则岗日构造带中分布有少量火山岩岩片，分布于饮水河南一带(表 3-13)。

表 3-13 土则岗日幅火山岩基本特征一览表

岩浆活动时期	构造单元	时代	产出层位	代号	分布地区	产出状态	主要岩石类型	备注
海西期	南羌塘地块	晚石炭世—早二叠世	展金组	C_2P_1zh	鲁玛江冬错北一带	层状夹层	辉石安山岩、黑云母安山岩、石英安山岩、辉石英安岩	
			曲地组	$P_{1-2}q$	鲁玛江冬错西、阿鲁错西一带	夹层	绿帘角闪片岩	
	土则岗日构造带		安山岩岩片	P_2B^T	饮水河南一带	夹层	安山岩、角闪安山岩、角闪石英安山岩	
			曲地组	$P_{1-2}q$	独立石湖、土则岗日雪山一带	夹层	辉石安山岩、角闪安山岩、沉凝灰岩	

一、晚石炭世—早二叠世火山岩

1. 地质特征

区内晚石炭世—早二叠世火山岩主要分布于鲁玛江冬错北一带，一般以透镜体或以夹层的形式产出于石炭系—二叠系展金组中。地貌上呈孤立山包产出。火山岩以安山岩、英安岩为主，岩石类型为辉石安山岩、黑云母安山岩、石英安山岩、辉石英安岩。

2. 岩石学特征

区内该期火山岩主要为中性熔岩，未见火山碎屑岩。据岩矿鉴定，和岩石化学分析(TAS 法和 OQNH 法)，可划分为以下主要类型。

石英安山岩 岩石为灰绿色，斑状结构，基质为隐晶质结构，气孔状构造。斑晶占 55%，其中辉石小于 5%、黑云母 3%、角闪石 10%、斜长石大于 35%、石英 2%；基质 45%，其中斜长石小于 27%、石英小于 5%、绿泥石 10%、磁铁矿 3%，磷灰石少量。

辉石英安岩 浅灰褐色，斑状结构、基质为隐晶质结构，块状构造。斑晶小于 55%，其中斜长石 37%、石英小于 5%、辉石 5%、黑云母 3%；基质大于 50%，其中斜长石 27%、辉石 15%、石英 20%、黑云母小于 3%、磁铁矿少量。

辉石安山岩 浅灰色，斑状结构、基质为霏细结构，块状构造。斑晶占 35%，其中斜长石 20%、辉石小于 10%、黑云母 4%、石英大于 1%；基质 65%，其中长英质 60%、黑云母 4%、金属矿物、磷灰石少量、榍石微量。

黑云母安山岩 褐灰色，斑状结构、基质为微粒(霏细)结构，块状构造。斑晶占 35%，其中斜长石 25%、黑云母 5%、辉石 2%、石英 3%；基质 65%，其中长英质 45%、黑云母小于 10%、绿泥石小于 10%、金属矿物少量、磷灰石、锆石微量。

3. 岩石地球化学特征

1）岩石化学

展金组各火山岩类的岩石化学成分见表 3-14，火山岩具有从安山岩到英安岩连续过渡的特征。

表 3-14　展金组火山岩岩石化学成分表

序号	样号	样品名	氧化物含量（w_B%）													总量	K_2O+Na_2O
			SiO_2	TiO_2	Al_2O_3	Fe_2O_3	FeO	MnO	MgO	Na_2O	CaO	K_2O	P_2O_5	H_2O^+	CO_2		
1	1023Gs-1	石英安山岩	58.81	0.61	14.57	1.72	3.95	0.14	1.53	7.50	1.85	3.21	0.20	2.04	3.66	99.79	5.06
2	1035Gs-1	辉石英安岩	63.88	0.66	14.14	2.37	3.55	0.10	2.33	3.94	2.44	3.95	0.23	2.01	0.14	99.74	6.39
3	1037Gs-1	石英安山岩	63.34	0.74	14.23	1.33	4.32	0.10	2.44	4.79	2.94	2.00	0.25	3.09	0.20	99.77	4.94
4	3006Gs-1	辉石英安岩	65.63	0.60	14.92	2.60	2.05	0.08	1.82	4.08	2.71	3.79	0.18	1.24	0.28	99.98	6.50
5	3006Gs-2	黑云母安山岩	66.08	0.63	14.52	3.91	0.82	0.06	1.83	4.10	2.21	3.93	0.18	1.34	0.17	99.78	6.14
6	3007Gs-1	辉石安山岩	63.30	0.68	13.86	2.44	3.72	0.11	2.42	4.21	2.45	3.68	0.22	2.18	0.48	99.75	6.13

注：测试者为武汉岩矿实验室；测试方法为 X-射线荧光熔片法（XRF）。

安山岩类：SiO_2一般为 58.81%，TiO_2为 0.61%，Al_2O_3为 14.57%，K_2O+Na_2O为 5.06%，火山岩里特曼指数 σ=1.61，为钙碱性岩石。在 TAS 图解（图 3-16）上，落于 Ir 线的下方，为亚碱性安山岩类系列，另外据图 3-17 可知该火山岩类属高钾钙碱性系列。

英安岩类：SiO_2含量一般为 63.30%～66.63%，平均 64.45%，TiO_2为 0.60%～0.74%，平均 0.66%，K_2O为 2.00%～3.95%，平均 3.46%，Na_2O为 3.94%～4.79%，平均为 4.21%，K_2O+Na_2O为 4.94%～6.50%，平均为 6.02%，Al_2O_3为 13.86%～14.92%，平均为 14.33%，火山岩里特曼指数 σ=1.20～1.96，属钙碱性岩石，在 TAS 图解（图 3-16）上处于 Ir 线的下方，为亚碱性英安岩系列，据图 3-17 可知，区内英安岩类大多数样品属高钾钙碱性系列，仅有一件样品属钙碱性系列。

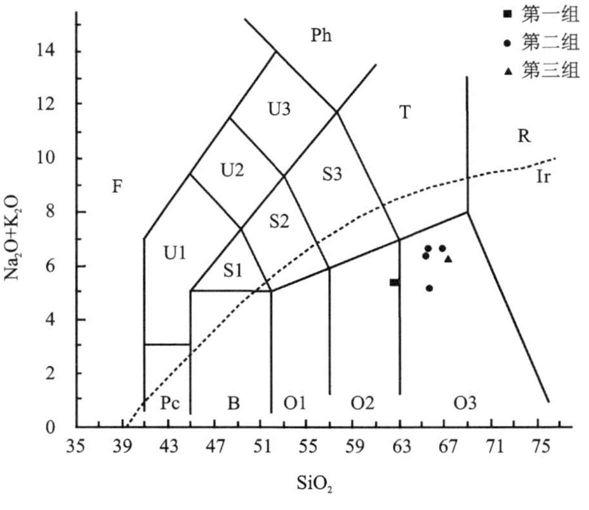

图 3-16　展金组火山岩（Na_2O+K_2O）- SiO_2图解

Pc. 苦橄玄武岩；B. 玄武岩；O1. 玄武安山岩；O2. 安山岩；O3. 英安岩；R. 流纹岩；S1. 粗面玄武岩；S2. 玄武粗安岩；S3. 粗安岩；T. 粗面岩、粗面英安岩；F. 副长石岩；U1. 碱玄岩、碧玄岩；U2. 响岩质碱玄岩；U3. 碱玄质响岩；Ph. 响岩；Ir - Irvine. 分界线，上方为碱性，下方为亚碱性

2）微量元素

微量元素含量见表 3-15，火山岩以富集大离子亲石元素（LIL）为特征，具有非常一致的曲线形态

(图 3-18),具“四峰四谷”之特点,在 Rb、Th、Ce、Zr、Hf、Sm 处呈隆起的形态,在 Ba、Nb、P、Ti 处呈负异常之势。与典型火山(岛)弧玄武岩的微量元素标准化蛛网图相近。

3) 稀土元素

稀土元素含量见表 3-16,该组火山岩 $\Sigma REE=181.22\times10^{-6}\sim207.42\times10^{-6}$,平均为 198.88×10^{-6},稀土总量较高。$\Sigma LREE=149.27\times10^{-6}\sim170.73\times10^{-6}$,平均 164.41×10^{-6},$\Sigma HREE=14.63\times10^{-6}\sim16.89\times10^{-6}$,平均为 15.77×10^{-6},LREE/HREE=10.13~11.20,平均为 10.44,为轻稀土强烈富集型,$\delta Eu=0.64\sim0.76$,平均为 0.69,所有样品具不明显的负铕异常。其球粒陨石标准化配分型式图呈向右略倾斜的光滑曲线(图 3-19)。

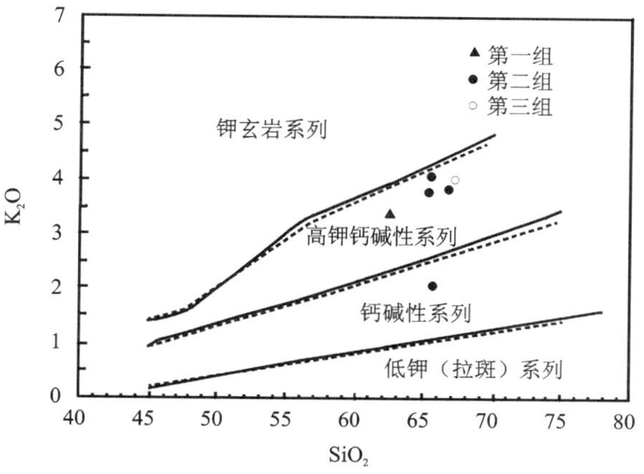

图 3-17 展金组火山岩 K_2O-SiO_2 关系图

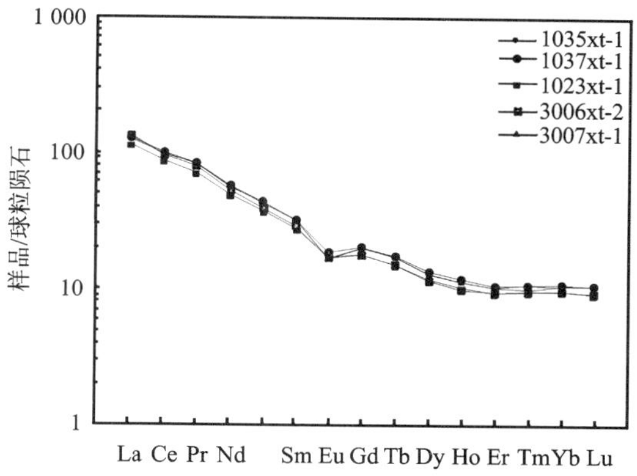

图 3-18 微量元素洋中脊玄武岩标准化蛛网图

4) 大地构造环境判别

该组火山岩在 Hf /3 - Th - Ta 图(图 3-20)中落入岛弧钙碱性玄武岩岩区,在 Rb -(Yb+Ta)和 Rb -(Yb+Nb)图(图 3-21)中均落入火山弧花岗岩岩区,说明展金组火山岩形成于岛弧构造环境。

表 3-15 展金组火山岩微量元素分析结果表

序号	微量样号	岩性	微量元素含量($w_B/10^{-6}$)												
			Nb	Sc	Zr	Th	Sr	Ba	V	Co	Cr	Ni	Rb	Ta	Hf
1	1023wl-1	石英安山岩	11.1	16	171	18.4	325	693	113	16.2	148	17.5	133	1	4.7
2	1035wl-1	辉石英安岩	11.1	16.6	206	22.1	347	788	112	17	119	16.6	169	1.2	5.8
2	1037wl-1	斑晶辉石石英安山岩	13.8	16.4	203	20.9	327	764	120	17.7	98	16.1	170	1.2	5.6
4	3006wl-2	黑云母安山岩	13.6	15.2	167	22.5	288	759	100	13.1	94	11.6	160	1	4.6
5	3007wl-1	辉石安山岩	13.7	17.1	197	22.7	328	766	119	15.6	150	14.4	163	1.1	5.5

表 3-16 展金组火山岩稀土元素含量表

序号	稀土编号	岩性	稀土元素分析结果($w_B/10^{-6}$)									
			La	Ce	Pr	Nd	Sm	Eu	Gd	Tb	Dy	Ho
1	1023xt - 1	石英安山岩	36.18	69.1	8.12	29.13	5.46	1.28	4.68	0.73	3.87	0.75
2	1035xt - 1	辉石英安岩	39.63	79.04	9.21	32.99	6.26	1.25	5.28	0.8	4.24	0.83
3	1037xt - 1	斑晶辉石石英安山岩	40.04	79.38	9.62	34.09	6.27	1.33	5.45	0.83	4.44	0.87
4	3006xt - 2	黑云母安山岩	41.73	75.19	8.91	31.2	5.6	1.26	4.67	0.73	3.81	0.74
5	3007xt - 1	辉石安山岩	42.27	77.54	9.45	33.21	6.1	1.21	5.27	0.82	4.27	0.83

续表 3-16

序号	稀土编号	岩性	稀土元素分析结果($w_B/10^{-6}$)					有关参数				
			Er	Tm	Yb	Lu	Y	ΣREE	ΣLREE	ΣHREE	ΣLREE/ΣHREE	δEu
1	1023xt－1	石英安山岩	2.02	0.33	2.04	0.31	17.22	181.22	149.27	14.73	10.13	0.76
2	1035xt－1	辉石英安岩	2.23	0.37	2.2	0.34	18.75	203.42	168.38	16.29	10.34	0.65
3	1037xt－1	斑晶辉石石英安山岩	2.31	0.36	2.28	0.35	19.8	207.42	170.73	16.89	10.11	0.68
4	3006xt－2	黑云母安山岩	2.03	0.33	2.02	0.3	17.97	196.49	163.89	14.63	11.20	0.73
5	3007xt－1	辉石安山岩	2.21	0.34	2.24	0.34	19.73	205.83	169.78	16.32	10.40	0.64

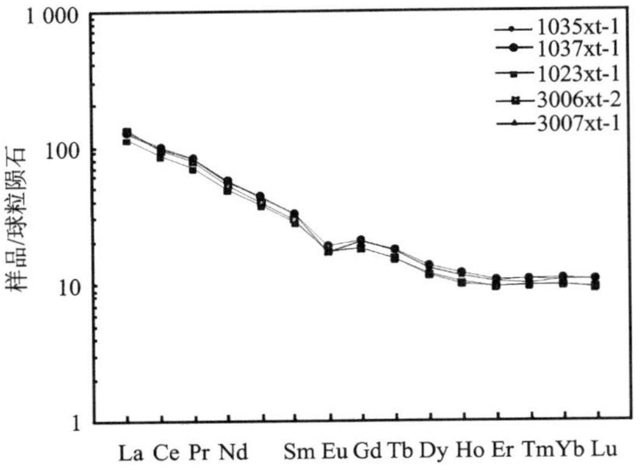

图 3-19　展金组中火山岩稀土元素球粒陨石标准化配分型式图

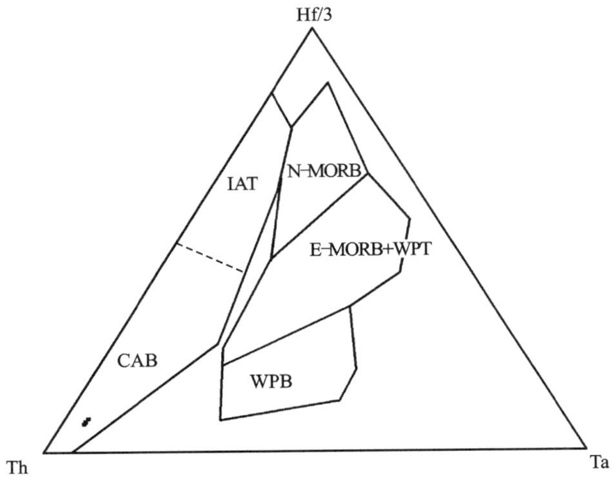

图 3-20　展金组火山岩 Hf/3－Th－Ta 图

MORB:洋中脊玄武岩;WPB:板内玄武岩;IAT:岛弧拉斑玄武岩;CAB:岛弧钙碱性玄武岩;WPT:板内拉斑玄武岩

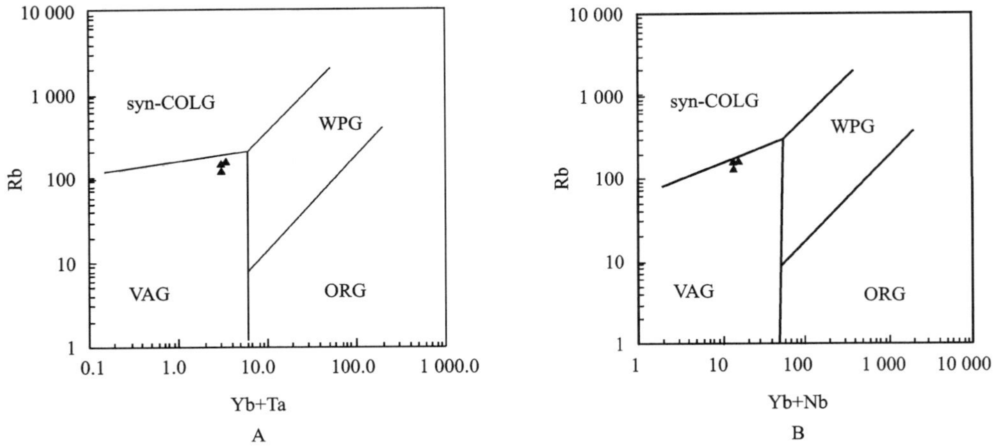

图 3-21　展金组火山岩 Rb－(Y＋Ta)、Rb－(Y＋Nb)图

ORG:洋脊花岗岩;VAG:火山弧花岗岩;WPG:板内花岗岩;syn－COLG:同碰撞花岗岩

5) 形成时代

该火山岩以夹层的形式产出于霍尔巴错群展金组中。本次工作在鲁玛江冬错北一带展金组火山岩中取了一个同位素年龄样品,由宜昌地质矿产研究所中南实验检测中心进行 U－Pb 同位素测年分析,结果见表 3-17,其中一个点获得了 274Ma 的 $^{206}Pb/^{238}U$ 表面年龄。

表 3-17 石炭纪—二叠纪火山岩 U - Pb 同位素年龄测试结果表

序号	岩石名称	采样位置	样品信息		表面年龄(Ma)			谐和线年龄(Ma)	上交点年龄(Ma)	下交点年龄(Ma)
			序号	点号	$^{206}Pb/^{238}U$	$^{207}Pb/^{235}U$	$^{(207/206)}Pb$			
3007TW-1	辉石安山岩	鲁玛江冬错北	1	0204004-1	192	188	280	1 316	1 316±574	119±102
			2	0204004-2	274	309	582			
			3	0204004-3	255	361	1 038			
			4	0204004-4	155	182	548			
1060TW-1	角闪石英安山岩	独立石湖东	1	0204001-1	199	159	203			
			2	0204001-2	143	149	243			
			3	0204001-3	257	287	534			
			4	0204001-4	256	289	566			
2021TW-1	碎裂岩化安山岩	独立石湖东	1	0204003 - 1	170	195	507			
			2	0204003 - 2	191	202	331			
			3	0204003 - 3	164	182	423			
			4	0204003 - 4	169	170	199			

前人将该套地层划分为石炭系—二叠系。本次工作在东部邻幅(托和平错幅)展金组中砂质灰岩、灰岩中新发现了大量䗴科化石,该化石通过南京古生物研究所鉴定,其种属为:*Neoshwagerina* sp. ind(新希瓦格䗴),*Kahlerna* sp. ind(卡勒䗴),*Verbeekina* sp. ind(费伯克䗴),*Chalaroschwagerina* sp.(松希瓦格䗴(未定种)),*Monodiexodina sutschanica* Dutkevich(苏特斯钱单通道䗴),*Rugosofusulina* sp.(皱壁䗴),*Monodiexodina* sp.(单通道䗴)。这些化石的时代为中—下二叠世。结合地质特征将测区鲁玛江冬错北一带火山岩形成时代置于石炭纪—二叠纪。

二、早—中二叠世火山岩

(一)曲地组火山岩

1. 地质特征

早—中二叠世火山岩主要分布于独立石湖、土则岗日雪山一带,在图幅南部鲁玛江冬错西、阿鲁错西一带也有零星出露,以夹层的形式发育于曲地组中,火山岩厚度较小,野外火山岩与沉积岩不易区分。火山岩主要岩性为辉石安山岩、角闪安山岩、流纹质熔结凝灰岩、沉凝灰岩。

2. 岩石学特征

区内曲地组中的火山岩有熔岩和火山碎屑岩两大类,据岩矿鉴定,和岩石化学分析(TAS 法和 OQNH 法),可划分为以下主要类型。

辉石安山岩 深灰色,斑状结构、基质具交织结构,块状构造。斑晶占 25%,其中斜长石 15%、辉石 10%;基质 75%,其中斜长石小于 45%、辉石 15%、磁铁矿 5%,石英少量。蚀变矿物为绢云母、绿泥石。

角闪安山岩 深灰色,斑状结构、基质具交织结构,块状构造。斑晶小于 15%,其中斜长石小于 5%、角闪石 10%;基质 85%,其中斜长石大于 72%、角闪石 5%、磁铁矿小于 5%,含钛矿物 3%。蚀变矿物为绢云母、绿泥石。

流纹质熔结凝灰岩 灰紫色,熔结凝灰结构,含气孔状构造,似流纹构造。玻屑大于 52%,浆屑

10%，岩屑 5%（主要为石英，少量斜长石），胶结物 30%（玻屑、浆屑、岩屑及铁质等）。

沉凝灰岩　灰绿色，沉凝灰结构，块状构造，由晶屑、岩屑、正常沉积物、胶结物组成。其中晶屑 15%（石英 5%，斜长石 9%、黑云母 1%），岩屑 50%（为流纹岩、安山岩），正常沉积物 15%（为泥岩、千枚岩、粉砂岩、石英岩），胶结物 20%（火山灰 5%、粘土矿物小于 15%、铁质少量）。

3. 岩石地球化学特征

1）岩石化学

曲地组火山岩的岩石化学成分及含量见表 3-18，火山岩具有从安山岩到英安岩连续过渡的特征。

安山岩类：岩石化学成分 SiO_2 一般为 57.21%，TiO_2 为 0.70%，Al_2O_3 为 15.22%，K_2O+Na_2O 为 5.58%，火山岩里特曼指数 $\sigma=2.19$，为钙碱性岩石。在 TAS 图解（图 3-22）上，落于 Ir 线的下方，为亚碱性安山岩类系列，另外据图 3-23 可知该火山岩类属钙碱性系列。

英安岩类：SiO_2 含量一般为 62.26%，TiO_2 为 0.96%，K_2O 为 2.61%，Na_2O 为 4.82%，K_2O+Na_2O 为为 6.29%，Al_2O_3 为 15.30%，火山岩里特曼指数（σ）为 2.05，属钙碱性岩石，在 TAS 图解（图 3-22）上处于 Ir 线的下方，为亚碱性英安岩系列，据图 3-23 可知，区内该火山岩类属高钾钙碱性系列。

表 3-18　曲地组、火山岩片火山岩岩石化学成分表

序号	样号	样品名	氧化物含量（w_B%）													总量	K_2O+Na_2O
			SiO_2	TiO_2	Al_2O_3	Fe_2O_3	FeO	MnO	MgO	Na_2O	CaO	K_2O	P_2O_5	H_2O^+	CO_2		
1	1074Gs-111-1	沉凝灰岩	72.13	0.11	12.18	0.59	1.42	0.07	0.16	1.84	1.26	7.78	0.03	0.82	1.34	99.73	9.04
2	1075Gs-1	角闪安山岩	57.21	0.70	15.22	1.88	3.62	0.16	2.31	6.79	3.89	1.69	0.12	2.39	3.80	99.78	5.58
3	1081Gs-1	辉石安山岩	62.26	0.96	15.30	2.97	3.85	0.12	1.54	4.82	3.68	2.61	0.19	1.28	0.20	99.78	6.29
4	1060Gs-1	角闪石英安山岩岩	62.18	0.70	16.16	1.51	3.05	0.08	2.51	2.37	4.38	3.02	0.19	2.55	1.06	99.76	7.40
5	2021Gs-2	碎裂岩化安山岩岩	58.93	0.96	15.31	5.74	3.35	0.09	2.08	3.11	4.29	1.88	0.20	2.36	1.48	99.78	6.17
6	2030Gs-1	安山岩	59.08	1.08	15.08	4.52	4.88	0.15	3.57	2.57	4.45	0.48	0.20	3.20	0.59	99.85	4.93
7	2030Gs-2	角闪安山岩	57.52	0.85	14.52	4.90	3.15	0.11	1.84	5.16	4.19	2.01	0.24	2.20	3.10	99.79	6.20

注：测试者为武汉岩矿实验室；测试方法为 X－射线荧光熔片法（XRF）。

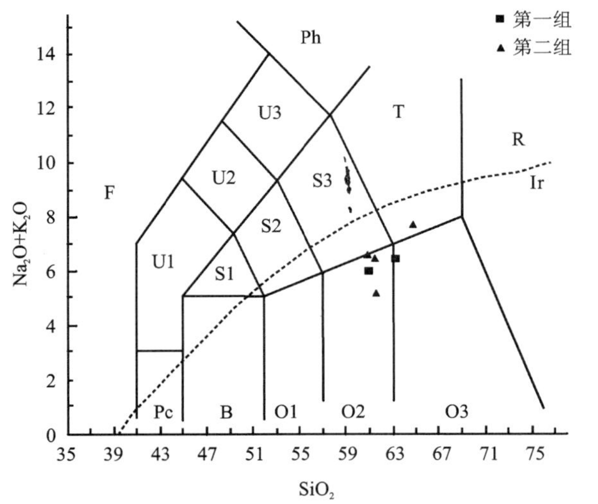

图 3-22　曲地组及岩片中火山岩（Na_2O+K_2O）－SiO_2 图解
Pc. 苦橄玄武岩；B. 玄武岩；O1. 玄武安山岩；O2. 安山岩；O3. 英安岩；R. 流纹岩；S1. 粗面玄武岩；S2. 玄武粗安岩；S3. 粗安岩；T. 粗面岩、粗面英安岩；F. 副长石岩；U1. 碱玄岩、碧玄岩；U2. 响岩质碱玄岩；U3. 碱玄质响岩；Ph. 响岩；Ir－Irvine. 分界线，上方为碱性，下方为亚碱性；第一组为曲地组火山岩；第二组为安山岩片

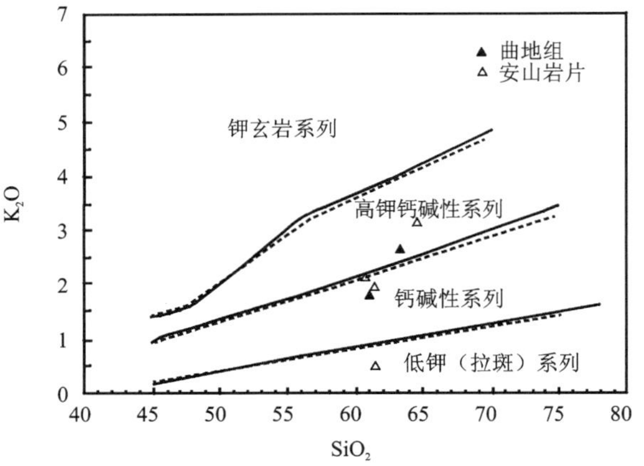

图 3-23　曲地组火山岩 $K_2O－SiO_2$ 关系图

2）微量元素

微量元素含量见表3-19(1、2号)，火山岩以富集大离子亲石元素(LIL)为特征，各类元素具有非常一致的曲线形态(图3-24)，具“三峰三谷”之特点，在K、Rb、Th、Ta、Ce、Zr、Hf处呈隆起的形态，在Nb、P、Ti处呈负异常之势，与典型火山(岛)弧玄武岩的微量元素标准化蛛网图相近。

表3-19　曲地组、火山岩片火山岩微量元素分析结果表

序号	微量样号	岩性	微量元素含量($w_B/10^{-6}$)												
			Nb	Sc	Zr	Th	Sr	Ba	V	Co	Cr	Ni	Rb	Ta	Hf
1	1075WL－1	角闪安山岩	8.6	16.8	138	10.2	284	591	128	27.2	352	36.6	57	0.79	3.8
2	1081WL－1	辉石安山岩	19.7	16.0	346	14.3	221	550	114	15.3	177	15.9	99	1.5	8.9
3	1060WL－1	角闪石英安山岩	19.5	17.0	209	15.8	345	773	85	19.7	165	36.1	109	0.89	5.7
4	2021WL－1	绿帘绢云绿泥片岩	40.2	23.4	266	6.2	402	1 102	385	47.1	43.5	39.1	39.6	2.38	6.8
5	2021WL－2	碎裂岩化安山岩	5.4	20.8	151	5.9	256	444	218	22.5	89.4	14.5	47.3	0.42	4.1
6	2030WL－1	安山岩	4.8	19.9	145	4.5	169	135	192	29.0	70.8	20.9	12.1	0.66	3.9
7	2030WL－2	角闪安山岩	4.8	18.4	151	6.0	251	476	161	15.3	86.0	6.1	42.1	0.54	4.0

3）稀土元素

稀土元素含量见表3－20(1、2号)，在稀土元素特征上，区内火山岩 $\Sigma REE = 124.84\times10^{-6} \sim 205.44\times10^{-6}$，稀土总量较高。$\Sigma LREE = 94.84\times10^{-6} \sim 154.92\times10^{-6}$，$\Sigma HREE = 13.25\times10^{-6} \sim 22.45\times10^{-6}$，LREE/HREE＝6.90～7.06，为轻稀土富集型，$\delta Eu = 0.75 \sim 0.80$，具负铕异常，其球粒陨石标准化配分型式图呈向右略倾斜的光滑曲线(图3-25)。

表3-20　曲地组、火山岩片火山岩稀土元素含量表

序号	稀土编号	岩性	稀土元素分析结果($w_B/10^{-6}$)									
			La	Ce	Pr	Nd	Sm	Eu	Gd	Tb	Dy	Ho
1	1075xt－1	角闪安山岩	21.66	42.47	5.31	20.06	4.31	1.03	4.00	0.63	3.58	0.69
2	1081xt－1	辉石安山岩	36.07	70.30	8.66	31.73	6.46	1.70	6.47	1.03	5.95	1.20
3	1060xt－1	角闪石英安山岩	44.10	84.55	10.17	35.05	6.57	1.57	5.63	0.86	4.53	0.87
4	2021xt－1	绿帘绢云绿泥片岩	43.51	81.32	10.34	39.34	7.53	2.53	7.06	1.09	5.69	1.06
5	2021xt－2	碎裂岩化安山岩	13.74	27.52	3.83	16.01	3.73	1.09	3.82	0.66	4.03	0.84
6	2030xt－1	安山岩	13.92	28.27	4.07	16.68	3.84	1.10	3.97	0.71	4.38	0.90
7	2030xt－2	角闪安山岩	18.54	36.79	5.18	21.46	4.97	1.43	5.52	0.90	5.37	1.10

序号	稀土编号	岩性	稀土元素分析结果($w_B/10^{-6}$)					有关参数				
			Er	Tm	Yb	Lu	Y	ΣREE	ΣLREE	ΣHREE	ΣLREE/ΣHREE	δEu
1	1075xt－1	角闪安山岩	1.91	0.31	1.85	0.28	16.75	124.84	94.84	13.25	7.16	0.75
2	1081xt－1	辉石安山岩	3.40	0.54	3.34	0.52	28.07	205.44	154.92	22.45	6.90	0.80
3	1060xt－1	角闪石英安山岩	2.22	0.35	2.18	0.33	21.21	220.19	182.01	16.97	10.73	0.77
4	2021xt－1	绿帘绢云绿泥片岩	2.59	0.37	2.18	0.31	23.19	228.11	184.57	20.35	9.07	1.05
5	2021xt－2	碎裂岩化安山岩	2.56	0.43	2.83	0.45	20.24	101.78	65.92	15.62	4.22	0.88
6	2030xt－1	安山岩	2.68	0.45	2.91	0.466	21.01	105.35	67.88	16.46	4.12	0.85
7	2030xt－2	角闪安山岩	3.11	0.49	3.08	0.48	28.04	136.46	88.37	20.05	4.41	0.83

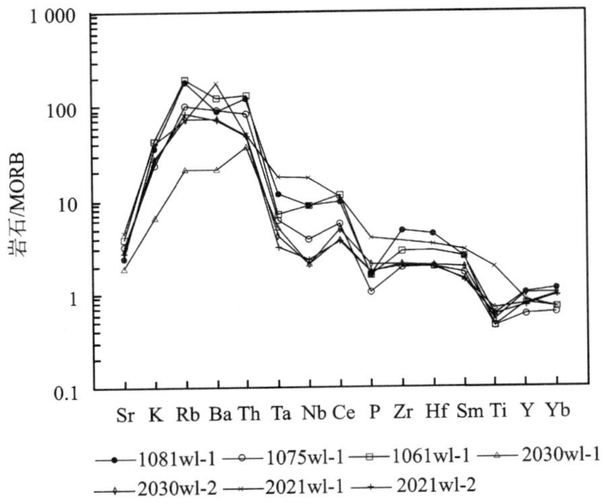

图 3-24　曲地组及岩片中火山岩微量元素洋中脊玄武岩标准化蛛网图

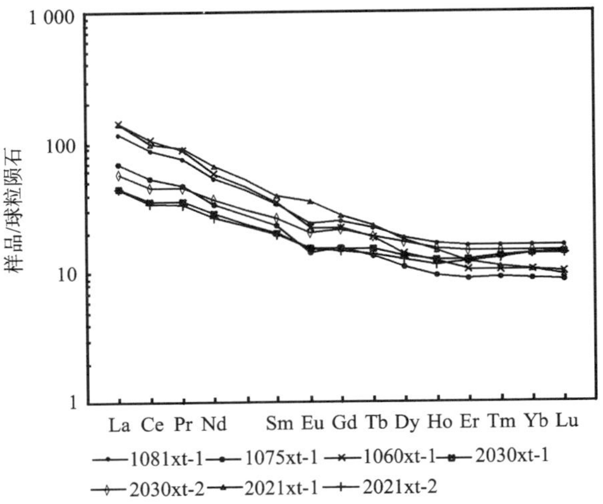

图 3-25　曲地组及岩片中火山岩稀土元素球粒陨石标准化配分型式图

4）大地构造环境判别

该组火山岩在 Hf/3－Th－Ta 图(图 3-26)中落入岛弧钙碱性玄武岩岩区，在 Rb－(Yb＋Ta)和 Rb－(Yb＋Nb)图(图 3-27)中，均落入火山弧花岗岩岩区，说明曲地组火山岩形成于岛弧构造环境。

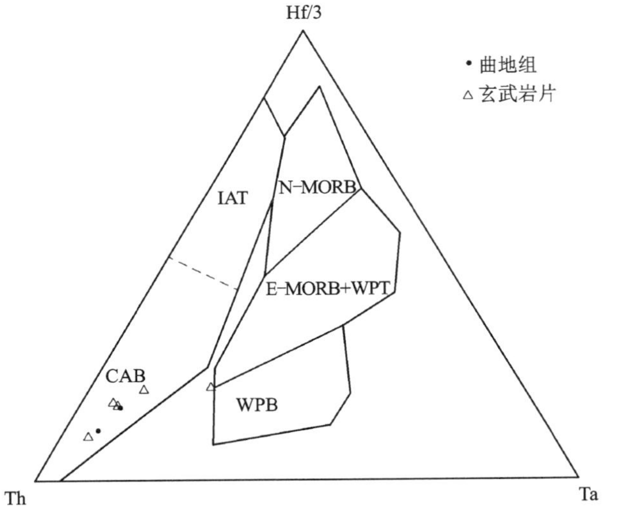

图 3-26　曲地组及岩片中火山岩 Hf/3－Th－Ta 图

MORB：洋中脊玄武岩；WPB：板内玄武岩；IAT：岛弧拉斑玄武岩；CAB：岛弧钙碱性玄武岩；WPT：板内拉斑玄武岩

（二）火山岩岩片

1. 地质特征

分布于土则岗日构造带中。主要出露于饮水河南和土则岗日北部一带，岩片呈北东向展布，安山岩岩片被新近系康托组呈角度不整合覆盖。部分火山岩已发生低绿片岩相变质，火山岩主要岩性为安山岩、角闪安山岩、角闪石英安山岩、绿帘绢云绿泥片岩。

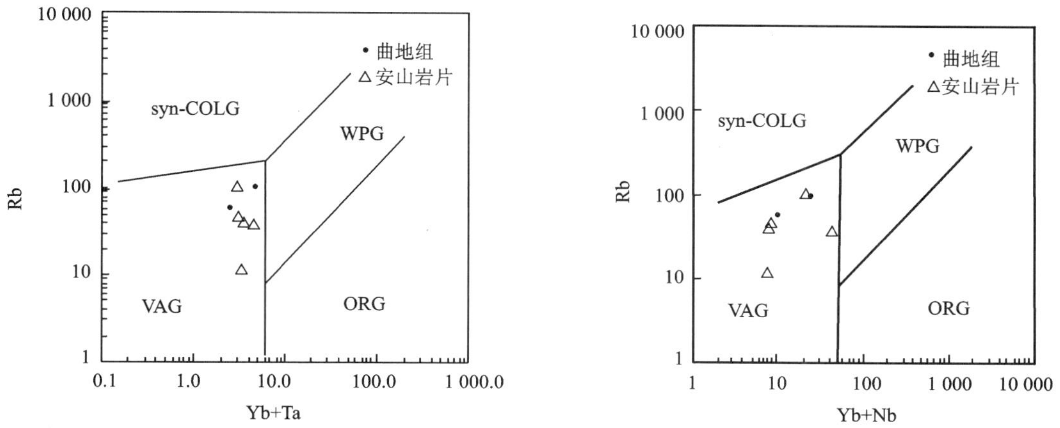

图 3-27 曲地组及岩片中火山岩 Rb -(Y+Ta)、Rb -(Y+Nb)图

ORG:洋脊花岗岩;VAG:火山弧花岗岩;WPG:板内花岗岩;syn - COLG:同碰撞花岗岩

2. 岩石学特征

安山岩 深灰色,斑状结构、基质具交织结构,块状构造。斑晶占 20%,其中斜长石大于 15%、暗色矿物小于 5%;基质 80%,其中斜长石小于 55%、绿泥石 10%、磁铁矿 15%,石英少量。蚀变矿物为绢云母、方解石、绿帘石、绿泥石。

角闪安山岩 深灰色,斑状结构、基质具交织结构,块状构造。斑晶占 15%,其中斜长石 13%、暗色矿物 2%;基质 85%,其中斜长石小于 60%、绿泥石 10%、磁铁矿 15%,石英少量。蚀变矿物为绢云母、方解石、绿帘石、绿泥石。

角闪石英安山岩 深灰绿色,斑状结构、基质具隐晶结构,块状构造。斑晶占 50%,其中斜长石小于 40%、角闪石 10%,石英少量;基质 50%,其中斜长石 35%、石英 5%、绿泥石小于 10%,金属矿物少量,锆石、磷灰石微量。蚀变矿物为绢云母、绿帘石、绿泥石。

绿帘绢云绿泥片岩 灰绿色,显微粒状鳞片变晶结构,片状构造。主要组成矿物:绢云母 30%,绿泥石 30%,绿帘石 20%,石英 15%,斜长石 3%,榍石小于 2%,金属矿物少量,蚀变矿物为绢云母交代斜长石。

3. 岩石地球化学特征

1) 岩石化学

安山岩片中各火山岩类的岩石化学成分见表 3-18,据岩石化学分类命名法(TAS 图解)(图 3-22),岩片中火山岩落入安山岩岩类和粗面英安岩岩类。

安山岩类:SiO_2 含量一般为 57.52%~59.08%,平均 58.51%,TiO_2 为 0.85%~1.08%,平均 0.96%,K_2O 为 0.48%~2.01%,平均 1.46%,Na_2O 为 2.57%~5.16%,平均为 3.61%,K_2O+Na_2O 为 4.93%~6.20%,平均为 5.77%,Al_2O_3 为 14.52%~15.31%,平均为 14.97%,火山岩里特曼指数 σ=1.51~2.65,属钙碱性岩石。在 TAS 图解(图 3-22)上处于 Ir 线的下方,为亚碱性安山岩系列,据图 3-23 可知,区内安山岩类大多数样品属钙碱性系列,仅有一件样品属低钾(拉斑)系列。

粗面英安岩岩类:其岩石化学成分 SiO_2 一般为 62.18%,TiO_2 为 0.70%,Al_2O_3 为 16.16%,K_2O+Na_2O 为 7.40%,火山岩里特曼指数 σ=2.86,为钙碱性岩石。在 TAS 图解(图 3-22)上,落于 Ir 线的下方,为亚碱性安山岩类系列,另外据图 3-23 可知该粗面英安岩岩类属高钾钙碱性系列。

2) 微量元素

微量元素含量见表 3-19(3—7 号),火山岩以富集大离子亲石元素(LIL)为特征(图 3-24),中性火山岩具"三峰三谷"之特点,显示除在 Ba 处含量有高有低外,在 K、Rb、Th、Ta、Ce、Zr、Hf 处呈隆起的形态,在 Nb、P、Ti 处呈负异常之势,与典型火山(岛)弧玄武岩的微量元素标准化蛛网图相近。

3）稀土元素

稀土元素含量见表 3-20（3—7 号），在稀土元素特征上，区内火山岩 ΣREE＝101.78×10^{-6}～228.11×10^{-6}，稀土总量较高。ΣLREE＝65.92×10^{-6}～184.57×10^{-6}，ΣHREE＝15.62×10^{-6}～20.35×10^{-6}，LREE/HREE＝4.12～9.07，为轻稀土富集型，δEu＝0.77～1.05，具不明显的负铕异常，其球粒陨石标准化配分型式图呈向右略倾斜的光滑曲线（图 3-25）。

4）大地构造环境判别

安山岩片中火山岩在 Hf/3－Th－Ta 图（图 3-26）中，大部分火山岩落入岛弧钙碱性玄武岩岩区，仅绿帘绢云绿泥片岩落入岛弧钙碱性玄武岩岩区的外围。在 Rb－（Yb＋Ta）和 Rb－（Yb＋Nb）图（图 3-27）均落入火山弧花岗岩岩区，说明该火山岩形成于岛弧构造环境。

5）形成时代

本次工作在独立石湖东一带安山岩片中取了两个同位素年龄样品，由宜昌地质矿产研究所中南实验检测中心进行 U-Pb 同位素测年分析，结果见表 3-17，其中一个点获得了分别为 257Ma、191Ma 的 ^{206}Pb/^{238}U 表面年龄。结合地质特征将测区曲地组火山岩形成时代置于中二叠纪。

第四章 变 质 岩

调查区内变质岩主要分布于南羌塘地层区及土则岗日构造带内，主要产出于石炭系—二叠系的霍尔巴错群擦蒙组、展金组、曲地组中，主要属区域浅变质岩系，该套变质岩内原岩结构构造仍有保留，故原岩类型仍清晰可辨，局部地段可见其变质（形）面理与原始（变余）层理不一致的现象，可根据变余沉积构造恢复原岩层序。北羌塘地层区仅靠近窝尔巴错-拜惹布错断裂带北侧的奥陶系饮水河组有极轻微的变质作用，其特征是在泥质岩中出现了绢云母、绿泥石等低级变质矿物。北羌塘地块下古生界变质程度明显低于南羌塘地块上古生界，反映出二者构造环境的差异。

另外有少量动力变质岩分布在窝尔巴错-拜惹布错断裂带和区内几条大断裂中。接触变质岩多沿岩体与围岩的外接触带分布。

变质岩岩石分类命名采用国家质量技术监督局（1998）发布的《变质岩岩石分类和命名方案》（GB/T17412.3—1998）提出的方案。

第一节 区域变质岩

一、区域变质岩岩石特征

测区变质岩种类较齐全，可分为 6 大类，42 种岩石。它们的特征如下。

（一）变质碎屑岩类

分布于南羌塘地层区和土则岗日构造带的石炭系-二叠系霍尔巴错群擦蒙组、展金组和曲地组及北羌塘地层区的奥陶系饮水河组，主要岩石类型有以下几种。

变质含砾长石岩屑砂岩 灰色，变余砂状结构，定向构造。石英呈次棱角、次圆状，部分压扁拉长，定向排列，粒度为 0.03～0.7mm，含量约 40%；长石多呈棱角状—次棱角状，粒度 0.1～1.0mm，含量小于 10%；岩屑（泥岩、火山岩、粉砂岩等）呈棱角状—次棱角状，粒度 0.1～1.5mm，含量约 10%；砾屑由白云岩、泥岩、花岗岩、粉砂岩、千枚岩、石英岩及钾长石等组成，棱角状—次棱角状，颗粒大小 2～25mm，含量大于 5%。胶结物粘土矿物多重结晶成绢云母、微粒石英，粒度小于 0.03mm，含量小于 15%；白云石粒度小于 0.03mm，含量约 20%。另有少量重矿物（绿帘石＋磷灰石＋电气石＋金属矿物）。

变质岩屑砂岩（钙质细粒岩屑砂岩） 灰色，细粒砂状结构，层状构造。石英碎屑粒度 0.1～0.4mm，含量小于 54%；岩屑粒度 0.1～0.5mm，含量约 23%；另有少量长石及重矿物锆石、电气石、金属矿物。方解石胶结物重结晶，且拉长定向分布于碎屑周围，粒度 0.02～0.3mm，含量小于 20%。粘土矿物杂基多重结晶成绢云母，粒度小于 0.01mm×0.1mm，含量约 3%。成分成熟度低。

变质岩屑石英砂岩 深灰色，变余砂状结构，定向构造。主要由石英、长石砂屑、泥岩、火山岩、白云母等岩屑组成，填隙物为方解石、粘土矿物等。粘土矿物大部分重结晶，且定向排列，部分砂屑碳酸盐化。石英粒度 0.03～0.5mm，以 0.06～0.25mm 为主，棱角—次棱角状，含量约 65%；白云母呈鳞片状，定向排列，粒度（0.1～0.2）mm×0.3mm，含量小于 5%；少量斜长石砂屑。方解石粒度 0.03～0.1mm，含量约 10%；粘土矿物粒度小于 0.005mm×0.05mm，含量小于 17%；重矿物锆石＋磷灰石＋电气石＋金属矿物含量约 3%。

变质砂岩　浅灰色、灰色、灰褐色，变余砂状结构，千枚状构造，定向构造，块状构造。岩石由石英、长石、白云母、硅质岩、石英岩等砂屑和已重结晶成绢云母、石英的胶结物组成，含少量锆石、电气石、磷灰石及金属矿物。其中石英含量小于65%，长石含量约2%，岩屑含量小于3%，绢云母约30%，定向排列，重矿物锆石＋磷灰石＋电气石＋金属矿物小于1%。原砂屑保留其棱角、次棱角、次圆状外形。

变质长石石英砂岩　深灰色，灰绿色，变余砂状结构（显微粒状变晶结构），千枚状构造，平行构造。岩石由石英、长石和少量云母、绿泥石、绢云母等组成，副矿物为电气石、锆石、磷灰石等。其中：石英粒度0.01～1.0mm，含量小于79%；斜长石粒度0.05～0.6mm，含量小于10%；云母片晶大小0.01mm×0.03mm～0.05mm×0.25mm，含量约2%；绿泥石含量小于10%；其他矿物含量约3%。石英、长石砂屑部分拉长、变晶，呈不规则外形，胶结物已变为绿泥石、绢云母。

变质石英砂岩　深灰色、灰色，变余砂状结构，千枚状构造，块状构造。岩石由砂屑石英、少量斜长石、石英岩屑、中酸性火山岩屑及胶结物组成，变余砂屑保留其次棱角状、次圆状外形，胶结物已全部重结晶成微粒石英、绢云母等，定向排列。副矿物为电气石、绿帘石、磷灰石、金属矿物等。其中：石英呈碎屑状，粒度0.03～2.0mm，个别可达2～5mm，含量大于50%；斜长石粒度0.05～0.5mm，次棱角、次圆状，含量小于10%；绢云母呈鳞片状，定向排列，片晶大小0.003mm×0.01mm～0.01mm×0.1mm，含量小于40%。

变质不等粒石英砂岩　深灰色，变余砂状结构，平行构造。岩石由石英、少量长石碎屑及胶结物组成，胶结物已全部重结晶成微晶石英、绢云母等，副矿物为电气石、锆石、磷灰石、绿帘石、金属矿物等。其中：石英分两种，一种为碎屑，次圆状，粒度0.1～1.5mm；另一种为微粒状，分布于碎屑中，粒度0.01～0.1mm，含量约小于94%；少量长石粒度0.1～0.5mm，次棱角、次圆状；绢云母片晶大小0.003mm×0.03mm～0.01mm×0.2mm，含量小于10%。

变质钙质石英砂岩　灰色，变余砂状结构，块状构造。碎屑成分主要为石英，分两类，一类为碎屑石英，保留其次圆状外形，部分压扁、拉长，大小0.1～0.7mm；另一种为微粒石英，充填于碎屑矿物间，大小0.01～0.05mm，含量约70%，另有少量斜长石碎屑。胶结物主要为方解石，重结晶成长条状，拉长定向，大小0.02～0.05mm×0.2mm，含量约25%；另有少量绢云母、氧化铁及副矿物（电气石＋绿帘石＋金属矿物）含量小于5%。

变质绢云石英砂岩　浅灰色，变余砂状结构，千枚状构造。岩石由石英、长石、云母及泥岩、千枚岩、火山岩岩屑和绢云母等组成，副矿物为电气石、磷灰石、锆石及金属矿物等。其中：石英粒度0.03～1.0mm，含量约60%；少量斜长石粒度0.1～1.5mm，含量约3%；云母呈鳞片状，大小0.03mm×0.1mm～0.05mm×0.4mm，定向排列，含量小于2%；岩屑含量小于3%；绢云母片晶大小0.01～0.1mm×0.1mm，定向排列，含量约30%；其他矿物（氧化铁＋锆石＋磷灰石＋电气石＋金属矿物）含量约2%。碎屑颗粒保留其次棱角、次圆状外形。

（变质）中细粒石英砂岩　深灰色，中细粒砂状结构，层状构造。碎屑成分以石英为主，普遍拉长定向，颗粒大小0.05～0.4mm，含量约85%；岩屑（泥岩＋火山岩＋粉砂岩）含量约4%；重矿物锆石＋电气石＋绿帘石＋金属矿物含量小于1%；另有少量斜长石。胶结物成分以硅质为主，少量碳质，含量约5%。杂基为粘土矿物，已重结晶成云母及微粒石英等，含量约5%。颗粒支撑，孔隙式胶结。岩石成分成熟度高，结构成熟度较低。

变质细粒石英砂岩　深灰色，变余砂状结构，块状构造。碎屑成分以石英为主，颗粒大小0.06～0.5mm，以0.1～0.25mm为主，部分次生加大，含量约85%；岩屑（泥岩＋火山岩＋白云母）含量小于3%；重矿物锆石＋电气石＋金属矿物含量约2%；另有少量斜长石，成分成熟度高。粘土杂基已重结晶成绢云母及微晶石英，含量小于10%。颗粒支撑，孔隙式胶结，结构成熟度较低。

变质粉砂岩　褐色、灰褐色，变余粉砂状结构，千枚状构造、变余层状构造。岩石由石英、斜长石粉砂及鳞片状绢云母、碳酸盐、氧化铁等组成，副矿物为电气石、磷灰石、锆石及金属矿物等。其中：石英粒度0.01～0.1mm，保留棱角、次棱角外形，含量小于62%；少量斜长石呈棱角状，粒度0.03～0.06mm；绢云母大小0.003mm×0.03mm～0.01mm×0.1mm，定向排列，含量小于30%；其他矿物（氧化铁＋锆石＋磷灰石＋电气石＋金属矿物)含量约3%。

变质含砂质粉砂岩　深灰色,变余含砂质粉砂状结构,显微鳞片粒状变晶结构,千枚状构造。石英、长石碎屑具棱角、次棱角、次圆状外形,其中石英颗粒大小为0.01～0.45mm,以小于0.06mm为主,含量约76%;长石大小为0.02～0.1mm,含量小于5%。胶结物已变为绢云母,呈鳞片状,大致定向排列,片晶大小为0.005mm×0.02mm～0.01mm×0.1mm,含量约15%。另不均匀分布有约3%的铁质,含量小于1%的副矿物(电气石＋绿帘石＋锆石)。

变质绢云粉砂岩　灰黑色,变余泥质粉砂结构,变余层状构造(千枚状构造)。泥质已大部分变为显微鳞片状绢云母,定向排列,长石、石英粉砂碎屑保留棱角外形。石英粒度0.01～0.06mm,含量大于50%;长石粒度0.02～0.05mm,含量小于5%;绢云母大小0.003mm×0.01mm～0.01mm×0.1mm,含量约37%;碳质含量小于5%;其他矿物(锆石＋磷灰石＋电气石＋金属矿物)含量约3%。

变质粉砂质泥岩(粉砂质粘土板岩)　灰黑色,变余粉砂质泥质结构,板状构造,变余层状构造。主要由粉砂、绿泥石、绢云母及粘土矿物组成,含少量金属矿物、氧化铁。粉砂主要由单晶石英和少量斜长石组成,颗粒大小0.01～0.06mm,含量约30%;绿泥石呈鳞片状,定向排列,大小0.03～0.15mm,含量约15%;绢云母呈鳞片状,定向排列,大小0.01～0.1mm,含量约15%;粘土矿物重结晶,定向排列,约占35%;金属矿物＋氧化铁含量小于5%。

(二) 千枚岩类

该岩类主要见于南羌塘地层区及土则岗日构造带的石炭系-二叠系霍尔巴错群擦蒙组和曲地组。主要岩石类型有以下几种。

绢云千枚岩　灰色,变余粉砂质泥质结构、斑状变晶结构、显微粒状鳞片变晶结构,变余纹层构造、千枚状构造。岩石主要由细小的绢云母、绿泥石、石英、长石及少量菱铁矿变斑晶等组成,偶见电气石、锆石。绢云母呈鳞片状、针状,定向排列,大小为0.001mm×0.02mm～0.01mm×0.05mm,含量约70%;绿泥石呈鳞片状,粒度小于0.05mm,含量约小于5%;石英大小0.01～0.03mm,含量约15%;长石大小0.03～0.06mm,含量约小于5%;菱铁矿变斑晶较自形,大小为0.2～0.7mm,含量小于5%。原岩为粉砂质泥岩。

绢云石英千枚岩　灰色、深灰色,(显微)鳞片粒状变晶结构(变余砂状、泥质粉砂状结构),千枚状构造。岩石主要由粒状变晶矿物石英、少量长石及鳞片状绢云母等组成,偶见磷灰石、锆石、含钛矿物、碳质。石英拉长定向,晶体大小0.01～1.5mm,含量小于58%;斜长石大小0.03～0.5mm,含量小于10%;绢云母呈鳞片状,定向排列,晶片大小为0.003mm×0.03mm～0.02mm×0.3mm,含量小于35%;铁质含量小于5%;碳质含量约2%。

菱铁矿化绢云石英千枚岩(变质粉砂岩)　灰褐色,显微鳞片粒状变晶结构(变余粉砂状结构),千枚状构造。主要由粒状变晶矿物石英、菱铁矿、少量鳞片状绢云母等组成。石英拉长定向,大小0.01～0.05mm,含量约50%;菱铁矿晶体大小0.02～0.08mm,含量小于40%;绢云母定向排列,片晶大小0.003mm×0.02mm～0.01mm×0.1mm,含量约10%;另见少量副矿物电气石、磷灰石。

含菱铁矿绢云千枚岩(变质砂岩)　褐灰色,变余粉砂状结构(显微鳞片粒状变晶结构),千枚状构造。主要由粒状变余石英砂屑、鳞片状绢云母及菱铁矿组成。石英保留其次棱角状、次圆状外形,略显压扁、拉长,多已重结晶成绢云母及微粒石英,大小0.005～0.03mm,含量约40%;菱铁矿晶体大小0.02～0.1mm,含量约10%;绢云母定向排列,片晶大小0.003mm×0.03mm～0.01mm×0.1mm,含量约50%;另见少量长石及副矿物电气石、锆石、金属矿物。原岩为岩屑石英砂岩。

含碳质铁质绢云千枚岩　灰黑色,显微鳞片变晶结构(变余含粉砂泥质结构),千枚状构造。岩石由绢云母、石英、长石等组成,含碳质、铁质。显微鳞片变晶矿物绢云母平行排列,长英质粒状矿物拉长定向分布其中。绢云母大小0.003mm×0.02mm～0.01mm×0.1mm,含量小于65%;石英晶体大小0.01～0.06mm,个别为0.2～0.3mm,含量约15%;碳质、铁质沿片理分布,含量约20%;另有少量长石,大小0.03～0.3mm。

含碳质含绿泥绢云千枚岩　灰黑色，显微粒状鳞片变晶结构，千枚状构造。岩石由绢云母、绿泥石、石英、斜长石及碳质、铁质组成，副矿物见磷灰石、锆石。鳞片状矿物绢云母、绿泥石定向排列，长英质矿物拉长定向。绢云母片晶大小为 0.003mm×0.02mm～0.01mm×0.1mm，含量约 40%；石英晶体大小为 0.01～0.03mm，个别为 0.06～0.1mm，含量约 35%；斜长石呈柱状，晶体大小为 0.02～0.06mm，含量约 5%；绿泥石片晶大小为 0.02～0.1mm，含量小于 10%；碳质沿片理条带状分布，含量小于 10%；另有少量铁质、磷灰石、锆石。

含方解碳质绢云千枚岩　灰黑色，显微鳞片变晶结构，千枚状构造。岩石由绢云母、石英、方解石及碳质组成，含少量金属矿物。鳞片状矿物绢云母定向排列，粒状矿物石英、方解石拉长定向。绢云母片晶大小为 0.003mm×0.01mm～0.01mm×0.06mm，含量约 50%；石英晶体大小为 0.003～0.03mm，个别为 0.06mm，含量大于 32%；方解石晶体大小为 0.02～0.1mm，含量约 5%；碳质含量约 10%；金属矿物含量小于 3%。

含黑云绢云石英千枚岩(变质砂岩)　深灰色，鳞片粒状变晶结构(变余砂状结构)，千枚状构造。岩石由石英、斜长石、绢云母、黑云母等组成，副矿物为磷灰石、电气石、锆石。石英分两类，一类为碎屑颗粒，保留原次棱角、次圆状外形，部分拉长定向，晶体大小为 0.1～0.4mm，另一类为微粒石英，拉长定向，大小为 0.01～0.1mm，总含量约 62%；斜长石晶体大小为 0.03～0.4mm，含量小于 5%；黑云母呈鳞片状，定向排列，片晶大小为(0.1～0.2)mm×0.5mm，含量大于 5%；绢云母呈鳞片状，定向排列，片晶大小为 0.005mm×0.05mm～0.01mm×0.1mm，含量约 25%；副矿物(磷灰石＋电气石＋锆石＋铁质)含量小于 3%。

（三）片岩类

该岩类主要分布于南羌塘地层区及土则岗日构造带的石炭系-二叠系霍尔巴错群擦蒙组、展金组和曲地组。主要岩石类型有以下几种。

绿帘绢云绿泥片岩　灰绿色，显微粒状鳞片变晶结构，片状构造。岩石主要由鳞片状绢云母、绿泥石、粒状矿物绿帘石、石英、少量长石等组成，见榍石、金属矿物。绢云母呈鳞片状，定向排列，片晶大小为 0.001mm×0.02mm～0.01mm×0.3mm，含量约 30%；绿泥石呈鳞片状，定向排列，片晶大小为 0.01mm×0.02mm～0.03mm×0.2mm，含量约 30%；绿帘石呈粒状，长轴定向，大小为(0.03～0.05)mm×0.2mm，含量约 20%；石英呈粒状，拉长定向，大小为 0.01～0.05mm，含量约 15%；斜长石呈粒状，拉长定向，大小为 0.03～0.1mm，含量约 3%；榍石、金属矿物含量小于 2%。

含黑云绢云片岩　深灰色，斑状变晶结构，基质为显微鳞片变晶结构，片状构造。岩石主要由绢云母、黑云母、石英、斜长石等组成，副矿物为磷灰石、锆石及金属矿物。鳞片状矿物绢云母、黑云母定向排列，局部受力弯曲显皱纹状，长英质粒状矿物拉长定向分布其中。黑云母片晶大小为 0.1mm×0.2mm～0.5mm×1.0mm，含量小于 10%；绢云母片晶大小为 0.01mm×0.03mm～0.015mm×0.2mm，含量约 49%；石英大小为 0.01～0.05mm，个别达 0.2mm，含量约 35%；斜长石大小为 0.03～0.3mm，含量小于 5%；副矿物(磷灰石＋锆石＋金属矿物)含量约 1%。

绿帘角闪片岩　深灰色，粒柱状变晶结构，片状构造。岩石主要由长柱状变晶矿物角闪石、粒状矿物绿帘石、石英、斜长石等组成，副矿物为榍石、磷灰石及金属矿物。角闪石与石英、斜长石各自集中呈条带状相间分布。角闪石部分绿泥石化，长轴定向排列，晶体大小为(0.1～0.3)mm×1.5mm，含量约 45%；绿帘石呈粒状，定向分布，大小为(0.03～0.1)mm×0.4mm，含量约 15%；石英大小为(0.02～0.1)mm×0.3mm，含量约 25%；斜长石拉长定向，大小为 0.02～0.2mm，含量小于 10%；榍石大小为 0.03～0.3mm，含量约 3%；磷灰石及金属矿物含量约 2%。

碳质绢云黑云片岩　黑灰色，显微粒状鳞片变晶结构，皱纹状构造、片状构造。岩石由黑云母、绢云母、石英、长石和碳质等组成，含少量金属矿物。黑云母、绢云母呈鳞片状平行排列成皱纹状，其间夹有细粒石英条带。黑云母定向排列，片晶大小 0.01mm×0.05mm～0.05mm×0.3mm，含量约 30%；绢云母大小(0.01～0.01)mm×0.05mm，含量约 15%；石英呈粒状，拉长定向，大小 0.01～0.2mm，以小于

0.1mm为主，含量约45%；碳质顺片理分布，含量大于10%；另有少量长石及金属矿物。

含夕线二云石英片岩 灰绿色，细粒鳞片粒状变晶结构，片状构造。岩石由白云母、黑云母、夕线石及石英、斜长石等组成，副矿物为锆石、金属矿物。鳞片变晶矿物白云母、黑云母定向排列，粒状矿物拉长定向。白云母片晶大小0.05mm×0.15mm～1.0mm×2.0mm，含量约20%；黑云母绿泥石化，片晶大小0.05mm×0.15mm～0.3mm×0.6mm，含量约15%；夕线石呈针状、纤维状，晶体大小0.003mm×0.05mm～0.15mm×0.5mm，含量小于5%；石英呈粒状，晶体大小0.05～0.4mm，含量约55%；斜长石呈粒状，晶体大小0.1～0.3mm，含量小于5%；另有少量副矿物(锆石＋金属矿物)。

方解绿泥片岩 灰绿色，粒状鳞片变晶结构，片状构造。岩石由鳞片状变晶矿物绿泥石、绢云母和粒状矿物方解石、石英等组成。绿泥石定向排列，片晶大小0.01mm×0.1mm～0.1mm×0.5mm，含量约小于40%；绢云母定向排列，片晶大小0.05mm×0.03mm～0.01mm×0.1mm，含量小于5%；方解石聚晶呈条带状、透镜状，晶体大小0.03～0.2mm，含量约40%；石英呈不规则状，大小0.03～0.1mm，含量约5%；金属矿物呈不规则状，不透明，分布不均匀，大小0.005～2.0mm，含量约3%；铁质呈黑褐色，沿片理面呈条带状分布，含量约大于7%。

（四）变粒岩类

该岩类见于南羌塘地层区清澈湖南部石炭系-二叠系擦蒙组中，分布较少。所见岩石类型主要为含石榴角闪斜长变粒岩。岩石呈浅灰绿色，斑状变晶结构，基质为粒状变晶结构，定向构造。岩石由粒状变晶矿物石英、斜长石、柱状角闪石及片状矿物黑云母、绿泥石等组成，含少量石榴石，副矿物为锆石、磷灰石、绿帘石、金属矿物。片、柱状矿物定向排列，长英质矿物拉长定向。角闪石变斑晶晶体大小为0.05mm×0.3mm～0.15mm×3.0mm，常含有细小斜长石、石英及绿帘石，矿物的包裹体形成筛状变晶，含量约10%；石榴石变斑晶晶体大小为0.2～0.5mm，含量约2%；石英晶体大小为(0.03～0.15)mm×0.4mm，含量约57%；斜长石绢云母化，晶体大小为0.03～0.3mm，含量约25%；黑云母呈鳞片状，片晶大小为0.01mm×0.05mm～0.05mm×0.5mm，含量约5%；副矿物(锆石＋磷灰石＋绿帘石＋金属矿物)含量小于1%。

（五）石英岩类

该岩类见于南羌塘地层区及土则岗日构造带的石炭系-二叠系霍尔巴错群展金组和曲地组。岩石类型有以下几种。

片状含绢云斜长石英岩 浅棕色，拉伸粒状变晶结构，定向构造。主要由粒状变晶矿物石英、斜长石、碳酸盐矿物及少量绢云母等组成，另有少量铁质及副矿物。石英、斜长石受应力作用压扁、拉长，定向排列。石英晶体大小为0.01mm×0.05mm～0.05mm×0.3mm，含量约77%；斜长石晶体大小为0.05～0.3mm，含量约10%；绢云母呈鳞片状，片晶大小为0.005mm×0.03mm～0.01mm×0.2mm，含量约5%；白云石晶体大小为0.05～0.3mm，含量约5%；铁质及副矿物含量约3%。

片状含白云母石英岩 褐灰色，拉伸粒状变晶结构，定向构造。主要由粒状变晶矿物石英、斜长石、碳酸盐矿物及少量白云母等组成，另有少量铁质及副矿物。粒状矿物石英压扁、拉长，定向排列，重结晶，晶体大小为(0.05～0.2)mm×0.6mm，含量约87%；粒状方解石晶体大小为0.03～0.1mm，含量约5%；白云母呈鳞片状，片晶大小为(0.05～0.2)mm×0.3mm，含量约5%；少量斜长石拉长、定向，绢云母化，晶体大小为0.1～0.3mm；铁质及副矿物含量约3%。

片状黑云母石英岩 灰色，细粒鳞片粒状变晶结构，片状结构、线状构造、透镜状构造。岩石主要由变晶矿物石英、黑云母及少量长石等组成，副矿物见锆石、电气石。粒状石英明显拉长定向，并经过粒化重结晶作用，晶体大小为(0.01～0.1)mm×0.3mm，含量小于79%；黑云母呈鳞片状，定向排列，片晶大小为0.003mm×0.05mm～0.02mm×0.3mm，含量约15%；粒状长石晶体大小为0.02～0.1mm，含量约5%；铁质矿物含量约1%。

片状绢云石英岩 深灰色、灰色，细粒状鳞片变晶结构，定向构造。片状构造，透镜状构造。岩石主要由粒状变晶矿物石英、鳞片状绢云母及少量长石等组成，含少量碳质、铁质，副矿物见锆石、磷灰石、绿帘石、电气石、金属矿物。石英明显拉长定向，晶体大小为(0.01～0.15)mm×0.8mm，含量约小于80%；绢云母定向排列，片晶大小为0.003mm×0.02mm～0.03mm×0.1mm，含量小于15%；粒状长石晶体大小为0.03～0.4mm，含量小于5%；碳质矿物沿片理分布，含量约3%；铁质矿物含量小于1%。

（六）变质侵入岩类

该类岩石出露于南羌塘地层区及土则岗日构造带的石炭系-二叠系霍尔巴错群擦蒙组、展金组和曲地组。主要岩石类型有以下几种。

变质花岗斑岩 浅灰绿色，变余斑状结构，基质为显微鳞片粒状变晶结构，块状构造。斑晶颗粒含量约15%，主要有：石英颗粒0.2～1.5mm，较自形，粒状，含量约5%；斜长石颗粒(0.3～0.5)mm×1.2mm，含量约3%；钾长石颗粒0.2～1.0mm，含量约7%。基质含量约85%，主要有：长石呈粒状，大小0.05～0.15mm，含量约50%；石英呈粒状，大小0.02～0.1mm，含量约15%；绢云母呈鳞片状，片晶大小(0.03～0.05)mm×0.15mm，含量约20%；另见少量副矿物磷灰石、锆石。

变质黑云母花岗斑岩 灰白色，变余斑状结构，基质为粒状变晶结构，块状构造。变余斑晶等保留原晶体形状，基质矿物、长石拉长定向，具波状消光，重结晶。斑晶斜长石呈板柱状，晶体大小0.5～1.5mm，含量约25%；钾长石晶体大小(0.5～3)mm×6mm，含量大于39%；片晶大小(0.3～1.5)mm×2.0mm，含量约5%。基质石英大小0.03～0.5mm，含量约25%；长石大小0.03～0.3mm，含量约5%。副矿物褐帘石、磷灰石含量小于1%。原岩为花岗斑岩。

变质闪长玢岩 灰绿色，变余斑状结构，块状构造。斑晶为斜长石，板柱状，较自形，绢云母化、碳酸盐化强烈，大小为0.2mm×0.4mm～1.0mm×1.5mm，含量约10%。基质中，斜长石大小(0.05～0.1)mm×0.2mm，含量大于42%；绿泥石呈鳞片状，大小0.05～0.5mm，含量约25%；方解石颗粒大小0.03～0.1mm，含量约15%；石英大小0.05～0.3mm，含量约3%；金属矿物大小0.03～0.2mm，含量约小于5%。原岩为闪长玢岩。

变质辉绿岩 黑绿色，变余辉绿结构，块状构造。主要由基性斜长石、辉石、绿泥石、方解石及少量石英组成，副矿物为含钛矿物、金属矿物等。斜长石较自形，粒度0.01mm×0.05mm～0.03mm×0.25mm，含量约40%；辉石部分绿泥石化，大小0.02～0.1mm，少量呈斑晶，大小0.2～0.6mm，含量约30%；绿泥石定向排列，呈鳞片状，大小(0.05～0.6)mm×0.5mm，含量约15%；方解石约占5%；石英约占4%；含钛矿物约占3%；金属矿物为磁铁矿、黄铁矿，约占3%。绿泥石化、碳酸盐化强烈。原岩为辉绿岩。

变质基性岩 灰绿色，变余辉绿结构，块状构造。岩石中纤闪石呈纤维状，颗粒0.1mm×0.3mm～0.25mm×1.0mm，含量约40%；绿帘石呈柱状，颗粒0.03～0.1mm，含量约20%；绿泥石呈鳞片状，页片大小(0.1～0.2)mm×0.4mm，含量约15%；钠长石颗粒0.05～0.2mm，含量约15%；石英颗粒0.05～0.15mm，含量约2%。副矿物榍石颗粒大小0.05～0.5mm，含量小于5%；磷灰石含量约3%。

变质中基性岩 灰绿色，粒柱状变晶结构，微显定向构造。岩石中阳起石呈纤维状，定向排列，晶体大小(0.2～0.7)mm×1.5mm，含量约41%；斜长石呈柱状，晶体大小0.2～1.0mm，含量约45%；绿泥石呈鳞片状，定向排列，片晶大小0.1～0.5mm，含量约5%；石英颗粒0.05～0.5mm，含量约3%。副矿物含钛矿物颗粒0.01～0.03mm，含量小于5%；磷灰石＋金属矿物含量约1%。

二、主要变质体变质作用特征

（一）区域变质岩变质地质单元划分

依据变质地质体地质特征、分布情况，结合区域构造背景，将调查区划分为南羌塘、北羌塘和土则岗日构造带3个变质区，涉及奥陶系饮水河组和石炭系-二叠系霍尔巴错群擦蒙组、展金组和曲地组等地质单位，跨加里东、海西两个变质时期。

通过对泥质—长英质碎屑岩和基性火山岩主变质期变质矿物共生组合的研究，结合区域资料，初步讨论了研究区变质温压条件。

（二）变质矿物及变质温压估算

特征变质矿物是区域变质作用的重要标志。其形成不仅受到原岩成分的控制，而且受变质过程中温压条件、化学流体等因素控制。本区变质程度总体较浅，常见特征变质矿物有绿泥石、黑云母、白云母、斜长石、绿帘石等，局部可见特征变质矿物角闪石、石榴石、夕线石。

1. 绿泥石

分布于变质基性岩、变质粉砂岩中，多呈绿色—深绿色，片径细小，常与钠长石、角闪石、绿帘石、绢云母共生，矿物成分分析结果及阳离子结果见表4-1。根据(Foster D，1962)对绿泥石各变种的划分，经阳离子结果投影，该绿泥石属铁绿泥石。

2. 黑云母

常呈显微鳞片状雏晶出现，呈浅黄—黄棕色、暗褐色，局部因构造动力变质作用呈鳞片状。矿物成分分析结果及阳离子结果见表4-1。一般为黑云母或Fe^{2+}黑云母。

3. 绢（白）云母

常呈显微鳞片状出现，少数因构造动力变质作用结晶较大，呈鳞片状—片状，略显弯曲揉皱，部分呈云母鱼状。无色，鲜艳干涉色，矿物成分分析结果及阳离子结果见表4-1。

4. 角闪石

呈柱状、纤柱状，浅绿色—绿色，结晶普遍细小，少数柱粒径达0.5×1.5mm，矿物成分分析结果见表4-1。角闪石属钙角闪石亚类($Ca_B \geqslant 1.34$)，据钙质闪石亚族矿物的分类作图投影，结晶显示，变质基性岩中的角闪石多属阳起石，与石榴石共生一起的角闪石属铁钙镁质角闪石。

5. 斜长石

呈粒状、半自形板状，无色，表面较洁净，部分具绢云母化，矿物成分分析结果及阳离子结果见表4-1。斜长石以钠长石为主，仅在4067B-1含石榴角闪斜长变粒岩中斜长石属倍长石An=74.6。

6. 石榴石

呈粒状，筛状变晶，粒径0.1～0.5mm，无色略带浅粉褐色，正高突起，均质体。

7. 夕线石

呈针柱状、毛发状，无色，常生长在云母基底上，结晶普遍细小，本区夕线石属动力作用成因夕线石。

8. 绿帘石

呈粒状，无色—略显黄色，正高突起，Ⅱ—Ⅲ级鲜艳干涉色，矿物成分分析结果及阳离子结果见表4-1。

据以上矿物组合特征及电子探针结果，区内变质温度在400～550℃，压力在0.2～0.5GPa。

表 4-1　矿物化学成分及阳离子数计算结果表

矿物	角闪石	斜长石	绿泥石	黑云母		绢(白)云母			绿帘石	
样号	4067B-1	4067B-1	4521B－1	1024B－1	4042B－1	2021B-1	3588B－1	4521B－1	2021B-1	2021B-1
层位	$T\gamma\beta$	C_2c	C_2c	C_2P_1zh	$P_{1-2}q^1$	P_2B^T	C_2P_1zh	C_2c	P_2B^T	P_2B^T
矿物名称	铁钙镁闪石	斜长石	绿泥石	黑云母		绢云母	白云母		绿帘石	
岩石名称	含榴角闪斜长变粒岩	含榴角闪斜长变粒岩	含夕线二云石英片岩	碳质绢云黑云母片岩	含黑云绢云石英千枚岩	绿帘绢云绿泥片岩	片状含白云母石英岩	含夕线二云石英片岩	绿帘绢云绿泥片岩	绿帘绢云绿泥片岩
SiO_2	42.06	49.36	27.26	36.47	36.92	44.97	47.63	46.83	39.48	38.67
TiO_2	0.15	0	0.47	1.91	2.2	0.28	0	0.56		0.06
Al_2O_3	17.72	32.1	20.96	18.82	18.01	23.64	36.67	36.12	27.66	21.63
Cr_2O_3	0.32			0.12	0.13				0.12	
FeO	19.44	0	30.42	19.78	18.76	12.64	1.45	1.25	4.54	13.96
MnO	0.56	0	0	0.28	0.33	0.48	0	0.21	0.39	0.21
MgO	5.22	0	8.35	9.07	9.31	5.44	0	0.25	1.72	
CaO	11.33	14.94	0.12	0	0.08	0.09	0	0	23.56	22.95
Na_2O	0	2.72	0.33			0.53	0	0.92		
K_2O	0.36	0.14	0.17	9.29	9.85	7.75	10.91	10.11		
合计	96.84	99.26	88.08	95.74	95.59	95.82	96.66	96.25		

阳离子数

TSi	6.227	Si	2.267	Si	2.09	2.51	2.54	2.87	2.83	2.8	2.46	2.54
TAl	1.773	Al	1.736	Al	1.89	1.52	1.46	1.78	2.57	2.54	2.03	1.67
CAl	1.317	Ti	0	Ti	0.03	0.1	0.11	0.01		0.03		0
CCr	0.037			Cr		0.01	0.01					
CFe^{3+}	0.723	Fe^{2+}	0	Fe^{2+}	1.95	1.14	1.08	0.67	0.07	0.06	0.24	0.77
CTi	0.017	Mn	0	Mn		0.02	0.02	0.03		0.01	0.02	0.01
CMg	1.152	Mg	0	Mg	0.95	0.93	0.95	0.52		0.02	0.16	
CFe^{2+}	1.684	Ca	0.735	Ca	0.01	0	0.01	0.01			1.58	1.61
CMn	0.07	Na	0.242	Na	0.05			0.07		0.11		
BCa	1.797	K	0.008	K	0.02	0.81	0.86	0.63	0.83	0.77		
BNa	0	Ab	24.6	Fe/Fe+Mg	0.672 4	0.55	0.53	0.56		0.75		
ACa	0	An	74.6	Mg/Fe+Mg	0.327 6	0.45	0.47	0.44		0.25		
ANa	0	Or	0.8									
AK	0.068											

（三）变质作用特征及期次

1. 变质矿物组合特征

测区变质岩岩石种类较多，变质矿物组合复杂，变质矿物组合以低温—中低温特征变质矿物组合为主。经统计全区能划分出17个矿物组合。

1）以低温—中低温为主的矿物组合

绢云千枚岩：绢云母＋绿泥石＋钠长石＋石英

绢云石英千枚岩：绢云母＋斜长石＋石英

菱铁矿化绢云石英千枚岩（变质粉砂岩）、含菱铁矿绢云千枚岩：绢云母＋菱铁矿＋石英

含碳质铁质绢云千枚岩：绢云母＋碳质＋铁质＋长石＋石英

含碳质含绿泥绢云千枚岩：绢云母＋绿泥石＋碳质＋铁质＋斜长石＋石英

含方解碳质绢云千枚岩：绢云母＋方解石＋碳质＋石英

含黑云绢云石英千枚岩（变质砂岩）：绢云母＋黑云母＋斜长石＋石英

绿帘绢云绿泥片岩：绢云母＋绿帘石＋绿泥石＋斜长石＋石英

含黑云绢云片岩：绢云母＋黑云母＋斜长石＋石英

碳质绢云黑云片岩：绢云母＋黑云母＋碳质＋斜长石＋石英

2）以中温—中高温为主的矿物组合

绿帘角闪片岩：角闪石＋绿帘石＋斜长石＋石英

含夕线二云石英片岩：白云母＋黑云母＋夕线石＋斜长石＋石英

片状含绢云斜长石英岩：白云石＋绢云母＋斜长石＋石英

片状含白云母石英岩：方解石＋白云母＋斜长石＋石英

片状黑云母石英岩：黑云母＋长石＋石英

片状绢云石英岩：绢云母＋长石＋石英

含石榴角闪斜长变粒岩：石榴石＋角闪石＋黑云母＋斜长石＋石英

2. 变质作用特征及期次

测区区域低级变质岩分布面积广阔，主要处于图幅北中部的窝尔巴错-拜惹布错断裂带以南，呈近东西向展布，岩石劈理、片理较为发育。

岩石变质作用方式以重结晶作用为主，重结晶矿物的长轴方向与层理一致，具有一定的定向性，原岩结构保存完好，发育各种变余结构。

岩石普遍发生低绿片岩相变质作用，出现以绿泥石＋绢云母＋石英为主的变质矿物组合，偶见黑云母雏晶，岩石类型以变质碎屑岩、千枚岩、片岩为主。变质程度均匀，反映了变质作用的温度较低、变化范围较小。变质岩的原岩以泥质岩类为主，部分为粉砂岩、砂质岩类，变质矿物主要为绿泥石、绢云母、钠长石、方解石及石英等，以出现低温低压型矿物及矿物组合为特征，表明测区的变质相系为低压型。

测区北羌塘地层区中仅靠近土则岗日构造带的奥陶系饮水河组发生了轻微变质作用，与南羌塘地层区中石炭系—二叠系变质程度没有明显差别，所以加里东运动并没有造成测区发生明显的变质作用。南羌塘地层区的石炭系-二叠系霍尔巴错群擦蒙组、展金组和曲地组均发生了变质作用，证明了测区海西期经历了一次变质作用。区内三叠纪地层基本未发生变质，与下伏地层呈角度不整合接触，证明了海西运动在测区表现强烈，造成区域变质作用的发生。海西期变质作用是测区变质范围最广、变质程度最深的一期。综上所述，测区的变质岩经历了低绿片岩相区域低温动力变质作用，海西期变质作用是测区最主要的一期变质作用。

第二节　动力变质岩

图幅内动力变质岩主要分布于土则岗日构造带边界断裂和鲁玛江冬错一带脆性断裂中。岩石类型主要为碎裂岩类，包括碎裂岩化岩石、碎斑岩。岩石类型特征如下。

碎裂状亮晶碎屑灰岩　灰白色，亮晶生物碎屑结构，块状构造。岩石裂隙发育，其间为亮晶方解石充填。生物屑呈破碎状，杂乱分布，大小为0.1～1.0mm，含量约50%。砂屑呈次棱角状，大小为0.1～1.5mm，含量约10%。胶结物为粒状方解石，大小为0.02～0.3mm，含量约40%。颗粒支撑，孔隙式胶结。主要产出于鲁玛江冬错北近东西向断裂带附近。

中基性碎斑岩（构造岩）　深灰绿色，碎斑结构，块状构造。碎斑呈棱角、次棱角状，主要由基性斜长石、次生矿物绢云母、粘土矿物和少量石英等组成，含量约45%；碎粒成分同碎斑成分，呈次棱角、次圆状，含量约10%；基质主要为绿泥石、绢云母，少量长英质矿物，含量约40%；副矿物为磷灰石、金属矿物，含量约5%。各矿物次生变化强烈。主要出露于独立石湖西窝尔巴错-拜惹布错断裂带中。

碎裂状泥晶灰岩　灰白色，泥晶结构，块状构造。岩石裂纹、裂隙发育，被亮晶方解石充填。主要由泥晶、微晶方解石和少量粉屑、石英、金属矿物组成。方解石呈柱状，分布不均匀，含量小于96%。粉屑呈次圆状，大小0.03～0.06mm，偶见生物碎屑。主要产出于鲁玛江冬错北近东西向断裂带附近。

碎裂岩化安山岩　深灰色，斑状结构，基质为交织结构，块状构造。岩石局部破碎成角砾状、碎粒状，其间被泥铁质、碳酸盐充填，碎块大小0.01～2.0mm，含量小于10%。岩石由斑晶和基质组成。斑晶由板柱状矿物斜长石和暗色矿物组成，其中斜长石部分绢云母化、碳酸盐化，晶体大小(0.15～0.2)mm×0.5mm，含量大于13%；暗色矿物多已绿泥石化，呈鳞片状，晶体大小0.15～0.3mm，含量小于2%。基质由斜长石、石英、绿泥石及磁铁矿等组成，其中：斜长石晶体大小(0.02～0.2)mm×0.1mm，含量约63%；石英晶体大小0.01～0.05mm，含量小于2%；绿泥石片体大小0.01～0.1mm，含量小于10%；磁铁矿晶体大小0.005～0.05mm，含量小于10%。产出于独立石湖西的窝尔巴错-拜惹布错断裂带北侧的安山岩岩片中。

第三节　接触变质岩

接触变质岩仅分布于侵入体外接触带。岩石类型主要有以下两种。

蚀变基性岩（辉绿岩或粒玄岩）　灰黑色，嵌晶含长结构，块状构造。岩石主要由次闪石化辉石、基性斜长石和少量绿泥石、石英、磁铁矿等组成，各矿物均发生次生蚀变，绿泥石、石英、钾长石充填于矿物间隙。辉石呈纤维状、长柱状，晶体大小为(0.1～0.15)mm×0.8mm，含量约35%；斜长石呈板柱状，晶体大小为(0.1～0.2)mm×0.7mm，含量小于50%；绿泥石呈鳞片状，片晶小于0.005mm，含量约10%；粒状石英及钾长石含量约1%；磁铁矿、含钛矿物含量约4%。

蚀变辉绿岩　灰绿色，间片结构，块状构造。岩石主要由基性斜长石、绿泥石及少量石英等组成，副矿物为磁铁矿，暗色矿物已蚀变为绿泥石。斜长石呈板柱状，晶体大小为0.05mm×0.2mm～0.1mm×0.5mm，含量大于62%；绿泥石呈鳞片状，片晶大小为(0.05～0.2)mm×0.4mm，含量约30%；石英呈粒状，分布于矿物间隙，晶体大小为0.02～0.2mm，含量约3%；磁铁矿充填于矿物间隙，晶体大小为0.01～0.03mm，含量约小于5%。

第五章　地质构造及构造演化史

第一节　区域地质构造背景和构造单元划分

一、区域地质构造背景

调查区位于青藏高原的北西部，隶属于羌塘-三江构造区，构造区南界为班公湖-怒江结合带，北界为金沙江结合带（图 5-1）。该区经历了漫长的构造变动历史，受不同时代岩石圈裂解与聚合的影响，特别是古生代以来特提斯大洋发生、发展至俯冲消亡，形成一个复杂的消减混杂岩带。后期由于印度板块强烈向北碰撞，青藏高原在新生代以来快速隆升，古老的构造结合带在新构造运动中重新活动，活动断裂构造、走滑拉分盆地形成，火山活动频繁，原来东西向展布的构造结合带发生了变形和变位，造成了区内独特的构造、地貌景观。

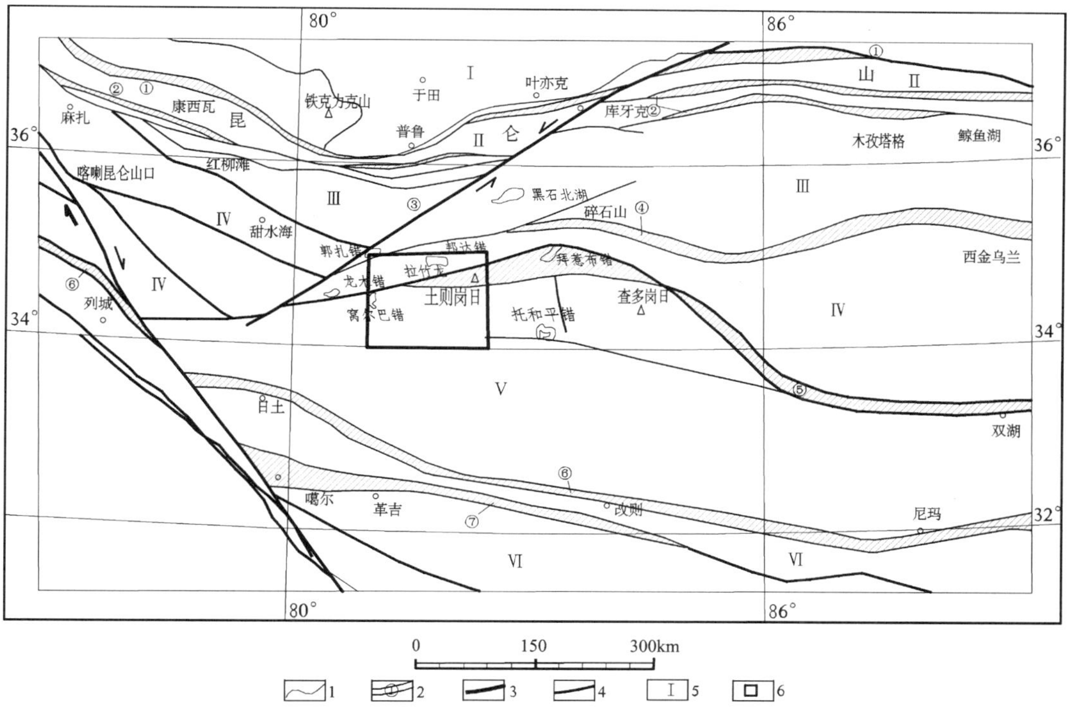

图 5-1　测区大地构造位置图

1. 地质界线；2. 结合带编号；3. 主要断裂；4. 次要断裂；5. 构造单元编号；6. 工作区范围；Ⅰ. 塔里木陆块；Ⅱ. 昆仑造山带；Ⅲ. 巴颜喀喇陆块；Ⅳ. 北羌塘地块；Ⅴ. 南羌塘地块；Ⅵ. 拉达克-冈底斯-拉萨-腾冲陆块；①库地-其曼于特结合带；②康西瓦-苏巴什-西大滩晚古生代结合带；③阿尔金断裂；④金沙江结合带；⑤龙木错-双湖结合带；⑥班公湖-怒江结合带；⑦狮泉河-申扎-嘉黎结合带

二、构造单元划分

在全球构造和大地构造格架研究中，大板块的边界是确定的。但在区域地质构造研究及中小比例尺地质填图中，构造单元划分是当前板块构造细结构研究的关键问题，也是区域地质研究中亟待解决的实际问题。调查区次级构造单元的划分主要考虑以下几个方面。

① 依据板块构造理论，结合大陆造山带研究的新进展，重点反映古生代以来的板块拼接和盆山耦合过程的基本特征及规律。

② 地层、古生物的发育和分布状况，以及地层沉积组合和不同时期地层间的相互关系等特点所反映的大地构造环境和地壳活动性。

③ 岩浆岩的发育状况，以及岩石、岩石化学和地球化学等特点所反映的构造环境和地壳活动性。

④ 所划分的构造单元应具有相对独立地质发展历史，构造单元的边界应是分隔重要的岩相带或岩相带突变的断裂。

⑤ 依据板块构造学说，充分考虑区域地质构造格架和调查区及周边地区最新研究成果。

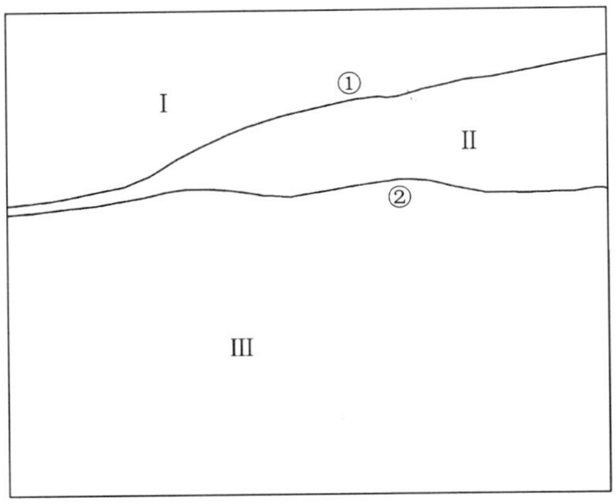

图 5-2　土则岗日幅构造单元划分图

Ⅰ.北羌塘地块；Ⅱ.土则岗日构造带；Ⅲ.南羌塘地块；①窝尔巴错-拜惹布错断裂；②窝尔巴错-三岛湖断裂

根据上述划分原则，测区Ⅰ级构造单元采用《青藏高原及邻区地质图说明书(1：1 500 000)》(中国地质调查局，成都地质矿产研究所，2004)划分方案，并与其二级构造单元泛华夏大陆晚古生代羌塘-三江构造区相当。调查区内以窝尔巴错-拜惹布错断裂带和窝尔巴错-三岛湖断裂带为界，可进一步划分3个次级构造单元(图5-2、表5-1)，北西部属北羌塘地块，南东为南羌塘地块，中部为土则岗日构造带。古生代沉积物、古生物特征和岩浆岩发育状况，以及构造变形特征表明，北羌塘地块和南羌塘地块在(晚)古生代以前分属华夏古陆和冈瓦纳古陆亲缘地体，与古特提斯洋发生、发展、消亡密切相关，显示出各自独特的地质构造运动发展历程；中生代开始，两个地块成为比较稳定的统一陆壳；经过燕山运动和喜马拉雅运动的叠加改造，造就了区内异常复杂的构造格局。

表 5-1　构造单元划分表

一级构造单元	次级构造单元	边界断裂
金沙江缝合带		
羌塘地块	北羌塘地块	
		窝尔巴错-拜惹布错断裂带
	土则岗日构造带	
		窝尔巴错-三岛湖断裂带
	南羌塘地块	
班公湖-怒江缝合带		

第二节　构造单元基本特征

一、北羌塘地块

1. 沉积建造

地块内主要出露奥陶纪—白垩纪浅海陆缘沉积，地层走向与构造线方向基本一致，为北东—北东东向，地层总体南老北新。

古生界分布于地块东南部边缘雅西尔沟—饮水河一带，发育奥陶系—石炭系，出露较为齐全，总体为相对稳定构造背景下形成的碎屑岩-碳酸盐岩沉积建造，岩石经较弱的变质和变形作用。奥陶系以细碎屑岩和碳酸盐岩为主，灰岩中可见角石、螺、海百合茎等，顶部发育铁质氧化岩、内碎屑铝质岩；志留系以石英含量较高的碎屑岩为主，夹碳酸盐岩，化石主要有角石、三叶虫、牙形刺、慧形虫和腹足类；泥盆系下部为细碎屑岩，上部为碳酸盐岩，化石主要为珊瑚、腹足类及腕足类，腕足类化石主要是法门期（Famennian）的代表，显示了与阿富汗和华南地区腕足动物群的相似性；石炭系为碳酸盐岩夹陆源碎屑岩，含丰富的珊瑚、腕足类化石等。地层特征和生物组合特征与华夏区相当，显示出华夏复合古陆南部边缘活化台地拉张沉陷的构造环境。

三叠系下统万泉河群不整合于下伏地层之上，分布于雅西尔沟南、万泉河北一带，为一套碎屑岩和碳酸盐岩建造，岩石组合特征、沉积构造以及生物化石特征皆说明其形成于气候温暖的浅海环境。侏罗系为一套正常浅海环境的碳酸盐岩建造和细碎屑岩-泥页岩建造，白垩系与下伏侏罗系呈角度不整合接触，总体为一套前陆盆地沉积建造，新近系为一套山间盆地磨拉石建造。

2. 构造特征

北羌塘地块内共发育断裂 14 条（图 5-3，表 5-2，1—14 号），其中北东向断裂 9 条，近东西向断裂 2 条，北西向断裂 3 条，以北东向断裂为主，集中分布于邦达错和雅西尔沟一带，近平行展布。阿尔金断裂从邦达错北部一带通过，从区域上看，地块内断裂均可纳入阿尔金断裂系。

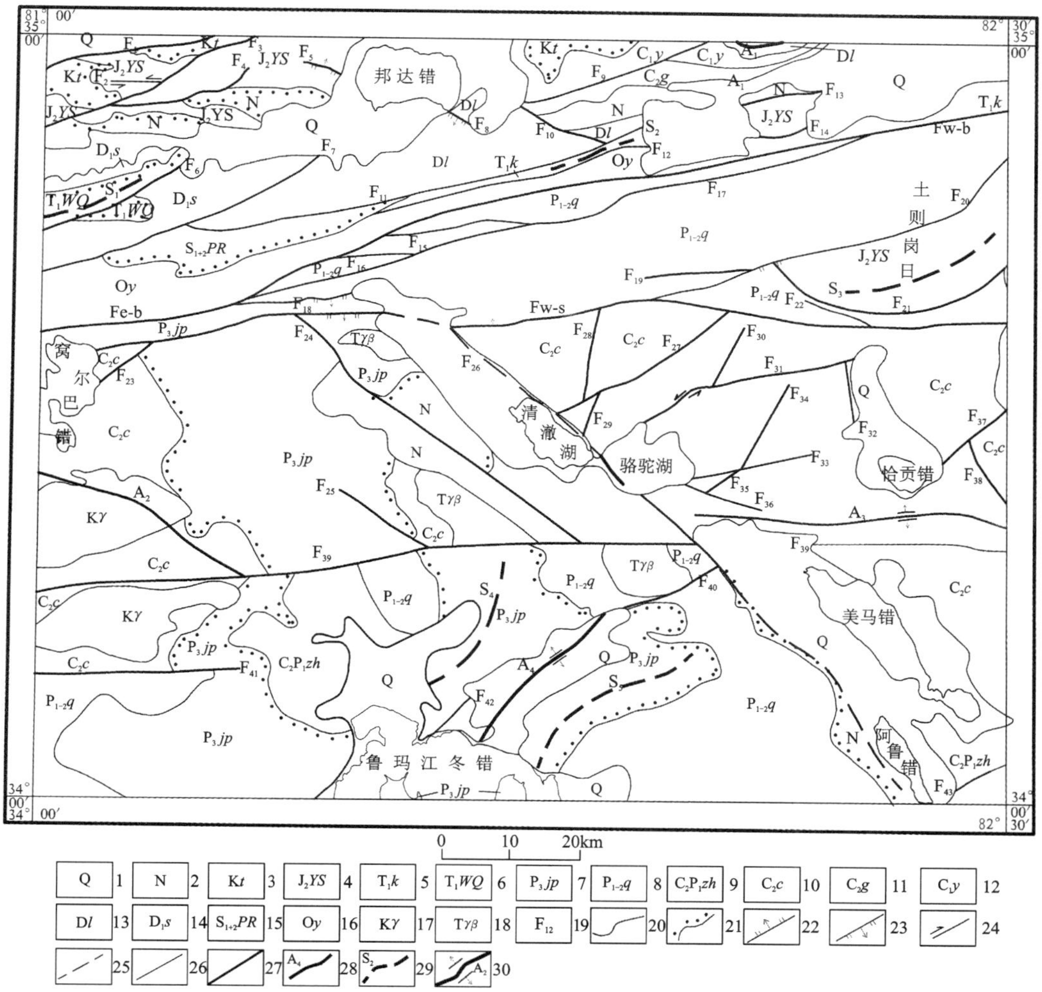

图 5-3　构造纲要图

1. 第四系；2. 新近系；3. 白垩系铁隆滩组；4. 侏罗系雁石坪群；5. 下三叠统康鲁组；6. 下三叠统万泉河群；7. 上二叠统吉普日阿组；8. 二叠系曲地组；9. 石炭系-二叠系展金组；10. 上石炭统擦蒙组；11. 上石炭统冈玛错组；12. 下石炭统月牙湖组；13. 泥盆系拉竹龙组；14. 泥盆系兽形湖组；15. 志留系普尔错群；16. 奥陶系饮水河组；17. 白垩纪花岗岩；18. 三叠纪黑云母花岗岩；19. 断层编号；20. 地质界线；21. 不整合接触界线；22. 正断层；23. 逆断层；24. 平移断层；25. 隐伏断层；26. 性质不明断层；27. 区域性大断裂；28. 背斜及编号；29. 向斜及编号；30. 复背斜及编号

表 5-2 褶皱登记表

编号	褶皱名称	褶皱特征	长度(km)	宽度(km)
A_1	双点达坂背斜	褶皱地层为泥盆系、石炭系,位于图幅北部边缘,轴向 70°~85°,核部为泥盆系兽形湖组,北翼出图,南翼向外依次为泥盆系拉竹龙组一段、二段,石炭系月牙湖组一段、二段以及石炭系冈玛错组。受后期构造改造,轴迹弯曲,两翼产状杂乱,总体走向北东东,倾向北翼北倾,南翼南倾,倾角变化较大	>6.0	4.0
A_2	窝尔巴错背斜	褶皱地层为石炭系霍尔巴错群,轴向 300°,核部主要为擦蒙组,其中有白垩纪花岗岩侵入,构成高山地貌。两翼产状变化大,总体北翼走向北西,倾向北东,南翼北东,倾向南东。背斜向南东倾伏,南翼被泉水河断裂切割、破坏	30.0	13.0
A_3	恰贡错复背斜	褶皱地层为石炭系霍尔巴错群擦蒙组,背斜呈东西向展布,受后期构造改造强烈,两翼产状变得较杂乱。褶皱西延被北西向清澈湖-美马错断裂截切,东延出图。复式背斜两翼发育次级背向斜构造,褶皱地层中发育劈理	>50.0	20.0
A_4	鲁玛江冬错北背斜	褶皱地层为二叠系曲地组和吉普日阿组。总体北东(东)向展布,地貌上为一宽阔的谷地,在谷地中部和两侧可见曲地组零星分布。两翼为吉普日阿组,地层倾向、倾角变化大,为直立倾伏褶皱	20.0	8
S_1	万泉河向斜	褶皱地层为三叠系万泉河群及泥盆系兽形湖组。三叠系万泉河群角度不整合覆盖于泥盆系兽形湖组之上。向斜核部由三叠系万泉河构成,形成正地形,为山脊;向斜两翼为泥盆系兽形湖组,多被剥蚀,形成谷地。三叠系地层倾角 20°~40°、泥盆系地层倾角在 30°~60°之间变化。向斜呈北东向展布,北东端被第四系沉积物覆盖,南西延伸出图外	20.0	5.0
S_2	普尔错西向斜	褶皱地层为三叠系康鲁组,轴迹 75°,枢纽产状 83°∠12°,直立倾伏褶皱。两翼被断裂切割,北为泥盆系拉竹龙组,南为奥陶系饮水河组	10.0	1.5
S_3	土则岗日向斜	褶皱地层为侏罗系雁石坪群,近东西向展布,西端被断层切割,向东延伸出图外。地貌上形成高山,核部有少量石英斑岩侵入,向斜南北两侧为断层限制	25.0	8.0
S_4	鲁玛江冬错北向斜	褶皱地层为二叠系吉普日阿组,北东向展布,形成高山地貌	22.0	6.5
S_5	鲁玛江冬错北东向斜	褶皱地层为二叠系吉普日阿组,北东向展布,形成高山地貌	15	5

该地块中褶皱构造较为发育,饮水河北部下古生界形成一复杂的复式向斜。邦达错一带中生代地层和新近系中发育开阔褶皱,资料表明地块中褶皱构造主要形成于印支期和喜马拉雅期构造运动。

3. 地质演化

区内北羌塘地块主要特点是从奥陶纪—白垩纪为基本连续的浅海陆缘沉积建造,岩浆活动不发育,在整个特提斯洋演化过程中始终保持其独特特征。其演化历程简述如下。

在古生代,北羌塘地块属华南(微)板块的亲缘地体,共同处于冈瓦纳大陆北部边缘,北羌塘地块与扬子地块在古生代期间地层、古生物特征基本一致。晚古生代晚石炭世—早二叠世,冈瓦纳大陆裂解,特提斯洋开始形成,北羌塘地块始终处于特提斯洋的北侧大陆边缘。三叠纪时,在特提斯洋演化过程中形成的由石炭系—二叠系活动型沉积建造拼贴于北侧大陆之上,在北羌塘地块与南羌塘地块间形成土则岗日构造带。中生代,三叠纪—白垩纪继续沉积了浅海相沉积建造。古近纪至今,北羌塘地块与整个青藏高原一起处于隆升构造阶段。

二、南羌塘地块

南羌塘地块位于青藏高原核心部位，涉及青藏高原大地构造单元、构造地层区的划分，欧亚大陆和冈瓦纳大陆的分界，古特提斯洋的演化等诸多重大基础地质问题。据目前资料，南羌塘地块南以班公湖-怒江结合带为界，北以龙木错-双湖结合带与北羌塘地块相邻，向东接复杂的三江构造带，可以说是解决晚古生代古特提斯洋演化的理想地区。由于图区范围所限，尽可能以实际工作中观察的资料，为区域地质构造研究提供依据。

1. 沉积建造

地块内石炭系—二叠系分布广泛，主要分布于窝尔巴错—土则岗日—三岛湖以南地区。从下向上划分为上石炭统擦蒙组（C_2c）、上石炭统-下二叠统展金组（C_2P_1zh）、下—中二叠统曲地组（$P_{1-2}q$）、上二叠统吉普日阿组（P_3jp）。经历了轻微变质作用，原岩类型易识别，但地层层序识别有一定困难。

擦蒙组岩性以碎屑岩为主，以出露大量代表冰海沉积的含砾板岩为特征，厚度较大，据李才等研究认为，可能与当时所处位置靠近赤道，受温暖洋流影响较大，使冰体融解而形成。

展金组以变质碎屑岩、火山岩为主，局部夹灰岩及硅质岩。火山岩以夹有多层变质沉凝灰岩、玄武岩和灰岩为特征，据火山岩地球化学特征初步判定，为一套岛弧型火山岩建造。灰岩中含新希瓦格䗴、卡勒䗴费伯克䗴、松希瓦格䗴（未定种）、苏特斯钱单通道䗴、皱壁䗴、单通道䗴等生物化石，其中单通道䗴属冷水型动物群，反映其形成环境处于较高纬度地区。

曲地组岩性较复杂，下部以碎屑岩为主，夹多层灰岩、硅质岩和火山碎屑岩及安山岩；上部为灰—灰黑色灰岩、生物屑灰岩，局部夹碎屑岩和硅质岩。

吉普日阿组与下伏地层为不整合接触关系。底部为灰色块状砾岩，之上为灰褐色薄层含砾砂岩、褐黄色中—薄层细砂岩夹粉砂岩、黑色灰岩，厚度较小，出露不稳定；下部为黑色薄层—中厚层泥晶灰岩；上部为紫红色厚层砾状灰岩，灰白色白云质灰岩、礁灰岩等，灰岩白云岩化强烈，厚度巨大，遥感影像上为亮灰白色，呈正地形，具“岩溶”地貌特征。

2. 侵入岩

地块内岩浆侵入活动与断裂构造关系密切，主要有三叠纪和白垩纪酸性侵入体。

酸性侵入体分布较广，按产出状态可分为两类：一是分布于清澈湖断裂以西窝尔巴错东南一带，这类侵入体规模较大，呈岩基状产出，岩性有黑云母花岗岩和花岗岩；另一类是分布于清澈湖断裂以东托和平错—土则岗日一带，分布零星，侵入体规模较小，呈脉状或小岩株状产出，受清澈湖断裂的控制，其长轴方向与断裂走向一致，岩性主要有花岗斑岩、花岗闪长岩和少量闪长岩。岩体（脉）全部侵入于石炭系-二叠系霍尔巴错群中，时代为印支—燕山早期。

3. 构造形迹

单元内构造变形较强，褶皱、断裂构造均十分发育。褶皱变形可分为三期，早期为海西期，之后为燕山期，晚期为喜马拉雅期，褶皱叠加样式为北北东向开阔褶皱叠加早期近东西向褶皱。开阔褶皱轴线以北东东向为主，背斜与向斜相间出现。

断裂以东西、北西、北东向三组较为发育。近东西向断裂构造主要形成于晚海西运动，该期断裂基本控制了区内石炭纪—二叠纪地层的空间分布格局，断裂性质多为压性逆断层，规模较大，呈波状延伸，断面向北倾，少数倾向南，倾角一般50°～70°，区内东部发育的大量基性岩脉沿此方向断裂分布；印支—燕山运动使区内形成大量北西向断裂，北西向断裂在北羌塘地块中不发育，在南羌塘地块中表现明显，全部终止于窝尔巴错-三岛湖断裂带，规模较大的有清澈湖-美马错断裂，该方向断裂活动使石炭系—二叠系空间分布发生改变，断裂附近糜棱岩、千糜岩发育，特别是在美马错大断裂带附近，应变矿物定向排列明显，表明局部应力集中，沿断裂带有中生代酸性岩浆活动，该期断裂基本奠定了本区构造格架；喜马拉雅期断裂活动强烈，使前期形成的断裂重新活动，主要表现为平移性质。该期断裂控制了新近纪山间盆地和现代湖泊分布，如美马错、阿鲁错、清澈湖和骆驼湖等，区内有多处温泉呈串珠状产出，说明断裂现在还在持续活动。另外喜马拉雅期在南北向持续挤压作用下，在测区东部一带形成少量南北向张性断层，规模较小。

4. 地质构造演化

区内南羌塘地块内未见基底出露，因此，只依据地块内浅表层次物质组成进行讨论。

晚石炭世—早二叠世早期，地块处于赤道以南中低纬度区，沉积了擦蒙组冰海砾岩和展金组含单通道鏟的碳酸盐、硅质岩和少量火山碎屑岩建造，总体处于伸展构造背景。

早二叠世，伸展作用加剧，有大量中性—基性火山喷发，表明扩展作用达到顶峰，稍晚伴随有少量的辉绿岩(墙)侵入。

中二叠世开始，扩张作用结束，转入闭合过程。古生物特征表明与华南地区基本一致，沉积物以碳酸盐岩为主，早期还有厚度较大的硅质岩。

晚二叠世，沉积物表现为下部少量粗碎屑岩，上部为厚度较大的灰岩、生物灰岩和礁灰岩建造，岩石白云岩化强烈，说明当时海水变浅，增生于北部大陆南侧，成为新特提斯班-怒洋北侧被动大陆边缘。

三叠纪缺失下、中三叠统，地块曾露出水面之上，经受剥蚀。晚三叠世由于板内伸展作用，向南发生海侵，地块再度被海水淹没，沉积一套滨浅海陆棚环境碎屑岩和碳酸盐岩建造，局部为活动型边缘海山环境，上三叠统不整合于下伏地层之上。

中侏罗统之后，南侧班公湖-怒江洋由离散型变为汇聚型，单元构造环境由被动大陆边缘变为前陆盆地，海水南移，沉积了厚度较大，面积宽广的侏罗系。晚侏罗世班-怒洋向北俯冲，测区抬升成陆，三叠纪地层形成中常直立褶皱，同时形成东西向走滑断裂，早期形成的北东、北西向断裂再次活动。晚白垩世由于弧陆碰撞，测区进入陆内汇聚造山阶段，晚白垩纪中酸性岩体侵位。新近纪开始，南羌塘地块与青藏高原一起处于隆升构造阶段，新近纪断陷盆地沉积了一套粗碎屑岩建造。

三、土则岗日构造带

1. 分区依据

该带为北羌塘地块和南羌塘地块的分界构造带，构造带两侧沉积物、古生物特征、岩浆活动和构造形态等方面都有明显不同。

从地层特征看，南北两个地块古生界在沉积环境、古生物特征方面存在较大差别，形成鲜明的对比，三叠纪之后沉积特征趋于一致。北羌塘地块发育奥陶系—石炭系稳定浅海相沉积，生物特征与华夏生物群一致；而南羌塘地块石炭系—二叠系表现为次稳定-活动型沉积建造，古生物具冷暖型混生特点。岩浆活动在北羌塘地块不发育，区内岩浆岩出露较少；南羌塘地块中在晚石炭世—早二叠世有火山喷发，中、晚二叠世有大量基性岩脉侵入，中生代酸性岩浆活动较强。在构造形态方面，北羌塘地块断裂构造发育北东(东)向断裂；南羌塘地块中断裂构造较为复杂，有近东西向、北西向、北东向和少量南北向断裂，其中北西向断裂均止于窝尔巴错-拜惹布错断裂带。

2. 构造带特征

该构造带横贯图幅，宽数百米至数十千米不等，在图幅内呈近东西向(北侧为北东东向)延伸，西部向窝尔巴错一带聚敛，东部向东呈喇叭状撒开，在图幅东部土则岗日一带最宽，近30km(图版ⅩⅣ，1)。

构造带中岩石组成复杂，其中出露最广的地层为二叠系曲地组和侏罗系雁石坪群，在构造带边部有时出现两侧地块不同单位的地层。该单元以发育侏罗纪浅海盆地沉积为特征，由二叠纪下构造层、侏罗纪上构造层和新近纪盖层组成。二叠纪下构造层组成地层主要为曲地组，为一套含暖水动物群为主的碎屑岩-碳酸盐岩夹火山熔岩建造，具冷暖交替环境的台地边缘-碳酸盐台地相沉积特点，表现为岛弧-

盆地体系。侏罗纪上构造层组成地层为雁石坪群，为一套碳酸盐岩夹碎屑岩建造，产苔藓虫、藻类、珊瑚、海绵等温暖型动物群，属开阔型浅海碳酸盐台地沉积，表现为拉张背景下的被动大陆边缘盆地环境。新近纪盖层组成地层有唢呐湖组，为一套局部夹硅酸盐岩的红色粗碎屑岩建造，具陆相湖盆沉积特点。

同时带内零星出露有少量的中基性火山岩岩片和酸性侵入岩，不同岩石单位之间多以断层接触，表现出构造混杂岩带特征。带内目前未见蛇绿岩套及超基性岩体，沿构造带边界断裂构造透镜体、牵引褶皱、动力变质带较发育，还发育有一系列新近纪断陷盆地。

3. 边界断裂构造特征

构造边界是划分构造单元的基础，也是认识区域构造格架和构造演化的依据。图幅内土则岗日构造带北以窝尔巴错-拜惹布错断裂带与北羌塘地块为界，南以窝尔巴错-三岛湖断裂带与南羌塘地块相邻。下面对南、北两侧边界断裂特征进行简要叙述。

1）北界断裂

土则岗日构造带北界断裂在图幅内西起窝尔巴错，经独立石湖北、普尔错南，在土则岗日北向东出图至拜惹布错一带，图幅内延伸长约 140km。

该断裂以物质组成和变形极为复杂为特征，断裂两侧地层存在较大的不连续性，该断裂在区内可分为三段：西段窝尔巴错一带，断裂北侧为北羌塘地块奥陶系饮水河组，地层产状大多倾向北，倾角一般 60°左右，局部陡立。南侧为南羌塘地块石炭系-二叠系霍尔巴错群；中段断裂带由数条平行的断层组成，形成宽约 3～4m 的断夹块，物质组成复杂，由多个不同岩性、不同变质程度的微岩片组成，主要有饮水河组、曲地组；岩石组合见有安山岩、灰岩、黑云母花岗岩及辉绿岩等(图版ⅩⅣ，2)，不同单位的地质体均以断层接触；东段土则岗日北一带，断裂北侧以三叠系康鲁组为主，南侧为霍尔巴错群曲地组。断裂带控制了新近纪及第四纪盆地的发育，后期活动切割了新近纪地层。

断裂带西段总体产状北倾，断层面产状 10°～20°∠50°～60°，主断层面之北（上盘）岩石主要表现为较强烈的脆韧性变形，可见显示韧脆性变形的构造岩，岩石极为破碎，矿物拉伸线理发育，压性特征十分明显，破碎带内砂岩、灰岩多成为碎裂岩，有少量断层泥，岩石变形强烈，片理化、透镜体化等变形发育，形成揉皱、逆冲褶皱构造；主断层面之南（下盘）岩石发育有构造角砾岩、碎裂岩及脆性断层，构造角砾岩中角砾成分有灰岩、碎屑岩及片理化构造岩等，反映多期活动特点。断裂两侧动力变质带也较为发育，曲地组岩性为绿帘绢云绿泥片岩，基性岩脉为变质辉绿岩。岩石显微构造特征如下。

绿帘绢云绿泥片岩　显微粒状鳞片变晶结构，片状构造。片、柱状矿物定向排列，长英质矿物拉长定向，波状消光，见压力影、挠曲等应变现象。绢云母、绿泥石呈鳞片状，定向分布，石英呈粒状、扁条状，聚集定向分布，具波状消光，斜长石粒长定向，见聚片双晶。

碎裂岩化安山岩　斑状结构，基质为交织结构，块状构造，岩石局部破碎成角砾状，其间被泥铁质、碳酸盐充填。碎块大小 0.01～2.0mm，约占 10%。斑晶中斜长石发育聚片双晶，环带结构明显，部分绢云母化、碳酸盐化。

角闪石英安山岩　斑状结构，基质为隐晶质结构，块状构造。矿物蚀变较强，其中角闪石全部绿泥石化。斜长石聚片双晶发育，环带结构明显，绢云母化、绿泥石化、绿帘石化普遍；角闪石见菱形断面，全部绿泥石化，呈其假象。

变质辉绿岩　变余辉绿结构，块状构造，斜长石晶体蚀变较强，局部颗粒边界模糊不清，绿泥石化、碳酸盐化强烈，变质矿物绿泥石定向排列。

辉长岩　辉长结构，块状构造。各矿物次生蚀变较强，斜长石聚片双晶发育，钠黝帘石化普遍，辉石部分纤闪石化，角闪石部分绿泥石化。

变质粉砂质泥岩　变余粉砂质泥质结构，板状构造，粘土矿物重结晶，定向排列，局部见皱纹状褶曲。绢云母、绿泥石呈鳞片状，定向分布。

碎斑岩　碎斑结构，块状构造，各矿物次生变化较强，已无法辨认，碎斑呈棱角状，次棱角状，大小 0.5～1.0mm，主要由基性斜长石次生矿物绢云母、绿帘石、粘土矿物及少量石英等组成，碎斑表面污浊，半透明—不透明。

变质岩屑石英砂岩　变质砂状构造，定向构造。粘土矿物大部分重结晶，且定向排列，部分砂屑碳酸盐化。石英呈碎屑状、棱角状、次棱角状，斜长石碎屑状，聚片双晶发育。

绢云千枚岩　鳞片变晶结构，千枚状构造，鳞片状矿物绢云母定向排列，粒状矿物拉长定向。

片状黑云母石英岩（构造岩）　细粒鳞片粒状变晶结构，片状构造、线状构造、透镜状构造。粒状矿物石英明显拉长定向，并经过粒化重结晶作用，其颗粒边界模糊不清，波状消光，重结晶普遍，颗粒较大者呈透镜状。

绢云石英岩（构造岩）　粒状鳞片变晶结构，片状构造、定向构造、透镜状构造。粒状矿物石英明显拉长定向，并经过粒化重结晶作用，波状消光。斜长石聚片双晶发育，见双晶弯曲、断裂、错位等应变现象。铁质矿物沿片理面呈条带状分布。

绢云石英千枚岩　鳞片粒状变晶结构，千枚状构造。变余砂屑保留原棱角、次圆状外形，且拉长定向，波状消光，胶结物已重结晶为绢云母及颗粒石英，其粒状石英多出现在拉长部位，构成压力影。黑云母、绢云母呈鳞片状，定向排列。

断裂带具分带性，显示出逆冲褶皱带—劈理化带—角砾岩带—碎裂岩化带分带特征。顺断层发育沟谷，两侧发育独立石湖、普尔错、月牙湖等现代湖泊，断裂控制了新生代盆地的发育，断裂带以韧性、韧-脆性变形为主，岩石具糜棱岩化，片理化等塑性变形。断裂带为一多期次活动带，成生于海西—印支期，产生由北往南逆冲推覆作用，喜马拉雅期重新强烈活动，表现为左行走滑和差异升降的斜滑断层。

2）南界断裂

为南羌塘地块和土则岗日构造带之间的构造边界，西起窝尔巴错，横贯图幅，呈近东西向波状展布，在土则岗日南向东延伸出图外，图幅内延长约 80km。断裂带两侧地层及变形变质等方面具有明显差异。北侧以发育二叠系霍尔巴错群曲地组和侏罗系雁石坪群滨浅海盆地沉积为特征，以中生代盆地与晚古生代地层组成隆坳相间的构造格局，中生代地层发育有东西向中常直立褶皱，变形变质较弱。南侧广泛分布晚古生代霍尔巴错群擦蒙组，地层以多期褶皱叠加为特征，具低绿片岩相区域变质作用。从西向东断裂带可大致分为三段，各段特征如下。

断裂西段：位于黄羊泉以西一带，断裂带由一组平行的断层组成（图 5-4），带宽 0.5～1.5km，断裂带北盘为二叠系曲地组二段灰黑色灰岩与泥页岩，岩石碎裂岩化，裂隙发育充填有方解石脉，无规律分布；南盘为二叠系吉普日阿组一段紫红、暗紫红色砾岩，岩石发生褶皱牵引，形成拖曳褶皱。饮水泉附近出露多处泉水点，可能与断裂有关。在黄羊泉附近被北西向断层切割，交汇处见有三叠纪黑云母花岗岩的侵入。

断裂中段：在黄羊泉—向阳达坂一带，断层走向 280°，断面产状 10°∠61°。北盘为二叠系曲地组灰黑色中厚层状泥晶灰岩，产状 190°∠34°，断裂附近见绢云石英千枚岩，其显微构造特征为鳞片粒状变晶结构，千枚状构造。石英呈粒状，边缘不规则，拉长定向，波状消光，斜长石发育聚片双晶，含钛矿物呈集合体状定向分布；南盘为新近系康托组二段，岩石相当破碎，破碎带宽度约 1km，断层角砾呈棱角状，成分为灰黑色灰岩、紫红色砂岩，张性方解石脉发育，地貌上形成断层三角面。

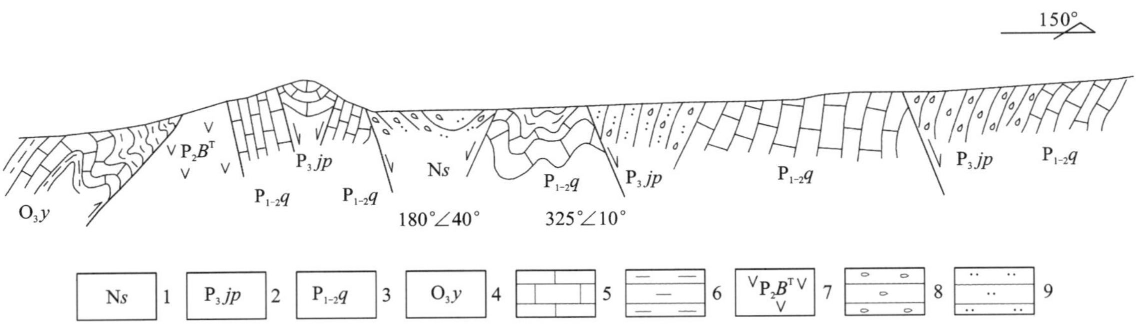

图 5-4　饮水河南窝尔巴错-三岛湖断裂带剖面图

1.新近系康托组；2.上二叠统吉普日阿组；3.下一中二叠统曲地组；4.奥陶系饮水河组；5.灰岩；6.页岩；7.安山岩岩片；8.砾岩；9.砂岩

断裂东段：向阳达坂以东，北盘形成高山地貌，为二叠系曲地组灰、灰黑色中细粒砂岩；南盘形成中山地貌，为石炭系擦蒙组灰黑色中厚层中粒岩屑砂岩夹泥晶灰岩，地层产状 20°∠78°，在土则岗日南一带，断裂走向呈向南凸的弧形，北侧为高山、极高山地貌，南盘为中、低山地貌。影像图中断裂具明显的线性特征(图版ⅩⅣ，3)。

该断裂带也是南羌塘石炭纪—二叠纪冰海杂砾岩的北界，并控制了侏罗纪盆地的沉积和演化。该断裂带具有多期次活动特征，成生于印支期，表现为张性特征，燕山期继续活动，控制晚三叠纪、侏罗纪、白垩纪盆地的发展演化，随着盆地的消亡，产生由北往南逆冲推覆作用。喜马拉雅期再次活动，表现为张扭性，沿断裂伴随有小规模中性火山岩浆喷发，并发育有新近纪断陷盆地。

4. 构造属性及演化

该构造带位于北羌塘地块和南羌塘地块之间。以土则岗日构造带为界，南北两侧的沉积代表了不同构造背景下的沉积建造，尤其是上古生界差异很大。羌南地区的上石炭统具有典型的冈瓦纳型沉积与生物组合，即广泛分布的冰海杂砾岩和 *Eurydesma* 双壳动物群，它们的分布限定在土则岗日构造带以南地区，在东部邻幅(托和平错)的石炭系-二叠系霍尔巴错群中夹有大量的玄武岩，并分布有大量的近东西向展布的基性岩墙，同位素年龄 314～299Ma(锆石 U－Pb，Sm－Nd 等方法)，化学成分特点具有裂谷型特点，基性岩浆活动与石炭纪—二叠纪沉积同时，反映了裂谷事件岩浆活动与沉积两个侧面；而该带以北的羌北地区的泥盆系、石炭系、二叠系与扬子区联系更为密切，其生物面貌具有典型的华夏生物区系特点。因此，构造带两侧晚古生代的地质构造活动史截然不同，北侧的地层沉积体之间基本上为连续沉积，反映稳定的构造环境，南侧为构造相对活动的沉积，沉积期后又发展为增生混杂岩体，反映板块俯冲十分活跃的特征。

从构造带的物质组成来看，上古生界二叠系与南羌塘地块中沉积物特征一致，中生代沉积物基本与北羌塘地块相当；构造变形特征也显示出晚古生代末形成的且在南羌塘地块中表现明显的近东西向构造在构造带中有所保留，但新生代构造运动中形成的北东向构造在构造带中表现更为明显。在羌南地区广泛发育三叠纪和早白垩纪的酸性岩浆岩，羌北地区目前没有识别出与之时代相当的中酸性岩浆事件。

从区域上看，构造带为龙木错-双湖结合带组成部分，具构造混杂岩带特征，最早可能是南部冈瓦纳古陆北部边缘在晚古生代后期发生裂解，特提斯大洋开始演化，在大洋演化过程中石炭系—二叠系沉积物构成了南羌塘陆块的主体，在特提斯大洋后期俯冲消减时，南羌塘陆块与北羌塘陆块拼合，构造带就是两陆块间的构造结合带。据李才等研究，在龙木错-双湖缝合带的南侧东西向发育高压变质带，延伸长度大于 400km，同位素定年结果，高压变质发生在 275～282Ma、220～222Ma 两个阶段。羌北地区的泥盆系—三叠系均未发生变质作用，从变形角度分析，羌南地区的奥陶系—二叠系变形强烈，羌北的地层变形较弱。

在由南向北持续挤压背景下，该带后期改造强烈，在印支—燕山期主要表现为逆冲断裂，北部奥陶系逆冲于南部石炭系—二叠系之上。新生代以来，受阿尔金断裂活动的影响，主要表现为平移性质，在其两侧北羌塘地块和南羌塘地块中新生出数条规模较大的北东东向断裂。

四、区域地球物理场特征

(一) 重力特征

青藏高原属中国最低的布格重力负异常区，布格重力值分布 $-490\times10^{-5}\sim-550\times10^{-5}\,m/s^2$，重力梯级带南陡北缓，内部呈现出巨大的宽盆结构，总体重力值变化较小。调查区位于青藏高原北西部，重力特征十分明显，异常呈东西向延伸，是一个复杂的重力低带，显示南北向分带的重力异常格局(图 5-5)。在土则岗日构造带两侧，重力特征存在一定差异，在构造带北侧，北羌塘地块由 $-500\times10^{-5}\sim-520\times10^{-5}\,m/s^2$ 重力等值线圈出的重力高带；在构造带南侧，南羌塘地块由 -520×10^{-5} 至小于 $-530\times10^{-5}\,m/s^2$ 重力等值线圈出的重力低带，局部出现低重力异常团块，也是青藏高原重力异常最低的地区。构造带在莫霍面深度图(图 5-6)上也有反映，说明该构造带可能影响整个地壳。

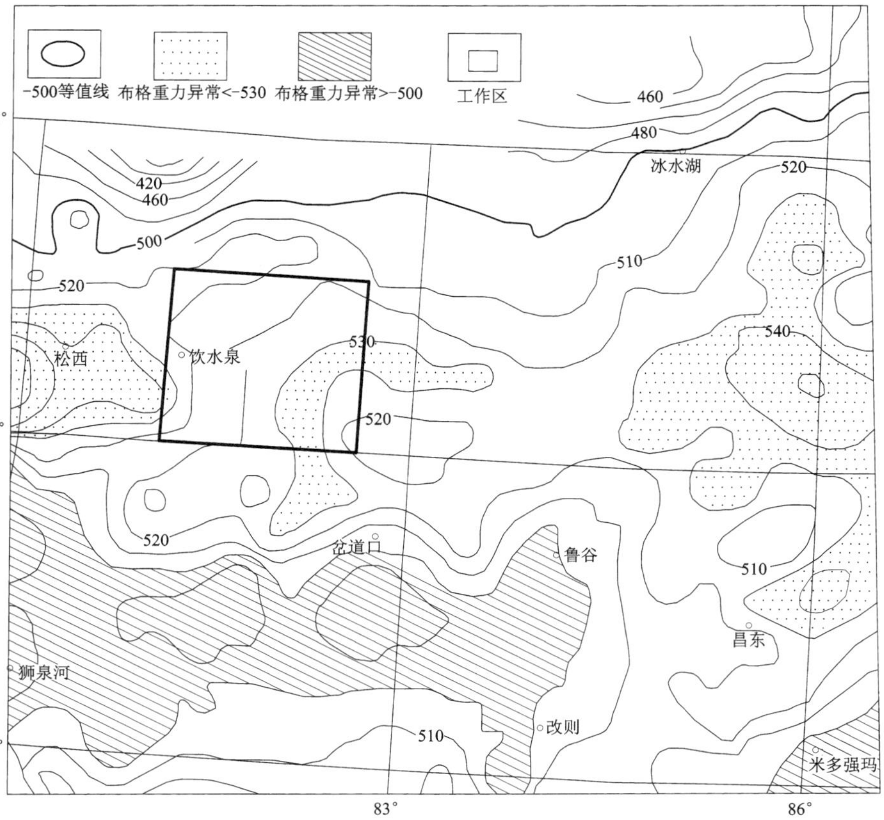

图 5-5　工作区及邻区布格重力异常等值线图(等值线均为负值)

(据马宗晋等,2001)

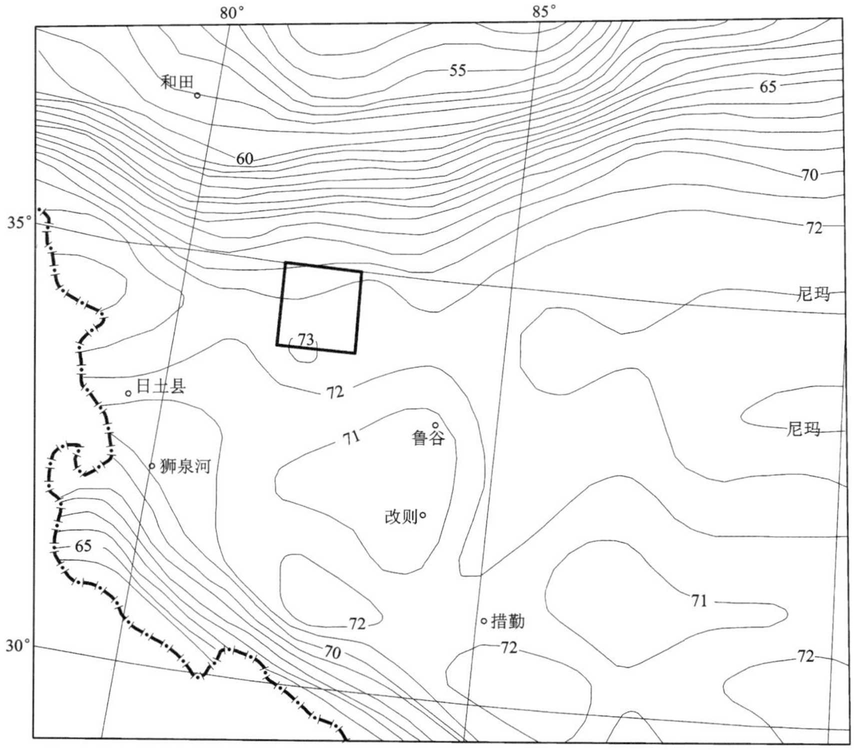

图 5-6　工作区及邻区莫霍面深度分布图

(据孔祥儒等,1999)

(二) 航磁特征

羌塘地区区域性磁异常值较低(图 5-7)。北羌塘地区为强度很弱,梯度极为平静的近东西向磁异常带;土则岗日构造带和南侧南羌塘地块中,在略显平静的背景上出现局部磁异常组成的团块,总体走向为北西走向,图幅内表现为近东西向,向东延伸出图外。本区磁场以平缓为为主,说明基底可能以浅变质弱磁性岩为主,其中局部异常面积小,强度低,北西向排列,与中生界构造线一致,上延后迅速消失,可能与中生代岩浆岩有关。

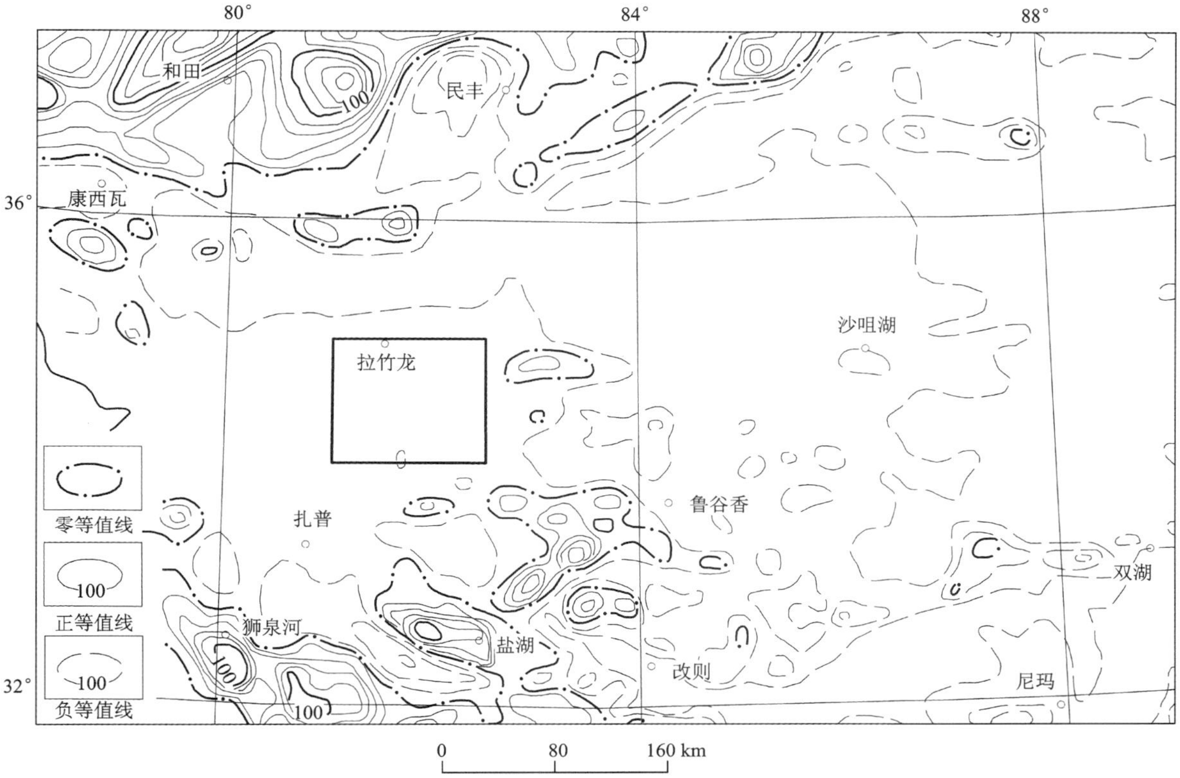

图 5-7　工作区及邻区航磁异常图(等值线单位:nT)

(据熊盛青等,2001)

第三节　构造形迹描述及构造变形序列

一、构造形迹描述

图幅内构造形迹按时代由早到晚主要表现为东西向断裂、紧闭褶皱、开阔褶皱、左行平移断裂和少量北西向、南北向断层。其中东西向断裂主要分布于南羌塘地块中,是二叠纪末特提斯大洋向北消减、俯冲时的产物,东西向断裂主体分布于图幅中南部石炭系-二叠系霍尔巴错群和二叠系吉普日阿组中,在土则岗日构造带中也发育有少量东西向断裂;紧闭褶皱基本与东西向断裂同时形成,产出于二叠纪以前的地层中。不整合于二叠系之上的侏罗系被卷入北东东向展布的开阔褶皱,侏罗系一般处于向斜的核部,该类褶皱在区域上延伸稳定,长度达数十千米;北西向断裂主要分布于南羌塘地块中,形成于中生代末期,切割了近东西向断裂。新生代在高原隆升、走滑背景之下,北东向左行平移断裂是北羌塘地块中最为重要的构造形迹,断裂规模大,延伸稳定,切割了前期形成的近东西向构造,控制了新近系的分布；在南羌塘地块中，形成了少量南北向断层和褶皱，形成于该期的构造奠定了区内的基本构造格局。

（一）褶皱构造

区内经过多期构造运动，岩层变形强烈，褶皱构造较发育，在雅西尔沟、恰贡错和鲁玛江冬错等多处卫星影像资料显示出明显的褶皱构造形迹。通过对褶皱剖面形态、几何特征、闭合程度、轴面产状、枢纽的变化、组合样式及规模等综合分析，发现本区不同构造单元、不同构造层之间褶皱变形特点存在明显差异。按褶皱的规模、活动时间和轴迹方向可划分为三期：第一期（海西期）褶皱主要发育于石炭系—二叠系，以规模较小的同斜褶皱为特征；第二期（燕山期）褶皱规模较大，轴迹方向为北东东向或近东西向，以开阔平缓褶皱为主；第三期（喜马拉雅期）褶皱规模较小，轴迹为南北向或北北东向。

1. 第一期褶皱

二叠纪末期是青藏高原陆壳发生转换的重要时期，位于南亚洲构造域和冈瓦纳构造域之间的特提斯洋向北俯冲消减，盆地北缘出现龙木错-双湖构造带，受其影响，羌塘盆地内二叠纪及其以下地层发生强烈变形，形成了具有广泛意义的区域性东西向线状紧闭褶皱构造。受后期构造，特别是左行走滑构造的强烈影响，该期褶皱位态发生显著变化。而第二期褶皱的构造叠加，使得第一期褶皱的轴面扭曲再褶。

区内北羌塘地块中该期褶皱仅在南部边界断裂带附近零星分布，一般为露头尺度的褶皱。在南羌塘地块中，该期褶皱为该地区地层展布的控制性构造，卷入褶皱的地层有晚古生代擦蒙组、展金组、曲地组，该期褶皱为轴向近东西，以层理 S_0 为变形面的中常直立倾伏褶皱，枢纽倾伏角 15°～30°，局部出现紧闭或同斜倒转褶皱（图版Ⅷ，7），伴随褶皱形成一组透入性轴面劈理（板理、千枚理）。

2. 第二期褶皱

中生代末期，在大规模陆陆碰撞作用过程中，陆壳横向挤压缩短，垂向加积增厚，在羌塘地区形成一系列逆冲-逆掩推覆构造和与其伴生的挤压褶皱。主要表现为正常（局部倒转）背、向形构造以及与其伴生的断裂构造。卷入这一期褶皱变形的地质体为晚侏罗世及其以下地层。形成的褶皱在调查区的不同构造部位其特征明显不同，在图幅北部，即窝尔巴错—土则岗日南一线以北，总体表现为轴向北东东—近东西向的较宽缓的背、向斜构造带；在图幅中部，窝尔巴错—土则岗日南一线与泉水河断裂之间，为古羌塘隆起区的核心部位，以大型复背斜的发育为特征，局部发生倒转，为该地区的主控构造；图幅南部，鲁玛江冬错北部一带，受区域上发育开阔的背向斜构造为主，可能受后期构造的影响，褶皱轴向主要表现为北东向或北北东向。该期褶皱基本奠定了本区的构造格架，并控制了地质体的空间展布。

经野外调查，区内发育规模较大的背斜构造 4 个，向斜构造 5 个（表 5-2、图 5-8）。

3. 第三期褶皱

土则岗日北西一带出露有宽约 3 600m 的新近系唢呐湖组，唢呐湖组北西侧为第四系沉积物覆盖，南东不整合于侏罗系雁石坪群灰岩之上。唢呐湖组中发育一系列相间分布的背向斜，背向斜较开阔，两翼宽缓，倾角一般为 30°～55°（图 5-9）。局部见背斜转折端，背斜枢纽产状为 250°∠15°。

（二）断裂构造

不同方向的断裂及其活动期次、性质反映了造山带不同演化阶段的特征。本区断裂构造发育，本次工作共查明较大规模的断层 43 条（图 5-3、表 5-3），主要分布有近东西向（包括北西西、北东东向）、北西向、北东向和南北向 4 个方向组合。以近东西向断裂最为发育，为区内主干断裂，控制了区内的地层格架和岩浆岩的分布。北西向、北东向断裂分别以右行和左行运动为主，走滑为其主要特点，兼有挤压，晚期具有伸展性质，是第三纪陆相盆地的控盆构造。而南北向断裂呈带状、间隔状分布于调查区，以张裂为主，兼有走滑，该方向的断裂组合常形成独具特色的南北向断陷盆地和堑伏构造。上述各组断裂构造多具有多期活动性，由于高原物理风化作用强烈，区内断裂具有规模大的断层一般很难观察到断层面，而规模较小的断层露头特征清楚的特点，现择代表性断裂叙述如下。

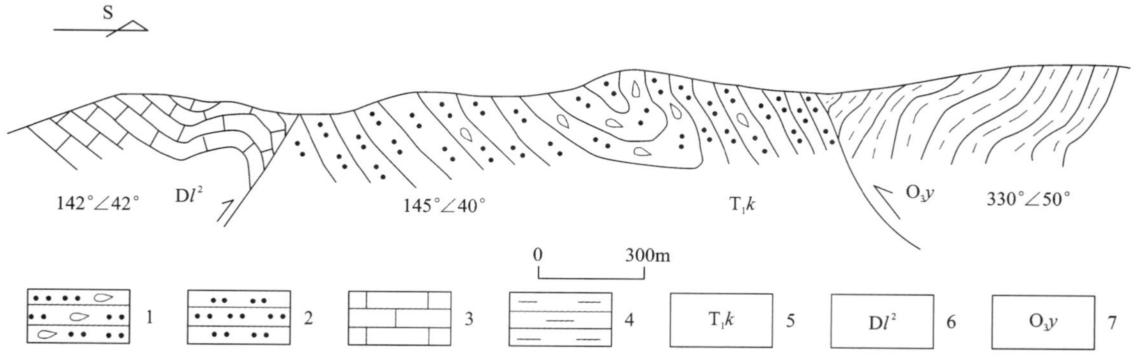

图 5-8　普尔错西向斜构造剖面图

1. 含砾砂岩；2. 砂岩；3. 灰岩；4. 页岩；5. 下三叠统康鲁组；6. 泥盆系拉竹龙组二段；7. 奥陶系饮水河组

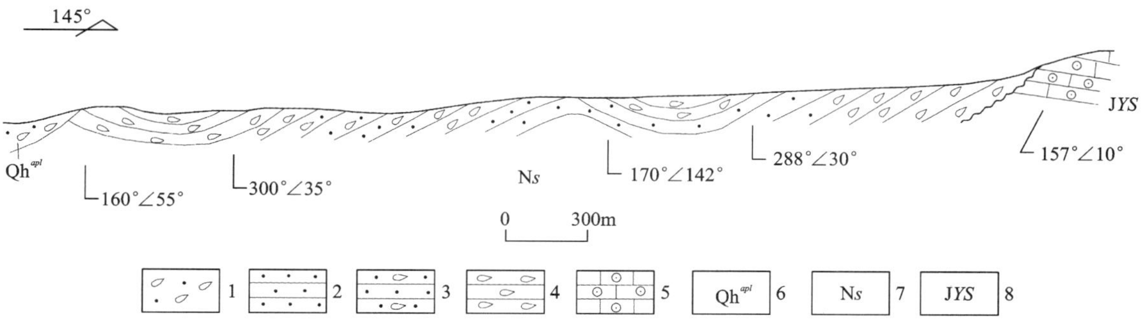

图 5-9　土则岗日西新近系唢呐湖组褶皱构造剖面图

1. 砂砾石层；2. 砂岩；3. 含砾砂岩；4. 砾岩；5. 鲕粒灰岩；6. 第四系冲洪积；7. 新近系唢呐湖组；8. 侏罗系雁石坪群

表 5-3　土则岗日幅断裂登记表

编号	名称及展布区	规模及走向	主要地质特征
F_1	郭扎错断裂 1	长：15km 走向：65°～ 80°	断裂北西为湖泊，南东形成中-高山地貌，主要为侏罗系、白垩系灰岩，地层中岩石较坚硬，多破碎成碎裂状，产状紊乱，不显层理。遥感影像图中断裂线性特征明显
F_2	郭扎错断裂 2	长：7.0km 走向：90°	北盘为雁石坪群布曲组，地层产状为 355°∠50°；南盘为雁石坪群夏里组。岩石强烈破碎，产状紊乱。断裂具左旋走滑性质
F_3	小雅西尔沟断裂	长：32km 走向：65°	断裂发育于侏罗系和白垩系中，局部地段被第四系覆盖，两端延伸均出图。断裂带附近岩石强烈破碎，常见呈不规则状的方解石细脉。断裂北西盘地层产状 150°∠30°。遥感影像图中断裂线性特征明显
F_4	郭扎错断裂 4	长：20km 走向：70°	断裂发育于侏罗系雁石坪群中，南西延伸被 F_3 截断，遥感影像上断裂线性特征明显
F_5	邦达错断裂 1	长：1.5km 走向：290°	发育于侏罗系雁石坪群中，两端延伸均被第四系覆盖。断裂北东盘为雁石坪群夏里组，地层产状 280°∠32°；南西盘为雁石坪群布曲组，地层产状 70°∠60°，为逆断层。断面产状 20°∠10°
F_6	万泉河断裂	长：21.0km 走向：60°	发育于三叠系万泉河群中。断裂走向上为鞍部和谷地地貌。两端延伸被第四系覆盖。北西盘地层产状为 20°∠35°。遥感影像图中断裂线性特征明显

续表 5-3

编号	名称及展布区	规模及走向	主要地质特征
F_7	兽形湖断裂	长:37.5km 走向:65°	断裂北西盘为泥盆系兽形湖组、拉竹龙组。南东盘为奥陶系饮水河组、志留系普尔错群,断裂延伸方向有泉水点出露。遥感影像上断裂具明显的线性特征
F_8	邦达错断裂 2	长:2.7km 宽:4m 走向:300°	断裂发育于泥盆系拉竹龙组中,北东盘为中厚层泥晶灰岩,见大量雁列式方解石脉,岩石较破碎。地层产状 223°∠20°;南西盘为灰黑色中厚层泥晶灰岩夹薄层灰岩、泥灰岩,地层产状 214°∠30°。断裂带内充填角砾状灰岩,呈薄片状、"S"形,最大扁平面基本平行断面,角砾大小 0.2cm×0.3cm～10cm×20cm,未胶结。断面光滑,产状为 205°∠40°。为逆断层,断距约 100m
F_9	邦达错断裂 3	长:18.0km 走向:70°	断裂发育于石炭系冈玛错组和泥盆系拉竹龙组中,北西盘为灰、灰绿色中厚层石英砂岩、岩屑石英砂岩夹少量砾岩,地层产状 191°∠45°;南东盘为灰、灰黑色厚层生物屑灰岩、含砾屑生物屑灰岩,产状 170°∠41°
F_{10}	普尔错断裂 1	长:9.5km 走向:300°	断裂发育于泥盆系拉竹龙组中,岩石破碎强烈,沿断裂新近系康托组广泛分布,两端延伸被第四系覆盖
F_{11}	普尔错断裂 2	长:27.5km 走向:65°	断裂发育于泥盆系和三叠系中,南西延伸被第四系覆盖。北西盘为泥盆系,产状 150°∠48°;南东盘为三叠系康鲁组,产状 145°∠40°。断层面平直光滑,产状 0°∠60°。为压扭性断裂
F_{12}	普尔错断裂 3	长:31.5km 走向:65°～ 80°	断裂走向上为鞍部和谷地地貌,南西延伸被第四系覆盖。断裂发育于奥陶系中,北西盘产状 330°∠60°;南东盘产状 330°∠50°。遥感影像图中断裂线性特征明显
F_{13}	月牙湖北断裂	长:10km 走向:60°	该断层出露于月牙湖和独立石湖之间。断层走向 60°,倾向南东,上盘为侏罗系雁石坪群砂岩夹少量灰岩;下盘为新近系唢呐湖组紫红色砾岩,砾岩中近断层处发育次级小断面,并见擦痕,擦痕产状 20°∠25°,可见断距不到 20m。断层性质为逆断层,侏罗系雁石坪群砂岩逆冲于新近系唢呐湖组砾岩之上
F_{14}	月牙湖断裂	长:7.0km 走向:65°～90°	断裂走向上为鞍部地貌,两端延伸被第四系覆盖。断裂北盘为侏罗系雁石坪群夏里组灰绿、灰黑色岩屑砂岩、泥岩;南盘为三叠系康鲁组灰紫、灰绿色砂砾岩夹中厚层中粒岩屑长石石英砂岩,产状 175°∠50°。遥感影像图中断裂具线性特征
F_{15}	泉水河断裂 1	长:25.0km 走向:80°	断裂发育于新近系康托组灰紫、灰褐色砾岩、含砾粗砂岩夹少量灰岩中。两端延伸被第四系覆盖。沿断裂带为数个垭口断续相连的低山地貌。为窝尔巴错-拜惹布错断裂带中的次级断裂
F_{16}	饮水河断裂	长:12.5km 走向:60°～80°	为窝尔巴错-拜惹布错断裂带中的伴生断裂,走向与断裂带一致。发育于奥陶系饮水河组中,南西延伸被第四系覆盖
F_{17}	独立石湖断裂	长:46km 走向:70°	断裂为窝尔巴错-拜惹布错断裂带中的伴生断裂。断裂北盘为二叠系曲地组和安山岩岩片;南盘为新近系唢呐湖组
F_{18}	黄羊泉断裂	长:8.0km 走向:80°	断裂北侧为中-低山地貌,南侧为丘陵、谷状地貌。断裂两端延伸被第四系覆盖。断裂北盘为二叠系曲地组灰黑色块状泥晶灰岩;南盘为二叠系吉普日阿组紫红色巨厚层状—块状砾岩层。北盘上升,南盘下降,为正断层
F_{19}	夏围湖断裂	长:5.7km 走向:80°	断裂北盘为中-低山地貌,南盘为丘陵地貌。两端延伸被第四系覆盖。断裂北盘为二叠系曲地组灰黑色中层—厚层状生物碎屑灰岩、灰绿色砂岩,产状 185°∠38°;南盘为新近系康托组砖红色、紫红色厚层—巨厚层状砾岩、砂岩、泥岩,产状 170°∠50°。北盘上升,南盘下降,为正断层

续表 5-3

编号	名称及展布区	规模及走向	主要地质特征
F_{20}	土则岗日断裂	长:50km 走向:25°～80°	断裂呈弧形展布,向北东延伸出图。向西延伸交汇于窝尔巴错-拜惹布错主断裂上。断裂中西段发育于二叠系曲地组中,方解石脉无规律穿插;中段被土则岗日雪山覆盖。土则岗日北东断裂两侧分别为二叠系曲地组和侏罗系雁石坪群布曲组。在土则岗日南西显示为正断层,北西盘为二叠系曲地组二段灰绿色长石石英砂岩,产状 340°∠50°;南东盘为新近系康托组二段灰、灰黑色砾岩,局部夹灰绿色长石石英砂岩,产状 170°∠60°
F_{21}	土则岗日南断裂	长:32.5km 宽:250m 走向:45°～310°	断裂呈向南凸的弧形,北盘为高山、极高山地貌,南盘为中、低山地貌。北西延伸被 F_{19} 截断,北东延伸出图。断裂北盘为侏罗系雁石坪群布曲组浅灰、灰紫色中厚层泥晶灰岩、砂屑灰岩、砂质灰岩,产状 230°∠44°;南盘为二叠系曲地组一段灰黑色页岩、灰色砂岩、深灰色含生物碎屑鲕粒灰岩,产状 320°∠36°。北盘岩层局部褶皱较强烈,影像图中断裂具明显的线性特征
F_{22}	向阳达坂北断裂	长:9.5km 走向:290°	断裂北东盘为二叠系曲地组二段深灰色中厚层泥晶灰岩,岩石较破碎,发育大量方解石脉,产状 35°∠40°;南西盘为新近系康托组紫红色粉砂岩夹泥岩。断裂断面呈波状,断面产状 205°∠81°,可见擦痕,显示南西盘下降、北东盘上升,为正断层
F_{23}	窝尔巴错断裂	长:4.5km 走向:50°	发育于石炭系擦蒙组中,两端延伸均被第四系覆盖。断裂北西盘为中厚层中粒岩屑石英砂岩;南东盘为灰黑色钙质泥岩、粉砂质泥岩。地层产状 57°∠30°
F_{24}	清澈湖断裂 1	长:40.0km 走向:305°	断裂北东盘为中-高山地貌,南西盘为低山、丘陵地貌。北西延伸被 F_{22} 截断,南东延伸为 F_{39} 截断。断裂北东盘为二叠系吉普日阿组和康托组一段,南西盘为新近系康托组二段和二叠系吉普日阿组。断裂两侧黑云母花岗岩体被错断,反映断裂左行平移性质。遥感影像图中断裂具线性特征
F_{25}	野牛沟断裂	长:15.0km 走向:300°	断裂发育于石炭系-二叠系擦蒙组和吉普日阿组中。北西向延伸被第四系覆盖,南东向延伸被 F_{39} 截断。断裂上盘有黑云母花岗岩体出露
F_{26}	骆驼湖断裂 1	长:92.5km 走向:315°	断裂地貌特征明显,基本上沿中-高山地貌与谷地、湖积地貌的分界线展布。断裂出露于石炭系擦蒙组中。该断裂被 F_{39} 左行平移错开,清澈湖、骆驼湖、美马错、阿鲁错与该断裂活动有关。沿断裂在大沙河、美马错、阿鲁错附近出露多处泉水点。遥感图中断裂具线性影像特征
F_{27}	清澈湖断裂 2	长:17.0km 走向:60°	发育于石炭系霍尔巴错群擦蒙组中,断裂两侧岩石破碎强烈,局部可见脆韧性变形特征。断裂南西延伸被 F_{26} 截断
F_{28}	清澈湖断裂 3	长:11.0km 走向:5°	发育于石炭系霍尔巴错群擦蒙组中,北端延伸被第四系覆盖,南南西方向被 F_{27} 截断,该断裂与 F_{29} 为同一断裂,但被 F_{27} 错开,相对向西移动
F_{29}	清澈湖断裂 4	长:7.5km 走向:20°	发育于石炭系霍尔巴错群擦蒙组中,断裂两侧岩石破碎强烈,局部可见脆韧性变形特征。南西延伸至清澈湖,北东方向被 F_{27} 截断
F_{30}	胜利达坂断裂 1	长:5.2km 走向:30°	发育于石炭系霍尔巴错群擦蒙组中,断裂两侧岩石破碎强烈,断裂南西延伸止于 F_{31},北东延伸被第四系覆盖
F_{31}	胜利达坂断裂 2	长:27.5km 走向:50°～75°	断裂两端延伸被第四系覆盖。断裂北西盘为石炭系霍尔巴错群擦蒙组灰绿色砂砾岩、砂岩,轻微变质;南东盘为新近系康托组紫红色泥岩、粉砂岩。断裂两侧有泉水点出露。遥感影像图中断裂具线性特征
F_{32}	恰贡错断裂 1	长:11.5km 走向:350°	断裂西盘为中-高山地貌,东盘为坡积地貌。断裂沿地貌分界线展布。断裂西盘为石炭系霍尔巴错群擦蒙组;东盘为新近系康托组,两端延伸被第四系覆盖。遥感影像图中断裂具线性特征

续表 5-3

编号	名称及展布区	规模及走向	主要地质特征
F_{33}	骆驼湖断裂 2	长:15.0km 走向:75°	发育于石炭系霍尔巴错群擦蒙组中。南西延伸被第四系覆盖。该断裂错开 F_{34}、F_{35} 断裂。遥感影像图中断裂具线性特征
F_{34}	骆驼湖断裂 3	长:12.5km 走向:30°	发育于石炭系霍尔巴错群擦蒙组中。南西延伸被 F_{33} 截断。断裂两盘地层产状相反,南东地层产状 105°∠45°;北西侧地层西倾,岩性均为含砾岩屑砂岩夹泥岩
F_{35}	骆驼湖断裂 4	长:5.5km 走向:50°	断裂发育于石炭系霍尔巴错群擦蒙组中,断裂两侧岩石破碎强烈。两端延伸被 F_{33}、F_{36} 截断
F_{36}	骆驼湖断裂 5	长:11.0km 走向:110°	发育于石炭系霍尔巴错群擦蒙组中。北西延伸被第四系覆盖。遥感影像图中断裂具线性特征
F_{37}	恰贡错断裂 2	长:10.0km 走向:45°	发育于石炭系霍尔巴错群擦蒙组中,断裂两侧岩石破碎强烈,局部可见脆韧性变形特征,两端延伸被第四系覆盖
F_{38}	恰贡错断裂 3	长:11.0km 走向:155°	发育于石炭系霍尔巴错群擦蒙组灰黑色泥岩、粉砂质泥岩、含砾砂岩中,断裂附近岩石破碎强烈。断裂南东延伸出图,北西延伸被 F_{37} 截断
F_{39}	泉水河断裂 2	长:135km 走向:85°	断裂主体近东西向,横贯整个图幅,东西两端均延伸出图。发育于石炭系霍尔巴错群擦蒙组中,该断裂为平移断裂,三叠纪黑云母花岗岩被平移错开,北盘相对向西移动。平移距离约 20.0km
F_{40}	独山梁断裂 1	长:8.5km 走向:70°	断裂产出于二叠系曲地组中,断裂附近岩石破碎强烈,北盘有黑云母花岗岩体出露。断裂南西延伸被第四系覆盖
F_{41}	热合盘断裂	长:15.0km 走向:85°	断裂西延出图,中部及东延被第四系覆盖。北盘地层有二叠系吉普日阿组一段灰黄色石英砂岩、二叠系曲地组、石炭系擦蒙组;南盘为二叠系曲地组灰黑色亮晶生屑灰岩。遥感影像图中断裂具线性特征
F_{42}	独山梁断裂 2	长:6.5km 走向:45°	发育于二叠系吉普日阿组二段与二叠系曲地组中。北东延伸被第四系覆盖,南西延至鲁玛江冬错。该断裂可能向北东沿地貌分界线延伸与 F_{40} 相接
F_{43}	阿鲁断裂	长:5.0km 走向:50°	断裂北东延伸出图,南西延伸被第四系覆盖。北西盘为新近系康托组,南东盘为二叠系展金组

1. 近东西向断裂

区内近东西向断裂较为发育,窝尔巴错-拜惹布错断裂和窝尔巴错-三岛湖断裂在土则岗日构造带边界特征中已有描述,北羌塘地块中近东西向断裂被后期构造改造强烈,重新活动,有的空间位态也发生了明显的变化。

南羌塘地块中东西向断裂规模较大的为泉水河断裂。该断裂分布于图幅中南部,呈东西向延伸,横贯图幅,东西两端出图。遥感影像图上线性构造清晰、色调反差显著。断裂西段表现为线状谷地,走向北东75°,地貌呈明显负地形,北侧山体在谷地边缘形成一系列断层崖;断裂特征在中段最为明显,发育于石炭系霍尔巴错群擦蒙组、曲地组和二叠系吉普日阿组中,沿断裂带有三叠纪黑云母花岗岩侵入,沿断裂有较强的劈理化带、破碎带,破碎带中保留了较多的早期缓倾斜压性构造面以及与其相关的挤压透镜体,局部发育复合构造岩;后期该断裂为明显的平移断裂,三叠纪黑云母花岗岩被平移错开,北盘相对向西移动,从地貌上看,沿断裂发育宽阔的谷地,错开了清澈湖与美马错断裂谷,反映出该断裂带晚期脆性活动的强烈。该断裂平移距离约 20.0km。综上所述,泉水河断裂是一条具有明显多期活动的断裂构造。

2. 北西向断裂

图幅内北西向断裂表现最为明显的为清澈湖-美马错断裂带。断裂带发育于图幅南部南羌塘地块中，呈北西-南东方向延伸，区内长约 80km。北西端交于窝尔巴错-土则岗日南断裂，南东方向延伸出图外。

断裂两侧地层、构造不连续，地貌特征有较大差异。北东侧主要为石炭系霍尔巴错群擦蒙组，岩浆活动不发育；近东西向构造形迹被错移；主要为海拔 5 100～5 450m 的地貌特征，相对高差较小。南西侧主要为二叠系曲地组和吉普日阿组，岩浆活动较为发育，有三叠纪黑云母花岗岩和白垩纪花岗岩侵入；海拔一般为 5 500～6 000m，并发育多处 6 200m 以上的常年积雪山峰，向南海拔迅速降低，鲁玛江冬错湖面海拔为 4 910m，相对高差最大达 1 554m。

该断裂带实际上是由数条平行排列的断裂面组成的，沿断裂面岩石破碎，并出现糜棱岩。在地貌上断裂带形成宽约 10～20km 的断陷带，断陷带边缘分布有新近系唢呐湖组，不整合于基岩山体之上，带内全部为第四系沉积物，偶见孤立分布的基岩山包。沿该带分布有 4 个轴向北西的较大湖泊，清澈湖、骆驼湖、美马错和阿鲁错，泉眼密布，在分布上具有明显的线性特征。在清澈湖两侧，基岩山体与断陷带分界截然，界线平直，断陷带两侧地层由石炭系、二叠系、新近系组成，新近系康托组一般发育于断陷带边缘，倾角 30°左右，最大达 70°，地层内发育开阔褶皱和次级小断层（图版Ⅻ，5、8；图 5-10、图 5-11）。

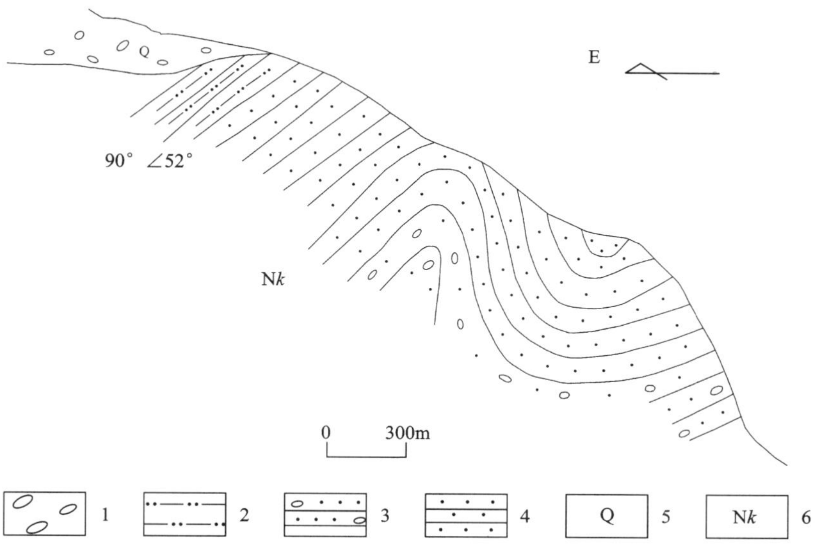

图 5-10　清澈湖西新近系康托组褶皱示意图

1. 砾石岩；2. 泥质粉砂岩；3. 含砾粗砂岩；4. 砂岩；5. 第四系；6. 新近康托组

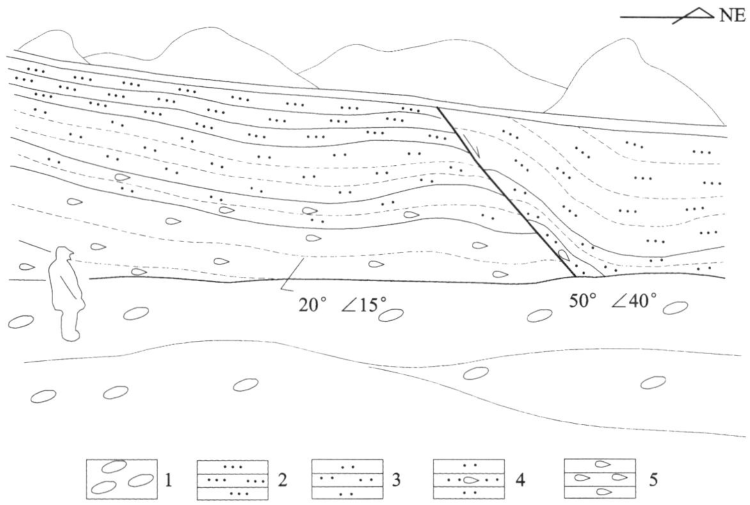

图 5-11　清澈湖新近系康托组中断层示意图

1. 冲积物；2. 细砂岩；3. 粗砂岩；4. 含砾；5. 下三叠统康鲁组；6. 泥盆系拉竹龙组二段

3. 北东向断裂

主要发育于北羌塘地块中，主要特征如下。

1）小雅西尔沟断裂（F_3）

分布于图幅西北角，西南起于小雅西尔沟，北东65°方向呈波状延伸，向北东延伸出图外，遥感影像图中断裂线性特征明显，图区内长约32km。断裂发育于侏罗系、白垩系和新近系中，局部地段被第四系覆盖。断裂下盘（北西盘）地层主要为雁石坪群布曲组和白垩系铁隆滩群，形成高山地貌，最高标高为6 138m，地层总体产状北倾，近断层处产状150°∠30°；断裂上盘（南东盘）为侏罗系雁石坪群和新近系唢呐湖组。局部可见新近系唢呐湖组和侏罗系雁石坪群直接接触，断裂带附近岩石强烈破碎，形成宽约3～4m的断层破碎带，破碎带中常见呈不规则状的方解石细脉。断裂明显错断了近东西向断裂（F_2），具左行平移性质，结合破碎带特征，该断裂为兼有张性特征的左行走滑断裂。

2）兽形湖断裂（F_7）

断裂分布于图幅北西部万泉河南兽形湖一带，北东65°方向延伸，遥感影像图中断裂线性特征明显。断裂在图幅内多处被第四系沉积物覆盖，呈断结出露，断层北西盘为泥盆系拉竹龙组二段，南东盘为下古生界奥陶系饮水河组和志留系普尔错群，在地貌上形成负地形，未见到断面，根据断裂两侧地层中劈理化较发育，且北西盘泥盆系拉竹龙组地层走向发生了明显的弯曲，推测该断裂形成时间较早，为逆断层，在后期构造运动中重新活动，表现为左行走滑断裂。

3）普尔错断裂（F_{12}）

断层呈北东向延伸，长约30km，南西侧被第四系沉积物覆盖，北东止于普尔错，北西盘为三叠系康鲁组灰紫色中粒岩屑砂岩、含砾岩屑石英砂岩，南东盘为奥陶系饮水河组灰黑色页岩，岩层扭曲，层理不易辨认，变质作用较明显，为变质泥质板岩，片理产状为330°∠50°。影像图上线性特征明显。三叠系康鲁组总体为一向斜构造，断层性质为逆断层，奥陶系饮水河组灰黑色页岩逆冲于三叠系康鲁组之上（图5-8，1053点）。

4）月牙湖断层（F_{13}）

该断层出露于月牙湖和独立石湖之间，延伸长约10km。断层走向60°，倾向南东，上盘（南东盘）为侏罗系雁石坪群砂岩夹少量灰岩；下盘（北西盘）为新近系唢呐湖组紫红色砾岩，砾岩中近断层处发育次级小断面，并见擦痕，擦痕产状20°∠25°，可见断距不到20m。断层性质为逆断层，侏罗系雁石坪群砂岩逆冲于新近系唢呐湖组紫红色砾岩之上。

4. 南北向或北北东向断裂

南北向断层在区内不太发育，仅见于南羌塘地块骆驼湖北东一带，发育于石炭系霍尔巴错群擦蒙组中，延伸和断距均较小（F_{28}、F_{32}），但断层破碎带较宽，在骆驼湖北东东西20km的范围内，岩层产状紊乱，劈理化、碎裂岩化和节理极为发育，劈理产状总体近南北向，间隔状密集分布。

该期断裂形成时间较晚，为新生代之后南北向持续挤压作用下，发生的脆性断层，张性特征明显，断层性质一般为正断层。

二、构造变形序列

区内主要构造变形时期为海西期、印支—燕山期和喜马拉雅期。海西期表现为早期南北向伸展、扩张，晚期局部挤压，东西向、北西向断裂形成；印支期主要表现为南北向的水平挤压，造成区内地层横向缩短，使新老地质体相互叠置，地壳厚度明显增大，以形成逆冲推覆构造和紧密褶皱为特征，构造形迹总体为近东西向；燕山期基本上仍处于南北向挤压状态，是前期构造的继续，断层仍以逆冲断层为主，沿区域性断裂带发育有后碰撞构造阶段的强过铝侵入岩类，褶皱构造主要发生于地壳的表部，以开阔宽缓褶皱为主。中新世以来区内快速隆升，以垂直运动为主，前期形成的断裂重新活动，原来近东西向的断层方向转变为北东向，且以左行走滑构造为主要特征。第四纪以来发育正断层组合。土则岗日幅构造变形序列见表 5-4。

表 5-4 主要构造-变形序列简表

<table>
<tr><th colspan="2">时代</th><th>变形特征</th><th colspan="2">沉积建造</th><th>岩浆事件</th><th>变质作用</th><th>演化阶段</th><th>地壳运动</th></tr>
<tr><td rowspan="2">新生代</td><td>Q</td><td>山间断陷盆地，南北向断层，活动断裂，河流阶地、夷平面</td><td colspan="2">河湖相砂砾石、粉砂、粘土</td><td rowspan="2"></td><td rowspan="2">未变质</td><td rowspan="2">高原隆升演化阶段</td><td rowspan="2">喜马拉雅运动</td></tr>
<tr><td>N</td><td>走滑拉分盆地、北东向左行走滑断裂（北部）和北西向右行走滑断裂（南部）</td><td>河湖相碎屑岩、灰岩建造</td><td>磨拉石建造</td></tr>
<tr><td rowspan="3">中生代</td><td>K</td><td rowspan="2">逆冲断层，大型开阔宽缓褶皱</td><td colspan="2">碎屑岩、碳酸盐岩建造</td><td>花岗岩</td><td rowspan="3">未变质↑低级</td><td rowspan="2">陆内汇聚造山阶段</td><td rowspan="2">燕山运动</td></tr>
<tr><td>J</td><td colspan="2">浅海陆棚-陆屑碎屑岩、碳酸盐岩建造</td><td></td></tr>
<tr><td>T_1</td><td>逆冲推覆断裂，产生大量层内斜歪褶皱</td><td>碎屑岩、碳酸盐岩建造</td><td>磨拉石建造</td><td>黑云母花岗岩、花岗岩、闪长岩</td><td rowspan="3">俯冲消减</td><td>印支运动</td></tr>
<tr><td rowspan="8">古生代</td><td>P_3</td><td rowspan="2">近东西向、北西向断裂，紧闭、平卧-倒转褶皱</td><td colspan="2">浅海台地碎屑岩、碳酸盐岩建造</td><td></td><td>低级</td><td rowspan="4">海西运动</td></tr>
<tr><td>P_2</td><td colspan="2">碎屑岩、碳酸盐岩、硅质岩和火山碎屑岩</td><td>辉绿岩脉、辉长岩脉</td><td rowspan="3">低级↑中级</td></tr>
<tr><td>P_1</td><td rowspan="2">面理置换，形成紧闭褶皱，东西向断裂</td><td colspan="2">冈瓦纳北部边缘碎屑岩、碳酸盐岩、中—基性火山岩建造，冷温型动物群</td><td>基性岩浆喷发</td><td rowspan="2">伸展拉张</td></tr>
<tr><td>C_2</td><td colspan="2">冈瓦纳北部边缘大地斜坡沉积与冰海杂砾岩、冷温型动物群</td><td></td></tr>
<tr><td>C_3</td><td rowspan="4"></td><td colspan="2">陆棚-陆屑碎屑岩、碳酸盐岩建造</td><td rowspan="4"></td><td rowspan="4">低级</td><td rowspan="4">稳定大陆边缘</td><td rowspan="4"></td></tr>
<tr><td>D</td><td colspan="2">浅海陆棚碎屑岩、碳酸盐岩建造</td></tr>
<tr><td>S</td><td colspan="2">碎屑岩夹碳酸盐岩建造</td></tr>
<tr><td>O</td><td colspan="2">碎屑岩夹碳酸盐岩建造</td></tr>
</table>

第四节 新构造运动

新构造运动，顾名思义，是地球历史中最近期间的构造运动，对现代地形地貌、生态环境的形成起了重要的作用。新构造泛指挽近时期高原地貌、活动断裂、地热活动、新生代断陷盆地、地震活动等。新构造运动影响了最近期间的各种其他地质作用，也将先前已形成的地质体和构造加以改造。

图幅位于世界屋脊青藏高原的北西部，新生代前青藏高原北缘经历了复杂的地质演化过程，新生代以来又经历了挤压、逆冲、走滑和伸展及山地崛起等一系列重大地质事件。新构造运动在区内表现十分显著，总体上表现为上新世以来欧亚板块和印度板块强烈碰撞，新构造运动的时限一般以区内现代地貌特征开始形成为准。区域地质资料表明，青藏高原隆升主要是中新世以来地质构造作用的产物，因此，中新世就是本区新构造运动的起始时限。

一、新构造运动特征及分区

新构造运动产生的断裂发生于板块碰撞以后的后造山阶段，它们改造及破坏了原有的构造格局，把原来在一起的地质体运移到很远的地方，使原先完整的层序和岩系支离破碎。断裂的性质以平移为主，平移断裂的发生往往与板块边界的不规则及板块相对作用力方向的改变有关（许志琴等，1997）。根据新构造运动统一的构造应力场产生的不同构造组合样式及其在空间上的分布关系，区内存在北东向、近东西向、北西向和北北东向等不同方向的构造组合，据此，研究区可划分为两个新构造分区：北羌塘区和南羌塘区，二者大致以窝尔巴错-拜惹布错断裂为界。其中北东向构造带分布于图幅的北部，从广义上讲，可纳入阿尔金断裂系中，主要受新近纪以来阿尔金断裂强烈的左行走滑运动影响，已存在的断裂等构造形迹在新构造运动中重新活动，同时也伴生有新的构造现象产生，但其规模较小，主要表现为小型断陷盆地。在图幅南部，南羌塘地块北侧近东西向构造带在新构造运动中重新活动，同时形成了北西向和南北向断裂，湖泊大量分布。

1. 北羌塘区

区内新构造运动主要受新近纪以来阿尔金断裂强烈的左旋走滑运动的影响，先期存在的近东西向构造形迹转变为北东向，新构造运动对区内地貌发育形态具定向性和定位性的作用。本区中新世以来总体处于隆起剥蚀状态，在地貌上总体已较为平坦，地形上无大的起伏，海拔一般为 5 000～5 700m。山脉总体走向北东东向，具山脉和沟谷相间排列地貌格局。区内从东向西分布有月牙湖、普尔错和邦达错 3 个较大的湖泊，湖面高程从东向西依次递减，依次为 5 110m、5 045m、4 902m，湖泊面积随湖面高程的降低而增大。区内第四纪河流谷地呈北东向展布，两条主要的河流为万泉河和饮水河，河流流向均从西南流向北东。

2. 南羌塘区

该区大体上分布于图幅南侧，是古羌塘隆起继承活动的显示。其形成机理与南北向挤压应力产生的左行走滑运动有关，大致从中新世晚期开始活动，近东西向断裂在新构造运动中重新活动，主要表现有沿断裂带断续出露有泉眼和凸起的冻土包。另外北西向和南北向断裂在新构造运动中表现明显，对区内地貌格局起主导作用。

图幅内新构造活动最为明显的为清澈湖-美马错坳陷带，带宽 10～20km，带内全部为第四系沉积物，偶见孤立分布的基岩山包。沿该带分布有 4 个轴向北西的较大湖泊，清澈湖、骆驼湖、美马错和阿鲁错，泉眼密布，在分布上具有明显的线性特征。在清澈湖两侧，基岩山体与断陷带分界截然，界线平直，断陷带两侧地层由石炭系、二叠系、新近系组成，新近系康托组一般发育于断陷带边缘，倾角 30°左右，最大达 70°，地层内发育开阔褶皱。以该断裂带为界，北东和南西两侧在地貌特征上也有明显的差异，北东侧海拔一般为 5 200～5 400m，而南西侧海拔一般为 5 500～6 000m，并发育多处 6 200m 以上的常年积雪山峰。断陷带向南东延伸出图外，向北西截止于窝尔巴错-拜惹布错断裂带。

南北向断层为新构造运动中新产生的构造形迹，区内广泛分布，规模较小。

二、高原隆升的分期及时间约束

不同学者从不同角度、采用不同方法获得青藏高原不同时期的隆升高度（图 5-12）。尽管隆升的时间过程存在一定的差异，但是对青藏高原隆升起始时间和起始高度结论基本一致。青藏高原及其周边山体的构造隆升主要发生在 20Ma 以来，是在始新世正常地壳结构的基础上演化成现今的“似盆状”异常地壳结构。青藏高原的新构造运动大致可划分为 4 个强烈活动期：中新世晚期、上新世末—早更新世初、早更新世末和中更新世末。

1. 中新世晚期

中新世晚期，随着超碰撞事件的开始发生，青藏高原北缘的阿尔金断裂重新活动。塔里木陆块向高原发生陆内俯冲，昆仑造山带作为高原的北缘翘起，与塔里木南部断陷区已出现较大的高差。与此同

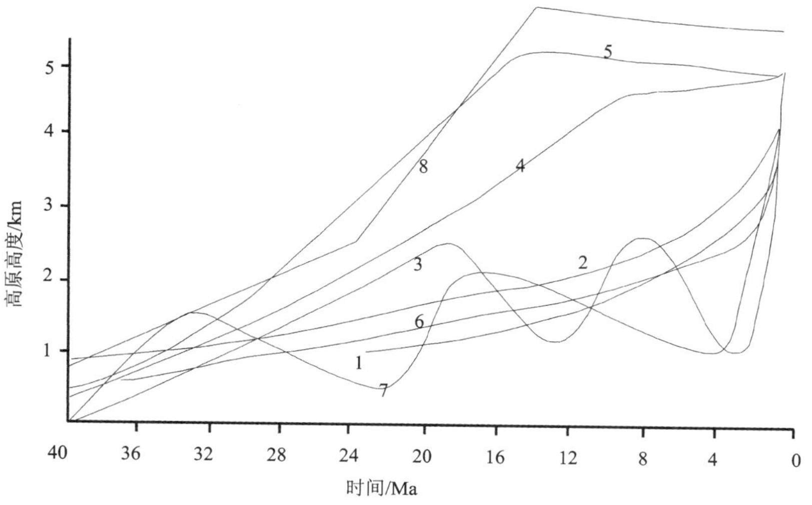

图 5-12 青藏高原不同时期的隆升高度观点示意图(据刘燊等)

1. Mericier 等(1987)青藏高原北部高度变化曲线;2. Mericier(1987)青藏高原南部高度变化曲线;3. 沈显杰(1986)青藏高原高度变化曲线;4. Harrrison 等(1992)青藏高原高度变化曲线;5. Coleman 等(1995)青藏高原高度变化曲线;6. 李廷栋等(1990)青藏高原高度变化曲线;7. 施雅风等(1998)青藏高原高度变化曲线;8. Fielding(1997)青藏高原高度变化曲线

时,区内康托组陆相磨拉石建造和唢呐湖组以粘土粉砂岩河湖相含石膏沉积地层广泛分布于山间断陷盆地内,并不整合于不同时代的前期地层之上。根据地层沉积特征和区域上亚热带植物孢粉组合大量出现,反映了气候温暖湿润,湖泊发育,山势低缓,标志着高原已经抬升,在区内发育有黄土冈达坂和万泉湖等断陷盆地。不过从该时期沉积地层的特征反映,该次抬升并未造成太大的高差。上新世的夷平作用把区内的平均高程削低到 1 000m 左右,该夷平面分布较广,是现代地形地貌起始的基础,因此称之为主夷平面,推测其形成时间为中新世中晚期(15—7Ma)。

以上特征反映,该期构造以陆内俯冲和聚敛作用为主导,造成了区内地壳增厚和壳内断陷作用,奠定了高原现代构造格局的基础,形成了高原北缘山脉断块翘起带,拉开了高原差异性升降的序幕。

2. 上新世末—早更新世初

在上新世末—早更新世初,高原周边坳陷带继续沉陷,高原进一步强烈抬升。区内南部夏碱湖一带发生火山岩活动。显然,这次运动激发了活动构造带的强烈断陷和相邻断块山脉的隆升。

高原内、外磨拉石沉积的广泛分布,表明这次运动造成了青藏高原的整体抬升和进一步的差异性隆升。到早更新世末,高原的平均高程约为 2 000m,而昆仑山脉已达到当时雪线以上的 3 000m 左右的高程。

3. 早更新世末期

早更新世末期的构造运动主要表现为高原周边的早更新世磨拉石沉积与中更新世的高阶地砾石层之间广泛存在不整合面。中更新世时期,由于冰川大规模消退,河流下切强烈,冰川遗迹普遍残存于各山脉隆起区之上。中更新世昆仑山南麓的隆升幅度为 300~500m。这次运动造成了高原进一步隆升,高原内的山脉普遍达到当时雪线以上,外流河下切作用增强,山脉与周边断陷盆地的高差进一步加大。

4. 中更新世末期

中更新世末期是新构造运动的最后一幕,主要表现有以下特点。

高原周边中更新世的高阶地砾石层与晚更新世—全新世松散堆积物之间的不整合或平行不整合,是本期构造运动的表现。

在区内形成大量的断裂,或使前期断裂重新活动,如万泉湖断裂、托和平错断裂等,且沿断裂带分布有冰泉、冻土包，有些断裂可能现在仍在活动。区内各断陷盆地和谷地，都有此次运动的相关沉积。

在晚更新世，高原隆升幅度达到800～2 400m。

可以看出，青藏高原新构造运动的最后一幕，使高原大幅度快速隆升，加之侵蚀作用的加剧，强化了高原及其周边山体的地貌分割，产生了大量新的活动构造，伴随有强烈的火山喷发活动，对区内构造格局的最终形成，具有重要的作用。

三、新构造运动的主要特征

高原现代地貌特点反映，新构造运动中高原隆升有整体性、差异性和阶段性的特征。

1. 整体性

从上新世以来，高原整体隆升，隆升幅度达到3 500～4 000m，与北部塔里木盆地的高差为4 000m，结合高原其他地区边缘坳陷带的情况，第四纪沉积物源区均来自高原，表明自上新世以来高原的隆升具有整体隆升的特点。

青藏高原隆起前形成两级夷平面，一级夷平面海拔高度大多在5 500m以上，由于该夷平面时代较老，经差异运动和后期剥蚀已变化很大，特别是冰川和冰缘作用的改造，使原有的风化壳及其他沉积与微地貌保存较少，主要分布于大山脉的顶部，保存面积较小，这级夷平面被称为山顶夷平面；第二期夷平面分布较广，一般出现在各大河流的源头及河流之间的分水岭，构成青藏高原和外围山地的主体，海拔高度大多为4 500～5 000m，切削了古近纪沉积物，是现代地形地貌起始的基础，因此称之为主夷平面。两级夷平面的特征表明新构造运动以垂直隆升为主。

2. 差异性

在隆升过程中，不同地区在隆升幅度和主要隆升时期方面，存在一定的差异。昆仑造山带的上升幅度较大，为3 500～4 500m。南侧原西金乌兰-金沙江结合带两侧活动构造带分布的地区，上升幅度较小，为3 200～4 000m。从主要隆升时期看，昆仑造山带可能较高原内部稍晚，高原内部主要隆升时期为晚更新世，昆仑造山带除晚更新世之外，全新世还有1 000m左右的隆升。造成昆仑造山带高出南侧活动带地区300～1 000m，反映出新构造运动在平面上的不均衡特征，这种不均衡特征与各地区不同的构造条件和深部构造背景的控制有关。这种差异性，同隆升的整体性相比，只属于从属地位。

3. 阶段性

高原的隆升除在空间上的整体性和局部的差异性之外，在时间上还有明显的阶段性。

图幅内昆仑山的隆起成山主要发生于更新世早期（1.1—0.6Ma），根据地貌学的一般原理，夷平面形成时的海拔高度应接近于海平面，一般只有几百米，并以此为起点估计青藏高原的隆升速率和高原的高程。同时把新构造运动总结为三期。第一期始新世（40Ma），以印度板块和欧亚板块碰撞为标志。第二期中新世中期（20Ma），是新构造运动中最主要的一期。第三期时限为3.4—1.7Ma，青藏高原大幅度隆升。并把第三期单独划出，而且限定新构造运动仅仅就是这一幕（施雅风等，1998）。

四、青藏高原隆升机制的探讨

青藏高原的形成和演化目前已有多种认识，提出了一些模式，如双地壳说、逆冲叠瓦说、碰撞挤压说、均衡调整说和热动力隆升说等。不论何种模式，大多数研究者较为一致的看法是青藏高原的形成与印度板块和欧亚板块强烈碰撞有关，所不同的是青藏高原的隆升是印度板块直接挤压的结果，还是后期其他作用力形成的。地球物理资料表明，青藏高原的地壳厚度可达50～70km，远比其他地区的地壳厚度大。如此大的地壳厚度是如何形成的，是什么作用力使得青藏高原的地壳在近期整体抬升，笔者认为有以下几方面因素。

① 印度板块向欧亚板块的长期持续挤压和相对刚性的塔里木地块的阻挡，使得青藏高原内部较为塑性的各地块产生了横向缩短、纵向拉伸而垂向扩展。从区内资料看，青藏高原北缘昆仑造山带在中新世快速隆升时期，主要表现为垂直抬升，而高原内部岩石在南北向强大挤压力的持续作用下，各地块和主要构造形迹均呈北西西-南东东走向，强烈褶皱和逆冲推覆等构造现象与这种水平作用力有关，高原岩石圈在南北方向上缩短压扁，垂直方向上拉伸增厚，东西方向上拉伸滑移或流动。地壳的增厚可能与深部岩浆的上升活动也有关系。

② 高原山根的重力均衡补偿是高原近期快速隆升的一个原因。肖序常等(1998)认为，青藏高原的隆升可能经历了构造抬升阶段和均衡抬升阶段，始新世晚期—更新世初期，强烈的挤压作用引起各地块之间的差异运动，产生一系列的冲掩断层、推覆构造和塑性褶皱，地壳大规模缩短、加厚，高原缓慢抬升，上地幔大幅度沉陷，形成宽而深的高原山根；更新世中期—现代，主要为均衡抬升阶段，随着高原整体漂移速度的变慢，各地块之间的漂移速度的减小，产生了应力松弛，挤压作用大为减弱，在山根作用下产生了强烈的均衡调整，引起高原大幅度的快速隆升。

③ 近南北向的挤压力一方面来自印度板块向北的推挤，另一方面来自岩石圈根带下沉的拖力。会聚碰撞作用造成造山带岩石圈水平方向缩短，垂向增厚。增厚的岩石圈根带向下深入地幔，会产生拖力，吸引板块向造山带下汇聚，对造山带形成挤压力。并且，数值模拟研究表明(Zang 和 Bott，2000)，如果增厚的岩石圈根部偏离造山带中央部位(上下非对称)，偏向盆地的一侧，则岩石圈根部在向下的拖带过程中，推动造山带向盆地逆冲，在山前形成深坳陷。

④ 图幅内出露新近纪火山岩，表明造山带岩石圈内存在伸展构造。伸展构造产生的机制可能来自增厚地壳的均衡反弹作用。另一个原因可能是岩石圈根部的断离而引发的地幔动力学过程。软流圈地幔对流引起的高密度的增厚使岩石圈根部很容易插入低密度的软流圈，断离后引起软流圈地幔小尺度对流，为岩浆活动提供了条件。

第五节　区域地质构造演化史

处于我国西部核心构造部位的青藏高原经历了多期造山作用，地壳结构复杂，不同构造单元的地质发展史明显不同。调查区构造演化过程在晚古生代末期，冈瓦纳大陆北部边缘裂解，出现了裂谷作用形成的基性火山岩，中二叠世向被动大陆边缘转化；三叠纪末期，晚古生代新生成的南羌塘地块增生于北方大陆之上，本区形成一个完整的大陆，进入了陆内构造发展阶段。新生代以来受到欧亚板块和印度板块碰撞的强大后陆效应的影响，陆块间发生了剧烈的构造变动、叠置和改造，属于早期古板块体制的构造成分和岩石单元，在陆-陆碰撞和后造山阶段发生了移置或再定位，显然现今的位置不代表原始构造位置。本节试图运用板块构造分析和后造山期变形分析相结合的方法，简要阐述羌塘地块北缘的构造演化史。

调查区构造演化过程可分为以下几个演化阶段(图 5-13)。

一、冈瓦纳大陆边缘演化阶段

工作区处于羌塘地块北缘。区内出露最老的地层为奥陶系。在区外分布有古元古界，北羌塘陆块的结晶基底在喀喇昆仑乔格里峰一带出露，为新太古界—古元古界的片麻岩、片岩、大理岩、变粒岩和石英岩等，厚 1 200m。以下就区内北羌塘地块中出露的地层进行讨论。

奥陶纪—早石炭世冈瓦纳大陆北部有着广阔的大陆架，调查区应属这一广阔边缘海的一部分。这一时期羌北地层区处于较稳定的构造环境，沉积了一套稳定型浅海碎屑岩-碳酸盐岩建造。奥陶系以细

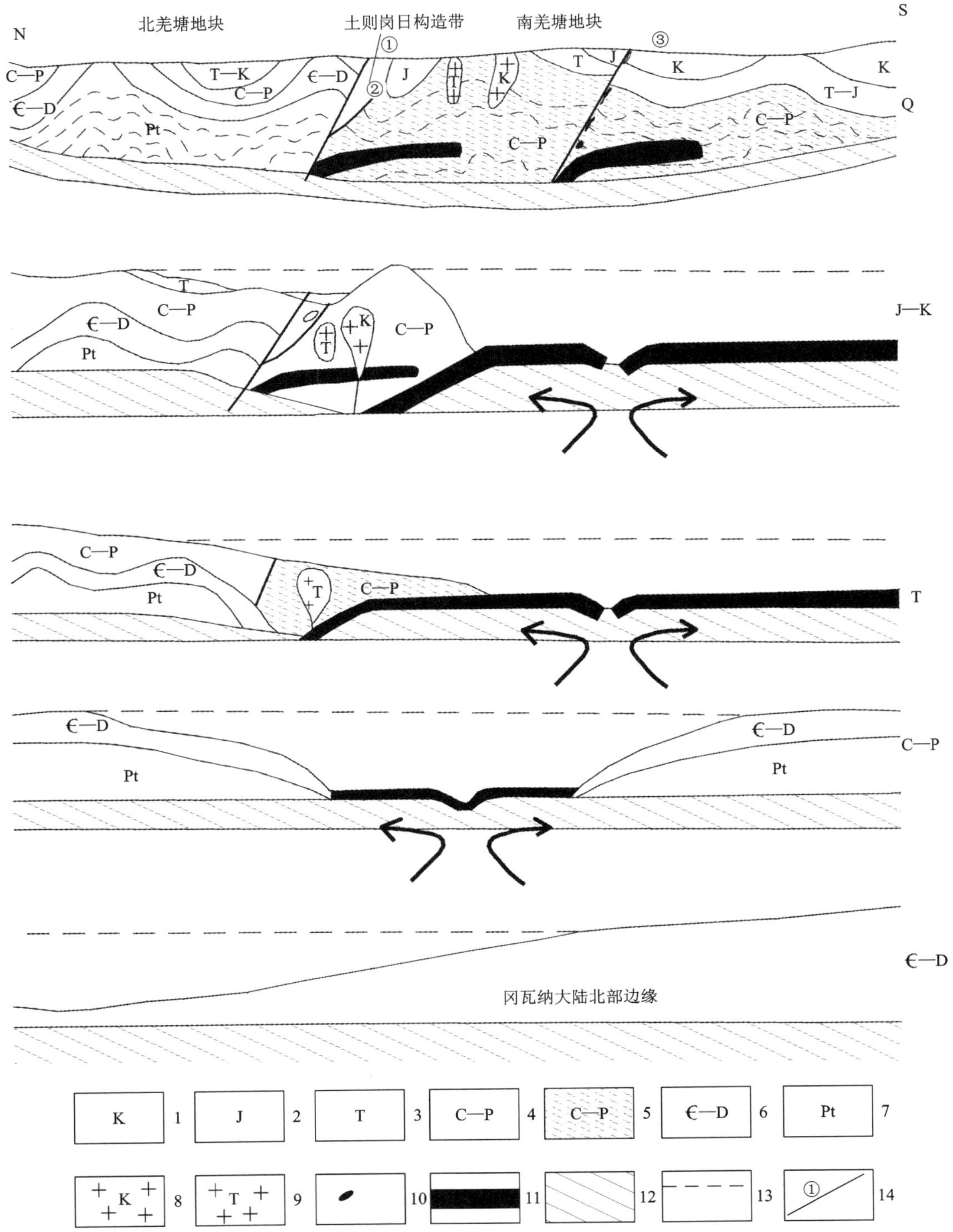

图 5-13　地质构造演化模式示意图

1. 白垩系；2. 侏罗系；3. 三叠系；4. 石炭系—二叠系稳定型沉积；5. 石炭系—二叠系活动型沉积；6. 寒武系—泥盆系；7. 元古界；8. 白垩纪花岗岩；9. 三叠纪黑云母花岗岩；10. 蛇绿岩；11. 洋壳；12. 地幔；13. 海平面；14. 主要结合带及编号；①金沙江结合带；②龙木错-双湖结合带；③班公湖-怒江结合带

碎屑岩和碳酸盐岩为主，灰岩中可见角石、螺、海百合茎等，顶部发育铁质氧化岩、内碎屑铝质岩，构成近滨-陆棚环境；志留系以石英含量较高的碎屑岩为主，夹碳酸盐岩，化石主要有角石、三叶虫、牙形刺、慧形虫和腹足类；泥盆系下部为细碎屑岩，上部为碳酸盐岩，此时，气候适宜、盐度正常，光照充足，生物极其繁盛，化石主要为珊瑚、腹足类及腕足类，腕足类化石主要是法门期（Famennian）的代表，显示了与阿富汗和华南地区腕足动物群的相似性；石炭系为碳酸盐岩夹陆源碎屑岩，含丰富的珊瑚、腕足类化石等。

地层特征和生物组合特征与华夏区相当，显示出华夏复合古陆南部边缘活化台地拉张沉陷的构造环境。晚石炭世之前虽然存在小幅度升降运动，但是并没有改变古大陆边缘海盆的构造环境。

冈瓦纳大陆北部可能在石炭纪中晚期开始裂解。

二、洋陆转化阶段

图幅处于藏北高原无人区，研究程度极低，实际地质资料很少。以往对区内构造单元的划分、地层系统的归属和结合带性质的认定等，主要是依据卫星影像资料结合区域地质资料分析、推测。以下根据我们所取得的实际资料，结合众多学者对青藏高原研究的成果，对区内晚古生代—中三叠世的地质构造演化进行简要分析。

晚古生代是全球古地理格局发生重大变化的时期。南半球冈瓦纳古陆向南漂移，其以北就是广阔的(古)特提斯大洋。这一时期在北羌塘地块上发育有维宪晚期至晚石炭世的陆缘斜坡沉积。晚石炭世羌南地区开始表现为强烈伸展，当时可能处于赤道以南中低纬度区，受冈瓦纳大陆冰川影响，气候寒冷，冰海杂砾岩发育，主要为深海盆地环境，为一套冰海相含砾泥岩(板岩)、泥岩和砂岩互层的复理石沉积，生物门类单调、稀少，以双壳类、腹足类等为主。羌北地区并没有发现冰海杂砾岩，气候适宜、盐度正常，腕足类、珊瑚和䗴类动物群很繁盛，同时伴生有腹足类、菊石、苔藓虫类动物群，说明冈瓦纳大陆冰川影响相对较弱。说明当时冈瓦纳大陆北部可能存在广阔的陆表海，造成它们受冈瓦纳大陆冰川影响程度不同。

早二叠世陆壳进一步减薄、拉断，伸展作用加剧，大量的玄武岩喷发和沿拉伸断裂侵入的基性脉岩，经地球化学特征研究，侵入和喷发是同源同期不同相的产物。这次张裂活动不但强烈而且活动时限短。年代资料证实集中在318—299Ma时间内。

中二叠世特提斯洋北部边缘开始向北消减，但特提斯洋的扩张活动并未结束，一直要持续至早白垩世，也就是说，中二叠世—早白垩世期间特提斯洋处于中心扩张和边缘消减并存阶段。中二叠世调查区南羌塘地区沉积物以碳酸盐岩、硅质岩为主，早期还有厚度较大的碎屑岩，说明当时海水较深，远离陆缘。这一时期，冈瓦纳冰川退缩，气温升高，气候适宜，水循环良好、盐度正常，氧气充足，生物极其繁盛，见腕足类、腹足类、苔藓虫、䗴、海百合、有孔虫等化石等。

晚二叠世，由于古特提斯的消减，古地理格局产生较大的变化。羌南地区由于抬升作用，沉积物表现为下部少量粗碎屑岩，上部为厚度较大的灰岩、生物灰岩和礁灰岩建造，岩石白云岩化强烈。晚二叠世形成了区域性的微角度不整合，说明当时海水变浅，接近北部大陆。区域资料显示，两侧地层受其影响发生褶皱，岩石发生区域浅变质作用。

三、板内调整阶段

三叠纪—侏罗纪是中国古大陆陆内汇聚造山的第一阶段，中国各主要陆块基本拼合，并进入欧亚板块的范畴。

早中三叠世，在晚石炭世—晚二叠世新生成的南羌塘地块已与北侧大陆联为一体，全区已进入稳定的陆内构造发展阶段。随着龙木错—双湖一线俯冲加剧，发生由北向南的逆冲作用，羌南已隆起成陆，海水从东侧退出，缺失下三叠统，地块曾露出水面之上，经受剥蚀；土则岗日构造带北缘分布有三叠系康鲁组陆相磨拉石建造，主要为山间盆地沉积(上叠盆地)，不整合在前期地层之上；羌北地区龙木错一带可能为残留海，发育浅海相万泉河群。

晚三叠世由于板内伸展作用，海平面的上升速度大于中央隆起带的上升速度，向南发生海侵，造成海进岸退，南羌塘地区再度被海水淹没，接受沉积，此时处于巴颜喀拉海的南缘，使晚三叠世地层多处以角度不整合方式超覆于中央隆起带变质岩系之上。晚三叠世时，由碳酸盐岩海岸转化陆源碎屑海岸，沿岸出现滨岸碎屑的岩屑石英砂岩、泥岩不等厚互层，出现大量植物碎片。远离海岸保持碳酸盐岩台地环境，形成微晶灰岩、泥灰岩、生物屑灰岩及钙质页岩。生物以双壳类、腕足类最繁盛。之后，中央隆起带成为相对稳定的陆源剥蚀区。

侏罗纪，本区升降运动频繁，羌塘地块成为(新)特提斯活动边缘的后陆区。早侏罗世末期海水退出，在中侏罗世，海水再次入侵，此次海侵规模较大，与龙木错一带的残留海相连通。在海侵-海退过程中形成一系列准稳定建造，是在羌塘陆块北缘被动陆缘基础上发育起来的周缘前陆盆地沉积，广泛出露侏罗系下中统雁石坪群浅海沉积，为一套碳酸盐岩建造和陆相碎屑岩建造，属海相磨拉石沉积，在整个研究区内充填了砂屑、砾屑灰岩、核形石灰岩、生物屑灰岩、微晶灰岩的开阔台地相沉积，生物繁盛，见有双壳、腕足、海百合、珊瑚、菊石等大量化石。在羌塘中央隆起的北缘多处可以见到中侏罗统朝向隆起的超覆现象，构成了上超型的角度不整合。晚侏罗世末，区内发生横推造山作用，前期地层强烈褶皱，并伴随有大规模的逆冲推覆构造活动，不同时期的地质体相互叠置，使地壳加厚。在地壳褶皱缩短过程中，上地壳主要产生叠覆构造，下地壳则为褶曲变形，地壳厚度增加了一倍。在南北向挤压作用下，先期形成的断裂在新构造运动中重新活动。全区大部分地区从此海水退出，上升为陆。

早、中白垩世，本区总体处于隆起的剥蚀状态，受班怒带的俯冲强烈影响，冈瓦纳古陆向北俯冲并发生与欧亚大陆碰撞的加剧，陆壳叠覆增厚，增厚的下地壳(大于 40km)在适合的温度条件下发生熔融，形成了调查区较富钾且强烈亏损 HREE 和 Y 的花岗岩，在本区相继发生了过铝质花岗岩和碱性花岗岩侵位。早白垩世晚期—晚白垩世早期，在羌北地区发生由南西向北东海侵，海侵初期普遍沉积一套海侵砂砾岩，稍晚时，海侵达到高峰，形成了碳酸盐岩沉积。生物极其丰富，出现有孔虫、腕虫、双壳、腹足、苔藓虫、海胆、海百合茎、介形虫等大量化石。晚白垩世晚期，受整个青藏高原整体抬升的影响，藏北地区地壳不断缩短，地层又一次发生区域性褶皱，相应的逆冲断裂活动普遍，海水退出全区。因此晚白垩世晚期是藏北海陆变迁的重要转折期，调查区从此结束了海洋历史。

四、高原隆升阶段

青藏高原的形成和演化目前较为一致的看法是青藏高原的形成与印度板块向北俯冲和欧亚板块的碰撞有关。从内部来讲，整个青藏高原是由大小不同、形成时代各异的微陆块体群以蛇绿混杂岩带、混杂岩带、深大断裂带等拼贴而成，其中以亿年计的特提斯洋演化过程中沉积、岩浆活动形成的物质构成其浅表层次物质的主体，还有大量的导源于下地壳乃至地幔的深大断裂的存在，为在印度板块与欧亚板块碰撞过程中高原内部的多种变形、俯冲叠置和应力释放提供了物质基础。在印度板块向欧亚板块长期持续挤压和受塔里木刚性地块阻挡的大地构造背景下，众多微陆块间的有限俯冲叠置(包括印度板块的俯冲)、下地壳通过塑性变形、上地壳通过逆冲叠置作用应该是青藏高原地壳加厚的主要原因。

新生代初期，青藏高原北部总体处于陆内汇聚状态，始新世晚期—更新世初期主要为构造抬升阶段。始新世新特提斯海消亡后，受制于印度洋扩张，印度板块向北漂移并与亚洲大陆碰撞后仍然向北楔入，周边印度、扬子、塔里木三大刚性陆块向高原陆内汇聚，导致高原周边的帕米尔、横断山和秦岭三大构造结的形成，高原周边断裂带毫无例外地均向高原区倾斜，表现出高原地区上部柔性壳块向周边古陆台区方向的逆冲推覆、超叠，地壳发生不均衡缩短、加厚，上地幔大幅度沉陷，形成宽而深的“高原山根”。受该时期古地理和古气候的影响，全区处于剥蚀状态，许多地区出现了光秃的沙丘以及贫瘠荒漠砂土，生物极其少见。上新世之后，地壳进一步缩短加厚，高原缓慢抬升，近南北向挤压转化为近东西向的侧向伸展作用，形成北北东向正断层，在调查区发育了一系列陆内拉分盆地，盆地几何形态呈菱形，沉积了较厚的新近系湖相沉积物，湖相地层主要为含石膏的细碎屑岩建造，有些盆地进一步发育为南北走向的湖泊。进入更新世，气候转入寒冷期，导致冰川广泛发育。更新世末，气候逐渐变暖，冰碛物发育。

更新世中期—现代，主要为均衡抬升阶段。晚更新世早期(时间跨度约为距今 16.8—4.6 万年)，山根的抬升、均衡调整，对隆升起一定作用，大致相当于末次间冰期。区域气候由干冷转为温暖湿润，冰雪消融，降水充沛，湖泊水源补给充足。湖积物主要为一套灰色含砂砾石层偶夹灰—灰黄色含砾粗砂土，湖积物粒度普遍较粗。广泛发育的湖积(蚀)阶地及湖岸堤表明，邦达错湖面波动频繁，反映区内这一时期气候是多变的。全新世以来，青藏高原的整体隆升，地势不断升高，形成多级夷平面、湖相阶地等，并伴有一些北西向、北东向、近东西向继承性断层的活化，最终形成了现今的高原地貌。

第六章 经济地质与资源

第一节 矿产资源

受恶劣的自然环境和交通条件所限，测区地质矿产勘查程度较低。有中国科学院科考队、西藏地矿局区域地质调查大队、地矿部成都地质矿产研究所等单位先后在本区开展过一些路线矿产调查工作，发现了一些矿化线索，多属踏勘性质。据前人资料，测区内矿产以蒸发沉积型矿产为主，主要有石膏、硼等，另有丰富的地热资源。本次工作在野外地质调查的同时，注意发现、寻找新的矿化信息，在恰贡错一带新发现砂金矿产地一处，对邦达错一带石膏矿进行了矿点检查。

一、矿产各论

测区位于青藏高原的北西部，隶属于羌塘-三江构造区，目前已发现矿产种类相对较少，主要以沉积型和蒸发沉积型矿产为主，有砂金、石膏、硼、钾盐等，另有丰富的地热资源，现分述如下。

1. 贵重金属

图幅内贵重金属矿产仅金一种，为本次工作新发现的恰贡错砂金矿点。

恰贡错砂金矿点位于西藏改则县北部恰贡错一带。从改则县向北约 300km 有简易道路可与矿区相通，地理坐标为东经：82°00′—83°15′，北纬：34°20′—34°30′，该矿为本次工作地质路线调查及剖面测制时发现，经初步调查认为该矿具有品位高、无埋深、矿石较易选淘、金粒粗大、回收率高等特点，具较高的经济价值。

矿区周围地层为石炭系-二叠系霍尔巴错群擦蒙组、展金组。擦蒙组主要为灰黑色板片状含砾变质泥质粉砂岩、含砾长石岩屑砂岩、灰黑色板片状千枚岩化泥岩夹灰色中层状钙质细粒石英砂岩。展金组下部为凝灰岩、安山岩、玄武安山岩、玄武岩；中部为变质粉砂质泥岩夹少量凝灰岩、硅质岩、少量灰岩、砂岩等；上部为黑色气孔状玄武岩、黑色气孔状橄榄玄武岩及灰色绿色、暗红色橄榄安山玄武岩等，中间无沉积夹层。

矿区内基岩的主要构造线方向为近东西向、北西向，近东西向断裂主要产出于石炭系-二叠系擦蒙组中，断裂性质多为压性逆断层；北西向断裂活动使石炭系—二叠系空间分布发生改变。褶皱构造较发育，褶皱轴线以北东东向为主。背斜与向斜相间出现，主要由石炭系擦蒙组组成，在盆地周围局部被新近系唢呐湖组不整合覆盖。

矿床位于恰贡错西部水系中，矿体主要赋存于Ⅰ级阶地洪冲积层和河床、河漫滩洪冲积层内。砂金多富集于洪冲积层中下部或产于基岩之上部，其碎屑物质经近距离搬运，砾石多呈棱角、次棱角状，分选性差；砾石成分复杂，与矿区基岩成分一致；矿体保存较好且较稳定。平面上，矿体形态与第四系冲洪积物形态一致，呈不规则状长条形，沿水系展布；纵向上，由上游至下游呈缓倾斜的层状展布。水源主要为周围积雪融水、泉水，流水量随季节变化，水流方向分别向两侧注入美马错和恰贡错。含矿层位于地表以下约 1～3m 处，砾石砾径小，砾石成分以含砾砂岩、凝灰质砂岩为主。

矿石类型主要有含粘土砂砾石矿石、含砂砾石矿石、含砾石砂矿石 3 种类型，主要呈层状、似层状。重矿物组合变化小，组合简单，主要矿物为褐铁矿，其次为磁铁矿，少数为锆石、石榴子石、绿帘石、磷灰石，个别为方铅矿、独居石、辉石。砂金多呈金黄色，强金属光泽，硬度小，具强延展性；形态主要为浑圆粒状和片状。

该砂金矿产出河谷宽100～300m，其可采宽度约50～150m，河谷长5～15km，含金砂层厚度0.2～0.6m，金粒呈鳞片状、片状，一般直径在1mm左右，大者可达2～5mm。本次工作在恰贡错一带路线地质调查中发现多处采淘遗迹，由此可见其周围水系沉积物中普遍含有砂金，为进一步寻找砂金矿及原生矿提供了重要线索。

2. 石膏

图幅内发现石膏矿产地一处，赋存于侏罗纪地层内，规模较大，具一定的工业价值。

邦达错石膏矿位于日土县拉竹龙北的邦达错西约5km处，交通不便。地理坐标为东经81°26′15″，北纬34°56′13″。该矿系测制侏罗系剖面时发现，1∶100万日土幅矿产报告也提到该矿，不过其测制的剖面中未描述石膏层位，且石膏厚度也有所出入，现根据本次测制的剖面结合日土幅矿产报告资料予以描述。

含膏层位为侏罗系雁石坪群(J_2YS)。雁石坪群主要岩性为泥晶灰岩、内碎屑(鲕、豆状)灰岩夹钙质泥岩及钙质粉砂岩，与含矿层接触部位有一层厚约1.2m的角砾状、疙瘩状灰岩。地质剖面描述如下：

（未见顶）

7. 灰色、深灰色薄层—中厚层泥晶灰岩

6. 灰色、灰黑色中薄层状—厚层状微泥晶粉屑灰岩　53m

5. 白色细粉状、页片状石膏　38m

4. 深灰色薄层状石膏　12m

3. 灰黑色中薄层状鲕粒灰岩、泥晶灰岩夹灰黄色薄层状钙质泥岩　32m

2. 灰色、深灰色页片状粉砂岩、钙质粉砂岩夹灰黑色泥晶灰岩　35m

1. 灰色、灰黑色中细粒中厚层状白云石化砂屑灰岩夹两层灰黄色粉砂岩　15m

矿体规模较大，矿层延伸约1 000m，厚度有一定的变化，薄的仅20m，最厚的可达50m，平均厚度约30m。矿层倾向210°，倾角50°～56°，与围岩产状一致。

矿石主要呈白色粉末状，少量为薄层状。白色粉末状石膏呈透明状、页片状、不规则状，石膏破碎后常被铁泥质胶结而形成1～4cm大小的团块产出，而胶结物多风化成褐红色。薄层状石膏呈薄层—页片状产出，细层厚2～3cm，细腻，致密。

页片状石膏和薄层状石膏各取1件拣块样，分析结果见表6-1。页片状石膏化学分析结果：CaO 32.16%，SO_3 45.84%，H_2O^+ 20.15%。薄层状石膏化学分析结果：CaO 32.16%，SO_3 46.06%，H_2O^+ 20.16%。二者的化学成分基本相同，与石膏的理论成分(CaO 32.6%，SO_3 46.5%，H_2O^+ 20.9%)十分接近，说明矿石的质量相当好，其$CaSO_4 \cdot 2H_2O$含量高达96.3%，完全满足工业要求。

表6-1　邦达错石膏矿样品分析结果表(%)

样品	CaO	SO_3	H_2O^+	MgO
Hx-1	32.16	46.06	20.16	0.06
Hx-2	32.16	45.84	20.15	0.06

本矿规模较大，矿层长1 000m，厚度30m，最大推测延伸200m，可估算其资源量为1 400万吨，属中型石膏矿床，具一定的工业价值。

3. 硼

图幅内仅有1处矿化点，矿化点位于图幅东南部美马错一带，距西藏改则县北约330km。地理坐标为东经82°18′15″，北纬34°12′13″。

美马错湖面海拔高程 4 920m，长 32.5km，宽 2～7km，面积 $130km^2$。周围被高山环绕封闭，四周水流注入湖内，在湖边沉积了第四系山麓碎屑堆积层，属内陆湖盆地。湖周围地层主要为石炭系-二叠系霍尔巴错擦蒙组、展金组以及新近系唢呐湖组，唢呐湖组可能是其直接的矿源层。与高原其他内陆湖泊一样，由于高原的不断隆升，气候干燥，蒸发量远远大于降水量，导致湖泊面积不断萎缩，其盐度不断升高而成盐湖。湖水化学类型为 $CO_3 \cdot SO_4$ - Na 型，pH 值为 9.15，呈碱性。矿化度较高为 13.43～16.83。湖水中 B_2O_3 含量为 58.38mg/L，硼含量较低。另外，湖水中同时伴生多种盐湖矿产，如石盐、芒硝、钾盐、氯化锂等。

该矿为现代盐湖蒸发沉积型，1982—1983 年西藏地矿局区调大队对其进行了调查，本次工作对该矿点进行了检查，未做进一步评价。

4. 地热

图幅内主要有美马错、阿鲁错两处温泉。海拔高度 4 935～4 960m，地理坐标分别为：东经 82°5′45″—82°20′50″，北纬 34°5′10″—34°20′30″，交通不便，有简易道路相通。

两处温泉均沿北西走向的清澈湖-美马错断裂分布，具成群分布的特点。温泉附近出露地层主要为石炭系-二叠系霍尔巴错群展金组粉砂岩、砂岩、安山岩，新近系唢呐湖组砂砾岩和第四系沉积物。

温泉特征见表 6-2，多以中低温型为主，涌水量较小，一般都为 10～20L/s，水温 30～45℃。水质均为 HCO_3-Na 型水。泉水基本无水柱高度，自然涌出注入美马错和阿鲁错。

表 6-2　地热水活动一览表

名称	位置	海拔标高(m)	水温(℃)	流量(L/s)	热显示类型	天然热流量(L/s)	水质类型	备注
美马错	改则县美马错北西 8km	4 950	42	20	温泉		HCO_3-Na	本次调查
阿鲁错	改则县阿鲁错北西 3km	4 957	38	10	温泉	753.6	HCO_3-Na	本次调查
邦达错	改则县邦达错南 3km	4 935	30	>20	温泉			本次调查

二、矿产分布规律及成因

图幅内未发现内生矿产，外生矿产主要有砂金、石膏、盐湖盐类(硼)等矿种。

外生矿产的形成和分布严格受岩相古地理和古气候的控制。不同地区由于在不同地质时期的构造变动特点不一及岩相古地理、古气候的差异，形成了不同的外生矿产。

在空间上，砂金矿分布于恰贡错西部的第四系冲洪积物中；石膏分布于图幅的北西部侏罗纪地层内；盐湖盐类分布于图幅的东南部湖盆周围。在成矿时期上，主要为中、新生代。中生代有石膏生成；新生代有盐类生成。其成因类型有：机械沉积、蒸发沉积、冲洪积型。

1. 侏罗纪石膏矿

侏罗系雁石坪群，主要为灰—深灰色灰岩夹石英砂岩、泥灰岩、钙质砂岩及鲕状灰岩，底部有紫红色砾岩。属一套浅海相的碳酸盐沉积建造。在当时的局部海湾，由于气候炎热干燥，沉积了滨海湾泻湖相石膏矿，矿层正好位于碳酸盐岩向碎屑岩的过渡部位，规模大，为具一定工业意义的中型石膏矿床。

2. 第四纪矿产

主要矿种有盐类矿产，为蒸发沉积成因类型。

蒸发沉积矿床：本类矿床为现代盐湖中的盐类矿床，主要包括硼及其伴生盐类矿产，分布于图幅的东南部湖盆周围。高原内陆湖泊由于高原的不断隆升，气候干燥，蒸发量远远大于降水量，导致湖泊面积不断萎缩，其盐度不断升高而成盐湖，形成了以硼、锂、芒硝及其伴生盐类矿产为特征的蒸发沉积型矿床。一般硼矿形成稍早，可能在全新世早期形成。

洪冲积型矿床：此类矿床仅发现砂金矿。矿体主要赋存于Ⅰ级阶地洪冲积层和现代河床、河漫滩洪冲积层内。砂金多富集于洪冲积层中下部或产于基岩之上部，其碎屑物质经近距离搬运，砾石多呈棱角、次棱角状，分选性差；砾石成分复杂，与矿区基岩成分一致；矿体保存较好且较稳定。其形成时代为第四纪晚更新世—早全新世。

区内金矿成因类型为洪积-冲积型，形态类型为河床、河漫滩Ⅰ级阶地型，其矿石类型主要为砂砾石型和含砂砾粘土型。根据矿石中砾石磨圆度差、分选性不好，砂金粒度以粗巨粒为主，其形态多为港湾状、疙瘩状、不规则状、板状、粒状、树枝状和浑圆片状等，粗巨粒金多含石英包体，表面常附有钙质铁质薄膜，成色为中等—高等特点，可以判断金矿中的砂金搬运不远，为近源型砂金矿。从矿区地质特征分析，矿床周围地层均为石炭系-二叠系霍尔巴错群擦蒙组、展金组，尤其是展金组岩性下部为凝灰岩，气孔、杏仁状安山岩，气孔、杏仁状玄武安山岩，气孔、杏仁状玄武岩。断裂及构造蚀变岩不可能提供如此巨大的金源，最有可能的金矿源层即为展金组火山岩。据贾保江等对小盆湖金矿 17 件痕金分析及 12 件微量元素分析成果显示，霍尔巴错群 $w(Au)$为$(4.5\sim36.0)\times10^{-9}$，平均值为 11.7×10^{-9}，为地壳丰度值(4×10^{-9})的 2.9 倍；与 Au 密切相关的 Ag、As、Sb、Pb、Bi 平均含量分别达到地壳丰度值的 3.2 倍、4.3 倍、2.5 倍、5.1 倍和 1.5 倍，表明该套地层很可能是砂金矿床的矿源层。在金的成色分析样中，部分样品含银较高，表现出火山岩型金矿的特点，也佐证了石炭系-二叠系霍尔巴错群展金组火山岩可能是砂金的矿源层。

三、找矿方向和成矿远景区

杜光树等在总结西藏砂金成矿特征时指出，西藏砂金矿具有“新、近、短”和金源丰富的特点，并解释为：新，即成矿时代新；近，即离矿源近；短，即成矿过程短。这一认识与区内砂金矿带的特征是基本吻合的。青藏高原新构造运动在总体上具有相类似的特点，由新构造运动而导致的与砂金成矿作用密切相关的地形地貌、第四纪地质环境、外营力作用和气候条件等具有诸多类似之处。这种类似的环境决定了砂金矿床成因类型、形态类型的相似性。当然，由于羌塘地块的演化有其自身规律特点，在承认相似性的同时也不能忽略其差异性。这种差异性，不仅仅表现为矿质来源的不同，也表现在其他方面。比如，在成矿过程短的问题上，可能不能忽略中央隆起带多次隆升成陆并在相当一个地史过程中呈海、岛频繁变迁的历史。在这个变化过程中，在每一个不整合面之上的合适的位置都有可能形成砾岩型金矿，而现在我们在该带所发现的砂金矿，可能有相当部分是经历了多个矿质来源和多个富集阶段的最终产物。归纳起来，本区砂金找矿方向是：

① 石炭系-二叠系霍尔巴错群中的火山岩层分布区。

② 区域不整合面之上的底砾岩及其流经的水系下部。

③ 古夷平面及其剥蚀区下部堆积区。

④ 直接线索是前人留下的古砂金采场。

⑤ 在具体矿点上，应非常重视冰冻层（假底板）之上、基岩底板之上和基座基岩表壳裂隙漏砂带 3 个主要砂金富集层位。

恰贡错砂金矿成矿远景区：依据以上讨论，在恰贡错一带划分出一个成矿远景区，是托和平错幅小盆湖-鸭子湖砂金矿成矿远景区的西延。地理坐标为东经 81°50′—82°30′，北纬 34°15′—34°35′，即土则岗日构造带南缘断裂和清澈湖-美马错断裂所围成的区域，面积约 $900km^2$。在卫星影像图上，本区呈灰黑色、棕褐色调，与区内其他地方的浅色影像特征截然分明。本区的地层主要为石炭系-二叠系霍尔巴错群擦蒙组。目前在托和平错幅小盆湖、鸭子湖等地也已发现冲洪积型砂金矿床或古砂金采场，与恰贡错砂金矿一起同处藏北羌塘小盆湖-拉雄错砂金矿带（贾保江等，2002）。由此可见该区砂金矿矿源层分布范围广，金矿成矿地质条件优越，具有很大的金矿找矿远景，近年来探明的砂金储量已达数吨，随着该区金矿普查地质找矿工作的进一步开展，矿床范围将会得到大大扩展，在该区范围内的第四纪河床、河漫滩阶地上很可能发现新的矿(化)点。

另外区内湖泊广布，咸水湖较为发育，具有分布面积大，矿化度高的特点，应注意在邦达错、普尔错、美马错一带寻找与现代盐湖有关的蒸发沉积型盐类矿床；在图幅西部的清澈湖、多湖分布有中生代印支期、燕山期中酸性侵入体，应注意寻找与之有关的热液型有色金属矿床。

第二节　生态环境

一、高原地貌

调查区属西昆仑山脉西段，地处高原腹地，属羌塘高原地貌区，平均海拔 5 000m 左右。位于调查区内东南部的海拔 6 404m 的美马错西阿鲁岗日是区内最高点，南部鲁玛江冬错湖面海拔 4 810m，为区内最低处，相对高差 200～1 600m。由间断分布的高低起伏山地和高原内部湖泊、宽阔的山间谷地组成。

测区地貌可分为极高山地貌、高山地貌、山间谷地地貌和湖积地貌 4 种类型。

极高山地貌：指多年积雪覆盖的山地，也即雪线以上的山地。区内在土则岗日、美马错—阿鲁错西、清澈湖西南、叉头沟西、热合盘北都有冰雪极高山，海拔大多大于 5 600～6 000m。自西向东逐渐升高。它们都是各山系强烈上升的中心，性质上为差异上升的断裂山地。极高山多呈椭圆形和不规则形，其长轴方向与山脊走向一致，呈北西向、南北向、近东西向展布。极高山面积约 $400km^2$。其中土则岗日雪山面积最大，约 $125km^2$；美马错西雪山为区内最高山峰，海拔 6 404m。极高山发育有冰舌、U 型谷和冰川终积、侧积。终积逐渐上移，反映了冰川加速融化退缩的迹象。据有关资料，20 年来，冰川至少提高了 100m，这与全球气候变暖导致高原升温有关。

高山地貌：指雪线以下，海拔 4 800m 以上的山地。这是区内最主要的地貌类型。这种地貌类型以冰蚀地貌、流石坡、洪积扇为特征。相对高差 1 000m 以上的大起伏高山，其上部连接极高山或接近雪线的高度。地表冰蚀现象，特别是岩屑坡较为普遍。一般比较陡峻，不少坡上基岩裸露。中起伏高山相对高差一般为 500～1 000m，其山峰高度为 5 000～5 600m，多位于山脊两侧。冰蚀现象仍较普遍，但坡度不如大起伏高山大。地表融冻流石坡地貌发育。相对高差 500m 以下的小起伏高山，多分布在高原面上，物理破碎作用强盛，坡度一般较缓。

山间谷地地貌：指位于平行山系之间，比较平缓开阔的砂砾石、覆沙地。呈开阔平坦的谷状平原，宽几千米到几十千米，多由构造成因或由早期湖盆河系演化而来，谷底沉积物厚几米至数十米，由第四纪残坡积层或湖相砂质粘土沉积物组成。一般呈缓倾斜，地面坡度为 1°～3°。

湖积地貌：指高原湖泊及其周围的地貌。湖泊一般为封闭型内陆湖泊。其周围地势平坦，由第四纪湖相砂质粘土或盐渍化粘土组成。部分湖泊边缘发育盐沼沉积或盐碱滩地。近二十多年来，由于高原气候处于异常剧烈的波动之中，气候向偏暖、干旱方向发展。蒸发量远远大于大气降水，且雪线不断升高，冰川后退，河流径流量减少，湖泊萎缩，有的湖泊甚至已经干枯。

二、气候

测区属典型的荒漠寒漠大陆性气候，呈寒冷、干旱、多风、蒸发强烈的高原气候特征。空气稀薄，气压低，氧气少，仅相当于海平面的 40%左右；沸点为 80℃，空气干燥少尘，透明度高，大气质量约为海平面的 1/2，CO_2 含量不及海平面的 1/2，致使高原的天空分外碧蓝。

本区位于昆仑山脉的西部，属藏北羌塘高原区，地处中纬度，全年没有无霜期，更没有四季之分，仅有冷暖季之别，暖季短且暖湿同期。全年以西北风为主，冬春季节多大风、风沙天气。昼夜温差较大，即使夏季也发生降雪。年平均温度为－10～－8℃，冬季(1 月)可达－21℃，进入夏季(7 月)平均气温也只有 4℃。这里气候异常寒冷，气温日变化剧烈，由于暖季晴空少云，太阳辐射强，日照时间长(全年可达 3 300小时以上)，夜间地面长波辐射也强，中午气温可升至 20℃左右，但夜间仍可降至冰点以下，甚至 −10℃，日温差可达 30℃。每年 6—8 月平均气温 0～11℃，9 月下旬降至 4℃以下，并逐渐封冻。6 月—7 月中旬为冰冻消融期，之后逐渐干枯。

本区地处青藏高原昆仑山脉西部，从卫星云图中云团的移动表明，暖湿的阿拉伯海水汽为本区的降雪和冰川发育提供了主要的水汽来源。由于远离阿拉伯海，又有重重高山叠嶂，绝大部分水汽被西喜马拉雅山、喀喇昆仑山、昆仑山截留形成中纬度地区最为壮观的冰川群，进入高原西部的水汽所剩无几。仅在极高山区有稍多降水，形成山岳冰川的集中发育中心。高原面上年降水量一般不超过 100mm，且以固态形式的雪、霰、冰雹为主。水汽输送量的强弱和离水汽源地的远近反映在植被类型上，本区的高原面十分干旱，为高山荒漠及光裸不毛之地。植被类型以荒漠沙生针茅草原为主。

三、地表水

区内分布着大面积的冰川，发育有少量的河流和星罗棋布的湖泊。

1. 冰川

区内在美马错—阿鲁错西、土则岗日、清澈湖西南、叉头沟西、热合盘北发育冰川，总面积约 400km²。属极大陆性冰川，冰川积累区年降水量小于 600mm。冰川发育在较平坦的山峰顶部，因地形平坦，多年积雪有效率高，冰川作用正负差异小，刨蚀和堆积作用弱，冰面洁净。还由于外围不受任何限制，冰川同时向四周增长扩展。在每个冰帽区，都发育有冰舌，冰舌一般长 1～3km，冰舌前锋最低高度为 5 300m。

本区众多的冰川和冰川面积，蕴藏着丰富的淡水资源，冰川是地表径流的特殊储备形式。每年可提供较为稳定的、大量的冰雪融水径流，致使在干旱山地出现山高水长的现象。高山冰川为河川径流提供了物质来源，说明其与干旱区的生态环境密不可分。同样，在高原内部形成的冰川-河流-湖泊体系，不仅以维系高原生态环境具有决定性意义，而且也有助于水分小循环。

2. 河流、湖、泉

区内河流较发育，主要有泉水河(10km)、万泉河(25km)、饮水河(50km)、月牙河(30km)。这 4 条河流与众多的时令河组成了区内高原盆地中的大动脉，滋润着广袤的高山草场。4 条河流的流域面积达 1 500km²，河流的水量补给主要有两种，即冰川融水和出露泉水。

这些河流均为内流水系，由于受纵向及斜向不同构造带控制，处在高原内部的山间盆地多呈条带状，并沿构造凹陷发育内陆湖盆。无论源自周边高山冰雪，或源自湖泊及泉水的河流，最终多与湖泊构成封闭的河湖流域系统。河流以流程短、河流面积小和当今无开发利用条件为特点，对当地自然生态环境及野生动植物资源的生存与发展却具有决定性作用。

区内湖泊星罗棋布，主要有邦达错、窝尔巴错、鲁玛江冬错、清澈湖、骆驼湖、独立石湖、普尔错、月牙湖、恰贡错、美马错、阿鲁错等，总面积约 885km²，对区内气候起着重要作用。主要湖泊美马错和阿鲁错，位于测区的东南部。美马错位于东经 82°15′，北纬 34°17′。阿鲁错位于东经 83°25′，北纬 34°00′。美马错与阿鲁错为一对连通湖。阿鲁错位势较高，海拔 4 941m，美马错较低，为 4 940m。阿鲁错面积为 105km²，美马错为 136km²。两湖间隔有一条数千米的河堤，由一小河将两湖连通，8 月实测流量为0.5m³/s。由于阿鲁错向美马错泄水，阿鲁错水质较淡，矿化度为 1.87g/L，pH 值为 8.9，水型为 HCO_3-Na。美马错较咸，矿化度为 19.8g/L，pH 值为 10.0，水型为 SO_3 - Na。美马错与阿鲁错的水，主要靠其西部山地冰雪融水补给，并有由融水在山前地带出露的大量泉水汇入。

在美马错—阿鲁错西有多处断裂泉。主要大泉有美马错和阿鲁错两处。泉水温度 18℃左右，是很好的地下水资源。

四、高原生物种类

生物包括植物、动物和微生物，是生态系统的核心部分。生物与其环境的统一体就是生态系统。一个地区所有生态系统的总合构成该地区的自然地理景观。植被是生态系统的第一性生产者，是推动整个生态系统运转的能量的捕获者。一个地区植被的组成和外貌特征、动物的生态类群都与其生态环境密切相关。

1. 植物

植物的生存需要一定的环境条件，特别是气候条件和土壤条件对植物的影响最大。测区平均海拔5 000m左右，气候恶劣，寒冷干旱。在极高山区和基岩裸露区、流石坡区均无植被。极高山区指冰川、粒雪原区，区内主要分布在美马错—阿鲁错西、土则岗日等地，总面积约400km²。5 400m以上的基岩裸露区也无植被，主要以原地物理风化破碎形成的砾石、角砾石组成地表表面。流石坡指碎石在山根脚部以流石坡、洪积扇为特征的地貌，主要分布在极高山和高山的山根脚部，在鲁玛江冬错、清澈湖、土则岗日、镇亚、不夺、美马错—阿鲁错等地表现尤其明显，在卫星影像图以棕褐色调、砂质、巨大的扇面为特征。

本区现代植被类型在我国植物区划系统中属于青藏高原高寒荒漠植被区域，植被类型较简单，以高原高寒荒漠草原的植物种属为主，主要有紫花针茅（*Stipa purpurea*）、羽状针茅（*Stipa subsessiliflora* var *basiplumosa*）、沙生针茅（*Stipa glareosa*）、青藏苔草（*Carex moorcroftii*）、垫状驼绒藜（*Ceratoides compacta*）、合头草（*Sympegma regelii*）、盐生草（*Plantago lanceolata*）和几种蒿等植物组成。各种植物以不同的生活类型适应着高原干旱、寒冷导致的生长期短的气候，具有抗低温、旱生的生态习性。绝大多数植物叶面缩小成刺、被毛，植株低矮、茎短、丛生或近似莲花座或垫状。生产能力低，每公顷产草量合成鲜物质重量平均为350～700kg，植被覆盖率一般在20%～50%，植被的平均高度为12～16cm。载食草动物能力低，草场不耐践踏。但是由于面积广大，牧草适口性好，营养物质含量比较丰富，毒草和有害草少，成为食草动物生存的必要条件。

依据植被特点、土壤状况、地貌特征和水体类型等因素，可将区内植被划归4个主要植被类型，即高山荒漠、高山草原、高山草甸和滨湖型湿地。

1）高山荒漠区

主要分布于土则岗日北东部以及邦达错、独立石湖、鲁玛江冬错湖区周围。面积约800km²，分布于4 900～5 400m。以合头草和垫状小半灌木驼绒藜等为主，草地盖度一般在1%～25%。

2）高山草原区

主要分布于区内各个山系之间的谷地，为区内最广泛的植被类型之一。面积约6 000km²，分布于4 800～5 100m的高度之内。此区的特点是植被稀疏，以青藏苔草、沙生针茅等为主。是藏北主要的牧场，草地盖度7%～18%。

3）高山草甸区

面积约2 000km²，分布于4 800～5 200m的高度之内。草类植被较稀疏，由高原沙生针茅、紫花针茅等组成，草地盖度7%～18%。

4）滨湖型湿地

仅发育于美马错—阿鲁错周围，面积约600km²，是图幅内海拔最低的区域，草地盖度达50%。草地主要牧草为青藏苔草、沙生针茅、羽状针茅等，叶量多，营养丰富，牲畜喜食，是优良牧场之一。

2. 动物

羌塘地区的动物种类比较贫乏，这与其特殊的自然历史、自然地理环境有密切的关系。在这一地区，由于人类活动的影响相对较小，原始的自然生态系统仍维持在较好的状态，动物的区系组成和主要的相互关系也比较协调。区内的动物生态类群主要以哺乳类动物和鸟类为主。

测区内的野生哺乳动物有10种：藏羚(*Pantholops hodgsoni*)、野牦牛(*Poephagus mutus*)、藏野驴(*Asinus kiong*)、黄羊(*Mongolian gazelle*)、棕熊(*Ursus arctos*)、狼(*Canis lupus*)、旱獭(*Marmota*)、藏狐狸(*Vulpes ferrilata*)、高原兔(*Lepus oiostolus*)、鼠兔(*Lepus capensis*)等。其中属于国家一级野生珍稀保护动物的有藏羚、野牦牛、藏野驴3种，属于国家二级野生珍稀保护动物的有棕熊1种。

藏羚羊：哺乳纲，偶蹄目，牛科。体长约1.2m，雄兽吻鼻部隆起而粗大，角细长形笔直，近基部有明显的横棱。尾短而尖，背毛浅红棕色，腹部白色。头顶及下颏白色，稍带棕色。耳内呈白色，四肢浅灰白色。为羌塘草原特有代表动物，在高原草原，高山草甸或荒漠草原环境下均可生活，水源附近尤为密集。喜结群活动，每年4—6月为繁殖期。大部分雌性藏羚羊结成大群长途迁徙至繁殖地。其主要食物为禾本科(Granmineae)和莎草科(Cyperaceae)植物。狼是其主要天敌。藏羚极具利用价值，尤其是藏羚绒制品在尼泊尔、印度、意大利市场走俏，为追逐非法商业利润而进行的偷猎活动日渐猖獗，估计进入20世纪90年代，至少有上万只藏羚遭到非法猎杀，虽然藏羚种群数量仍相当可观，但这一物种确实已面临危险的境地。

野牦牛：哺乳纲，偶蹄目，牛科。体形大而粗壮，成年雄兽体重达500kg，肩部隆起，耳小。四肢短而粗。被毛暗褐黑色，头和背部的毛短而光滑，体侧、颈部、胸部、腹部及尾部均具长毛。尾毛长，下垂至踵部，尾端蓬松。野牦牛是典型的高寒动物，性极耐寒。性喜集群，冬季常因食物的关系在大范围内做短距离迁移。食物以禾本科(Granmineae)和莎草科(Cyperaceae)植物为主。每年8—9月为交配季节，次年6—7月产犊。分布高度海拔4 500～5 500m，气温较高时可上升至6 000m左右高山上，区内在5 000～5 400m处见及，对人有攻击性。当地牧民，有将其头、角悬之屋檐处用以避邪的习俗。其为比较稀少的动物，现已列为国家一级重点保护野生动物。

藏野驴：哺乳纲，奇蹄目，马科。别名亚洲野驴、野马。外形与蒙古野驴相似，但略矮，体重约250kg。颈的背侧、肩部、背部为黄棕色，在冬季则变成浅棕色或灰褐色；胸、体侧、腹、鼠蹊部均为白色，与其北侧主色有明显的分界线。颈、背、两耳至肩部具短的鬃；背中央一深棕色背纹一直延伸至尾的基部。四肢粗短，蹄比马小但不大于家驴，前肢内侧有胼胝体。喜结群，性甚好奇，极耐干旱。食物主要有白草(*Pennisetum flaccidum*)、固沙草(*Orinus thorodii*)、芨芨草(*Achmatherum splendens*)等。每年夏末秋初为交配季节，翌年夏季产仔。

黄羊：哺乳纲，偶蹄目，牛科。四肢细长，蹄尖形细，仅雄性有角，角短而直，先平行，然后略向后弯并逐渐分开，角尖向上。夏季毛浅黄色，四肢内侧白色，尾棕色，冬季毛较淡，略带浅红棕色，臀部具有显著白斑，腰部毛色呈灰色，与羚羊依角易区分，已被列入国家一级重点保护野生动物。区内经常出没于沿湖的湿地范围内，经常7～8头成群活动。

棕熊：哺乳纲，食肉目，熊科。体形较大，体长150～170cm，体重150kg左右。头宽圆，身较大，眼小，吻短而尖，四肢粗健，前后足皆具5趾，爪尖锐不能伸缩，足垫厚实。尾基短，臀圆大。体毛棕黑色富有光泽。下颌白色，胸部有一白色或黄色"V"形斑纹。颈侧部毛甚长，成毛丛状。善爬树，能游泳，可直立行走。视觉较差，嗅觉、听觉灵敏。杂食性。

鼠兔：兔形目鼠兔科，通称为鼠兔，又名鸣声鼠、石兔。外形略似鼠类，耳短而圆，尾仅留残迹，隐于毛被内。因牙齿结构、摄食方式和行为等与兔子相像，故名。高原鼠兔身体结实、无尾，毛呈棕色至浅红棕色，腹部为淡灰色。它对高山草甸和草原环境里的其他动植物发挥着巨大的影响力，主要是它们爱挖洞筑窝的习性引起的，数量多时易成鼠害，造成对草场的严重破坏。但它们的身体里却蕴涵着整个青藏高原隆升变迁的信息。它的祖先可能就经历了高原的隆生，为了适应环境变化，产生基因变异，然后遗传给后代，成为研究高原隆升的活证据。

狼：犬科、狼属。别名：灰狼，黄狼。体长70～90cm，毛灰黄色。测区广泛分布，但分布区域已大为缩小。该种为藏羚、藏原羚等多种动物的主要天敌，对维护整个生态系统平衡起着极其重要的作用。狼为重要保护物种，但由于狼是传统意义的"害兽"，对其猎捕现象一直不能禁绝。

由于恶劣的环境条件的限制，这里的哺乳动物在身体机能与生态适应上，都显示出它们的特殊性，主要表现为：体毛密长丰厚；鼻腔扩大，口腔广阔；听泡和眼眶发达；生理指标数值比低海拔地区同种动物高；昼间生活与午间憩息；山地裸岩成为草食动物与肉食猛兽的主要活动场所；由杂食性趋向肉食性。根据哺乳动物的食性划分的生态类群有食草动物、肉食动物和杂食动物。草食动物包括有蹄类、兔形目和啮齿目等动物类群，如野牦牛、藏野驴、藏羚、黄羊、鼠兔等。草食动物是生态系统中的被捕食者，种群的个体数量一般较多。肉食动物全为食肉目的动物，如狼。这类动物是生态系统中的捕食者，种群的个体数量相对较少。

区内的鸟类有 6 种。主要生态类群为陆禽 5 种：藏雪鸡（*Tetraog allus*）、岩鸽（*Columba rupestris*）、猎隼（*Falco cherrug*）、红嘴山鸦（*Pyrrhocorax pyrrhocorax*）、黄白鸭。其他类群为鸣禽 1 种：燕子。

藏雪鸡：学名暗腹雪鸡，鸟纲，鸡形目，雉科。全长 520～600m。头顶至后颈灰褐色或灰白色，颈侧有一白色斑，其上下边缘围有栗色线，颏、喉白色；上体土棕色或红棕色，密布黑褐色不规则细斑纹，翅上有一大型白斑，下胸和腹暗灰色，具红棕色粗纹。脚和趾亮红色或橙红色。

岩鸽：中等体型(31cm)的灰色鸽。翼上具两道黑色横斑。非常似原鸽，但腹部及背色较浅，尾上有宽阔的偏白色次端带，灰色的尾基、浅色的背部及尾上的此带成明显对比。虹膜浅褐色；嘴黑色，蜡膜肉色；脚红色。叫声：反复的咯咯声如人在打嗝。起飞和着陆时发出高调的咕咕颤音。为测区常见留鸟及季候鸟，分布可至海拔 6 000m。习性：群栖多峭壁崖洞的岩崖地带。

猎隼：猎隼属鸟纲、隼形目、隼科，又名兔虎、猎鹰、兔鹰、鹞子。猎隼是一种大型隼类，体长 42～57cm。头部为深棕色，上体呈棕灰色，并杂有棕黄色的横斑。飞羽为黑褐色，胸部为白色。腹部呈乳黄色，并具有纤细的褐色羽干纹。猎隼通常栖息于山区或山麓间的开阔地、河谷灌丛草地及丘陵地带。主要以各种小型动物为食。它处于草原生物链的最高层，在调节生态系统平衡方面具有一定的作用。

红嘴山鸦：别名山乌、红嘴乌鸦、红嘴老鸦、山老鸦。属雀形目，鸦科。红嘴山鸦体长约 36cm。通体黑色，与一般乌鸦相同，但嘴形细长而曲，并呈朱红色。幼鸟两翅和尾闪烁着金属光泽，与成鸟一样，全身余部均纯黑褐色，而无辉亮。嘴端和嘴缘尤淡，近角色；脚乌褐色。雌雄羽色相同。

五、生物分布区域

1. 植物分布区域

青藏苔草为测区内主要的植物类型，分布十分广泛，在测区内部的覆沙谷地和断陷盆地周围覆沙地均有出露。在沙质、砂砾质和粘土状古湖相沉积物上均能生长，尤以在沙地上生长更好。青藏苔草叶面有角质，耐干旱，在生长季内也呈枯黄色调。有时这种草原与以垫状驼绒藜为主的高寒荒漠交错复合分布，有沙覆盖的地段为青藏苔草片段，无沙覆盖的地段是垫状驼绒藜，说明覆沙后有利于青藏苔草的生存。显然，这与土壤表层覆沙有利于降水渗入和减少土表水分的蒸发有关。同时也说明，此处分布的青藏苔草草原已有荒漠草原的性质。群落种类组成比较简单，在覆沙较厚的地方，有时仅有一两种伴生植物，甚至纯为青藏苔草。伴生植物可以是垫状驼绒藜、紫花针茅、座花针茅等植物。群落的盖度一般18%左右，青藏苔草约为 7%～18%。

紫花针茅也是测区内主要的植物类型，主要分布在山间谷地和湖盆周围山地，与土壤沙性或地表覆沙有密切相关性。主要的伴生植物有青藏苔草、座花针茅等。群落中植物一般比较稀疏，总盖度约20%，其中，紫花针茅一般高达 12%～17%，局部有时可高达 22%以上。

垫状驼绒藜主要分布在图幅内宽阔谷地中的湖泊周围盐渍土上，在石砾质的广阔高原面、宽谷、盆地和低山上常占优势，通常生长稀疏，并间有大片砾质裸地，是高原寒冷干旱气候条件下最典型的植被类型。在湖滨和山地基部分布的高寒荒漠地表常有白色的盐碱结晶斑块，表现出土壤的荒漠性和强烈的地表蒸发，土壤一般是高寒荒漠土或高寒石膏荒漠土。群落组成成分极其简单，除了垫状驼绒藜外，还常见到棘豆、座花针茅等，在较开阔的湖滨和阶地则常有青藏苔草等。建群植物的高度和群落的总盖度因环境的不同而有较大的变化。有时植物的密度极为稀疏，总盖度不足 1%，而有时可高达 25% 以上。

2. 动物分布区域

测区的动物种类比较贫乏，主要有藏羚、野牦牛、藏野驴、黄羊、棕熊、狼、狐狸、野兔、鼠兔、藏雪鸡、岩鸽、老鹰、黄白鸭、燕子等。动物的分布区域并不是固定的，它们的分布与植物的分布大体相当，植被茂盛的地方通常动物也较多，反之则较少，而且常常会迁徙，为了叙述的方便，把测区划分为 6 个区域（表 6-3）。

表 6-3　土则岗日野生动物概略统计表　［单位：只（头）/100km^2］

动物种类 / 分布区域	藏羚	藏野驴	野牦牛	黄羊	狼
万泉河-邦达错	40.00	6.00	2.00	12.00	
普尔错-月牙湖	12.90	0.65	0.48	6.45	0.45
饮水泉-镇亚	28.57	7.14		9.52	0.38
鲁玛江冬错	7.50	1.00			0.10
清澈湖-骆驼湖	115.38	2.69	0.23	23.07	2.30
美马错-阿鲁错	55.56	5.56	1.67	5.56	0.16
土则岗日测区	31.33	3.13	0.67	5.33	0.37

1）万泉河-邦达错区

动物主要分布在雅西尔沟、万泉河、饮水河上游的山间谷地以及邦达错湖区周围，面积约 2 500km^2。主要有藏羚、藏野驴、野牦牛、黄羊、棕熊、藏雪鸡、老鹰、野兔等。藏羚有两群，其总数约 1 000 头。藏野驴有两群，其总数约 150 头。野牦牛有 4 群，约 50 头。黄羊有 3 群，总数约 300 头。野兔数量无法确定，多分布在低山、丘陵地貌上。

2）普尔错-月牙湖区

分布在普尔错、月牙湖、独立石湖、恰贡错湖区周围以及南阳达坂附近，面积约 3 100km^2。主要有藏羚、野牦牛、藏野驴、黄羊、棕熊、狼等。藏羚有 3 群，其总数约 400 只。黄羊有 3 群，总数约 200 只。野牦牛主要在恰贡错附近，有约 15 头。藏野驴 20 头左右，分布在独立石湖区周围。棕熊发现 3 只，在恰贡错湖区附近。狼有两群，数量较多，总数 14 只以上，其中在南阳达坂附近发现 10 只以上，另外在普尔错湖区也发现 4 只。

3）饮水泉-镇亚区

分布在饮水泉—叉头沟—不夺—镇亚的山间谷地中，面积约 2 100km^2。主要有藏羚、藏野驴、黄羊、狼等。藏羚有 3 群，其总数约 600 只。藏野驴有 4 群，约 150 头。黄羊有 2 群，约 200 只。狼有 2 群，总数约 8 只。

4）鲁玛江冬错区

分布在鲁玛江冬错湖区周围，面积约 2 000km^2。主要有藏羚、藏野驴、狼等。藏羚有 2 群，其总数约 150 只。藏野驴一群，约 20 头以上。狼有 2 只。

5）清澈湖-骆驼湖区

分布在清澈湖、骆驼湖湖区周围，面积约 1 300km^2。主要有藏羚、藏野驴、野牦牛、黄羊、狼等。该区沙地较好，植被发育，因而动物的数量也相对较多。藏羚有 1500 只以上，黄羊有约 300 只。藏野驴有约 35 头以上，野牦牛 3 头，狼的数量较大，有 30 只以上。

6）美马错-阿鲁错区

分布在美马错、阿鲁错湖区周围，面积约 1 800km^2。该区地处羌塘自然保护区的核心地带，湖水清澈，气候宜人，植被发育，有居民居住，动物的数量也是测区最多的区域。主要有藏羚、藏野驴、野牦牛、黄羊、岩鸽、鼠兔、狐狸、狼等。藏羚数量在 1 000 只以上，藏野驴约 100 头以上，野牦牛有 30 多头，黄羊约有 100 只，狐狸发现有 2 只，狼有 3 只以上。另外还在美马错北东湖区发现岩鸽和鼠兔。

综上统计，测区内藏羚的数量约 4 700 只，藏野驴约 470 头，野牦牛约 100 多头，黄羊约 800 只，狼约 55 只。统计是按照观测路线时目估的数量和地点作为依据的，有时动物会迁徙，同一群动物会被另外的小组又观察到，重复统计的情况可能出现，但也有未被发现而漏计的情况，所以统计的数据仅供参考。

六、区内草地(植被)退化的影响因素

测区位于青藏高原高寒草原区的西北部，属于藏北荒漠区，人类活动较少，只是在南部美马错—阿鲁错一带有居民活动，草地的影响因素主要有以下几个方面。

1. 高寒

调查区为青藏高原寒冷干旱核心区域，最低区域为鲁玛江冬错一带，海拔 4 810m，平均海拔 5 000m，雪线为 5 600m，是植物生长的最高线，30cm 解冻期不足半年。植物的生长期约 3 个月，草本植物严重矮化。冻融作用对草原植被的破坏也很严重，当土层温度在冰点附近波动时，土体体积频繁膨胀与收缩，使土层蠕动，尤其对垫状草甸早期破坏起到切割作用，并逐渐扩大侵蚀范围，使草场斑秃化、石漠化和沙漠化，出现大量裸地，地表形态处于不断变化之中。

2. 干旱

缺水干旱是影响生态环境的一项关键因素。20 世纪 80 年代以来，高原气候处于异常剧烈的波动之中，气候向偏暖、干旱方向发展。蒸发量远远大于大气降水，雪线不断上升，冰川后退，湖泊萎缩，河流径流减少，地下水位下降，湿地供水系统受到严重损害。

3. 鼠害

区内鼠兔数量较多，分布区域广泛，由于缺少天敌，其繁殖能力又强，所以其危害也不可忽略。每只成年鼠兔日消耗鲜草 77.3g，鼠害区一般有鼠洞上千个，鼠洞破坏了植被的根部，影响其生长。鼠兔全年采食优质牧草，每年牧草萌发生长之时正是鼠兔度过冬春、身体最需要营养之际，牧草刚刚发芽就被鼠兔啃食，优质牧草生长受到严重影响。

4. 超载放牧

阿里地区草地退化达 40%，鲜草产量减少 20%～70%以上，可食牧草所占比例已从 80%下降至 30%以下。除鼠害和环境因素外，超载放牧是重要原因。测区原只在南部美马错—阿鲁错一带有居民活动，但近年来在区内北部海拔 5 000m～5 200m 也发现有牧民放牧，牧民盲目追求牲畜数量，给草场的负担能力带来一定的影响。放牧导致草场得不到恢复，牧民盲目过分依赖草地，在草场建设、改良、鼠害防治等方面基本没有投入。

5. 人为破坏因素

特殊高寒环境的植被一经破坏极难恢复，甚至无法恢复。区内人类的活动相对较少，只是开矿对环境的影响较大，沙金的开采破坏了高原原始表面，形成大面积的裸地，并成为沙源。以汽车为代表的现代交通工具在美马错、阿鲁错一带也有使用，汽车碾压过的草地恢复期至少要 5 年。

6. 地质因素

持续的高原隆升是环境恶化的根源，是不可逆的。喜马拉雅山和冈底斯山横亘于高原南部，阻挡了

印度洋暖湿气流。干冷、冻融作用致使地表物理风化强烈，强烈的蒸发作用又使湖水水面减少、水质恶化，大多数湖泊为咸水湖，人畜无法使用。

七、人文环境

测区最低海拔 4 810m 左右，最高海拔 6 404m，阿鲁岗日雪山为本图幅内的最高山峰。另外，在美马错、清澈湖南西，叉头沟西都有雪山覆盖。图幅内东南部植被发育，气候宜人，在美马错、阿鲁错、镇亚、窝尔巴错、鲁玛江冬错都发现有居民居住。其中美马错、阿鲁错湖周居民最多，形成散居村落。

测区处于高原荒漠，生态环境非常脆弱，有人类存在的地方，就一定会影响环境，而高原脆弱的生态环境尤其是植被一经破坏，则很难恢复，因而保护高原环境，保护国家珍稀野生动物，是每个公民应尽的义务和责任。

第七章 结 语

土则岗日幅1∶25万区域地质调查项目，历经3年的野外地质调查及室内资料综合整理，通过项目全体人员的共同努力，充分应用了现代地质新理论、新方法及青藏高原基础地质研究的新成果，并根据《1∶25万区域地质调查要求(暂行)》和任务书、总体设计要求，进行了大量的野外地质调查和系统的室内综合整理及繁杂的数据处理，全面完成了预期任务，并经不断归纳、分析、研究、总结，在前人工作的基础上有新发现、新认识，取得了新成果，尤其是在对土则岗日带的研究方面取得了突破性的进展，大幅度地提高了区域地质研究程度。

第一节 取得的主要成果、认识及意义

土则岗日幅为实测区(B_3类区)，前人工作程度较低，经过我们3年的野外路线调查、剖面测制等工作，取得了一大批成果，主要成果有以下几个方面。

一、建立了与测区岩石地层系统和与构造格架一致的地层分区

区内地层区划与构造单元划分基本一致，分为北羌塘地层区和南羌塘地层区。其中北羌塘地层区出露地层为下古生界奥陶系、志留系，上古生界泥盆系、石炭系，中生界三叠系、侏罗系、白垩系；南羌塘地层区内以晚古生界石炭系、二叠系为主，东(北)部出露有侏罗系。依据中国各系多重地层划分对比表及说明书(西部地区，2002)，《西藏自治区岩石地层》(1998)成果以及中国科学院、中国地质科学院近年来在该地区的最新研究成果，结合区域资料对比，对区内的地层建立和重新厘定了8个群级、24个组级及多个非正式(岩石)地层单位和填图单位，分析了地层特征和古沉积环境。

(一)北羌塘地层区

在雅西尔沟一带，依据化石成果，将泥盆系厘定为兽形湖组和拉竹龙组。其中兽形湖组属早泥盆世；拉竹龙组一段为早泥盆世，拉竹龙组二段则为晚泥盆世，其下部为弗拉斯期，上部为法门期。

区内泥盆纪地层与西藏其他地区一样，主要是浅海相沉积类型。本次工作在泥盆系中共采集古生物化石300余块，包括珊瑚、腕足类和腹足类等类型，计56属69种。从腕足动物化石的特征来看，以老世界大区的广布性属为主，为较开阔的连通性好的温暖水类群，与华南区具较大相似性，与地中海区也有一定联系，这些特征可以说明，在泥盆纪这一地质历史阶段，本区与华南地区是紧密相连的，其间没有被截然分开过。另外值得指出的是，西藏地区虽曾发现有早泥盆世的地层和腕足类，但与此区略有不同，至于晚泥盆世地层虽有发现，但因灰岩巨厚、极少有化石，因此腕足类面貌始终不清。我国晚泥盆世地层虽比较发育，但化石多为晚泥盆世晚期，即法门期，相对弗拉斯期化石知道不多，因此该区发现大量弗拉斯期腕足类确实非常重要。

将万泉河北部一带的原泥盆系雅西尔群依据化石成果重新厘定为下三叠统，并新建万泉河群，与下伏地层为角度不整合接触关系。

该套地层分布于日土县拉竹龙地区雅西尔沟与万泉河之间，总体呈近东西向展布。前人曾将其划

归泥盆系雅西尔群和拉竹龙组中，本次工作在其中采获腹足类、双壳类化石，15 属 21 种，时代为早三叠世，沉积环境为浅海，根据岩石地层单位的定义将这套地层命名为下三叠统万泉河群，与下伏地层为不整合接触关系。本区三叠纪地层的发现说明了南羌塘地块在由南向北的运移中，早三叠世开始与北羌塘地块联为一体，新生拼合陆块之上全部为陆表海盆，其海侵范围可一直延续至藏西北的拉竹龙地区，这一发现有助于解决拉竹龙一带地层单元归属问题，对于探讨青藏高原的地质演化历史有较重要的地质意义。

下白垩统铁隆滩群与上侏罗统雁石坪群角度不整合接触关系。

这一不整合说明北羌塘地块和南羌塘地块在早白垩世陆陆碰撞作用基本结束，在南羌塘地块内也缺失早白垩世沉积，反映当时区内海水有限，大多已隆升为陆。

（二）南羌塘地层区

本次工作通过系统的基础地质调查研究，初步查明了区内霍尔巴错群岩石组合、沉积构造、生物化石、空间分布及构造形态等基本特征，取得了新认识，为进一步研究该套地层的时代、沉积构造环境提供了有利依据，对于解决南羌塘地层区与北羌塘地层区石炭系地层的对比问题、冈瓦纳大陆北界问题以及藏北一带的地层区划和构造单元划分等问题都具有重要的地质意义，为重塑本区的区域地质构造演化史提供了依据。

通过详细的剖面测制和路线地质调查，收集了大量擦蒙组中含砾板岩中砾石岩性、岩相、沉积构造等方面的资料，从而进一步确定了擦蒙组中含砾板岩的成因为冰海杂砾岩沉积。在展金组火山岩中系统采集了各类样品，地球化学特征显示为一套岛弧；在其中准确填绘了其火山岩、石灰岩标志层，在灰岩中获得下—中二叠统化石，其中单通道䗴属冷水型动物群。通过详细研究现有资料，并考虑到与区域对比、衔接，将原吞龙共巴组、龙格组划归曲地组，曲地组总体由碎屑岩、碳酸盐岩、硅质岩和少量火山碎屑岩组成，从下向上不同岩性单层厚度逐渐增大。构造形态方面，霍尔巴错群构成“羌塘隆起”的核部（西段），总体上为以擦蒙组为核，展金组、曲地组为两翼的大型复式背斜，次级褶皱非常发育。本次工作通过翔实调查、研究，确定了其空间分布的北部界线，对于解决南羌塘地层区与北羌塘地层区石炭系的对比、龙木错-双湖-查吾拉结合带的西延、冈瓦纳大陆北界等问题都具有重要的地质意义。

在侏罗系实测地层剖面中采集了大量古生物化石，为进一步确定该套地层的时代及进行区域对比提供了依据。

本次工作在邦达错一带侏罗系剖面中采集了古生物化石 56 块，以腕足类、双壳类为主，共 8 属 13 种。时代均为中侏罗世。结合地层中的岩性特征、岩相标志、沉积构造，对侏罗系雁石坪群的沉积环境进行了分析，认为其沉积环境为近岸浅水不正常盐度（淡化）、海水较暖、水动力条件较弱、沉积物颗粒较细的粉砂泥质的较硬海底、潮间带下部—潮上带上部。经与区域对比，认为区内侏罗系相当于雁石坪群色洼组、布曲组、夏里组，且区内从东向西侏罗纪地层的分布有由老变新的趋势。

二、岩浆岩方面

1. 侵入岩

区内岩浆侵入活动相对较弱，据空间分布特征和岩石类型特点，划分了 5 个填图单位，填绘出 16 个侵入体，2 个成因类型，系统采集了各类样品，进行了岩浆演化序列分析。

本次工作对窝尔巴错、多湖—清澈湖一带分布的中酸性岩类初步进行了综合分析研究，并对其生成环境进行了判别，认为区内三叠纪中酸性岩类属同碰撞花岗岩，是龙木错-双湖裂谷带在三叠纪初闭合、两侧地体碰撞的信息反映；白垩纪过铝型花岗岩属于造山的产物，为陆-陆俯冲，出现增厚陆壳后，成熟陆壳局部熔融后岩浆上侵的产物，标志着碰撞造山作用的结束。

2. 火山岩

对霍尔巴错群展金组火山岩进行了详细的野外调查，通过大量样品测试研究，对其岩石特征、岩石化学特征、地球化学特征、构造环境等方面均进行了深入分析研究。展金组中的火山岩有熔岩和火山碎屑岩两大类，其中火山碎屑岩含量较少，多见于各熔岩层的下部，为火山喷发旋回初期的产物，主要岩性为变质中酸性凝灰岩；熔岩是区内展金组的主要组成部分，包括中性岩类的安山岩、中基性岩类的玄武安山岩和基性岩类的玄武岩，属碱性系列火山岩。综合研究认为本区展金组火山岩形成于岛弧环境，时代为早二叠世。

曲地组火山岩以夹层的形式出露于沉积岩中，厚度较小，火山岩主要岩石类型为辉石安山岩、角闪安山岩，属钙碱性系列火山岩。综合判别认为本区曲地组火山岩形成于岛弧构造环境。

三、构造方面

对区内的土则岗日带进行了较为深入的研究，为探讨、恢复该区的构造演化历史提供了重要依据。

确定了土则岗日构造带为龙木错-双湖-查吾拉结合带的西延，为北羌塘地块和南羌塘地块的分界。对原有资料中龙木错-双湖结合带在测区内的空间分布作了较合理的修正，以前资料一般认为龙木错-双湖结合带从测区南部托和平错一带通过，经窝尔巴错向西延伸至龙木错一带。本次工作通过详实野外调查、研究，并与东邻幅交流，认为龙木错-双湖结合带不是从研究区南部通过，而是从双湖向北西经藏色岗日、鲤鱼山北，在拜惹布错东与窝尔巴错-拜惹布错断裂带相连，构成北羌塘地块和南羌塘地块的分界线，基本查明了构造带特征及构造属性，并初步探讨了断裂带的演化史。

将调查区划分为北羌塘陆块和南羌塘陆块两个构造单元。依据区内地层系统、古生物、岩浆活动及岩石化学、地球化学特征和同位素资料，并与相邻构造单元的对比，初步反演了测区地质构造演化历程。

对区内北羌塘陆块和南羌塘陆块两个构造单元内部断裂、褶皱等构造系统进行了详细研究，基本查明了不同构造演化阶段区内的构造响应。

北羌塘陆块在印支—燕山期主要表现为褶皱构造，发育在古生界地层中，其褶皱轴线与区域构造线方向一致，喜马拉雅期以发育北东向断裂构造为特征。

南羌塘陆块内断裂构造较为复杂，断裂发育，可划分出东西向、北西向和北东向三组主要断裂系，活动期次分别对应海西晚期、印支—燕山期和喜马拉雅期，断裂性质以压性、压扭性为主。褶皱构造发育，石炭系—二叠系构成一大型复式背斜，中生界三叠系、侏罗系一般产出于向斜核部。新近系往往沿断裂带分布。

四、矿产资源、生态环境方面

（一）矿产资源方面

新发现恰贡错砂金矿产地一处，经初步调查认为具有品位高、埋深浅、易淘选、金粒大、回收率高等特点，具有一定的经济价值。同时在路线地质调查中发现多处采淘遗迹，为进一步寻找该类型砂金矿提供了重要线索。

对邦达错石膏矿进行了详细的剖面测制，确定了矿层的规模，研究了矿石特征和化学成分。矿石质量相当好，估算地质储量为 1 400 万吨，属中型石膏矿床，具一定的工业价值。

对区内温泉、湖盐类矿点进行了检查评价，补充了大量实际资料。

（二）生态环境方面

对测区的地貌和地表水（冰川、河流、湖泊）进行了调查和分类，对植被的分布进行了详细的描述，并对不同种类动物的分布、活动范围及数量进行了初步的统计，收集了丰富的第一手资料。

第二节　存在的问题及今后工作建议

一、存在问题

区内新近系划分为康托组和唢呐湖组，缺乏时代依据，且二者接触关系还需进一步研究。

窝尔巴错—清澈湖一带的侵入岩，由于大部分被常年积雪覆盖，工作程度较低，对岩体内部结构、形成时代及与围岩接触关系等方面研究不够。

本区在恰贡错一带砂金矿成矿条件比较有利，但因工作性质限制，工作程度不够。

二、今后工作建议

测区地处羌塘-三江构造区的北西部，研究程度较低，区域上金沙江结合带、龙木错-双湖结合带和阿尔金断裂延伸至本区后，全部交汇于图幅北西部龙木错-拜惹布错附近。龙木错—拜惹布错一带存在一条北东东向的线性构造带，构造属性和空间位置长期以来一直存在较大的争议，主要有以下不同的认识：①与金沙江结合带相连。金沙江结合带在青藏高原东部研究程度较高，该带贯穿云南、四川、青海、西藏境内，大体沿金沙江—通天河—西金乌兰湖—羊湖一带分布，在哀牢山、西金乌兰湖、萨玛绥加日等多处发现相对集中被肢解的蛇绿岩套分布，是南侧北羌塘陆块、昌都陆块和北侧巴颜喀拉陆块的重要分界线，认为晚泥盆世具洋盆的雏形，中二叠世是洋盆扩张的鼎盛时期，晚三叠世闭合。从航磁异常特征反映，该带在巴颜喀拉陆块与昌都陆块及以南地区之间形成极为明显的不同磁异常分区的界线，但在羌塘陆块北侧该带磁异常特征并不明显，只是显示出线性异常特征，空间分布上，向西延伸航磁异常反映它并不与阿尔金断裂相交，而是从阿尔金断裂南端通过，截止于北西向喀喇昆仑断裂。②是双湖结合带向西的延伸。龙木错-双湖结合带经李才等长期以来的研究，在双湖一带积累了丰富的基础地质资料，认为结合带空间上向西延伸至龙木错一带，将羌塘陆块一分为二，是南北大陆的分界线，即由石炭纪裂谷发展到早二叠世洋盆最终于中晚三叠世消亡的古特提斯洋残余。③与阿尔金断裂连接。阿尔金断裂是新生代以来青藏高原北缘活动最为强烈的构造形迹，一般认为它向西南延伸至龙木错一带，也有阿尔金断裂沿苏巴什蛇绿混杂岩带向北西转换，没有进一步向南延伸，而是断裂性质由左旋走滑转变为从北向南或从北东向西南逆掩的认识。不同的认识都会对本区构造单元和地层区的划分产生不同的结果。

依据本次工作成果，结合相邻 1∶25 万伯力克幅、黑石北湖幅、羊湖幅、松西幅、托和平错幅、查多岗日幅等图幅所取得的最新资料，我们初步认为：双湖结合带向北西经红脊山（查多岗日幅）、玉环湖北（托和平错幅），在拜惹布错东（黑石北湖幅）与金沙江结合带相交，之后经拜惹布错、窝尔巴错、龙木错向西延伸，最终止于喀喇昆仑大断裂；区内窝尔巴错-拜惹布错断裂和窝尔巴错-三岛湖断裂夹持的土则岗日构造带物质组成（古生界）与本书中南羌塘地块相当；阿尔金断裂没有穿过金沙江结合带进入羌塘地块，但新生代以来该断裂的活动对金沙江结合带产生了明显的改造和重要影响。

综上所述，建议对金沙江结合带、龙木错-双湖结合带和阿尔金断裂的构造属性及其大地构造意义加强区域对比和综合研究，这对于区域构造单元和地层区的划分、探讨羌塘地块的基底属性和特提斯洋的发展过程乃至青藏高原的形成演化具有重要意义。

建议在恰贡错一带部署以寻找砂金矿为目的的矿产资源远景调查工作。

主要参考文献

陈正乐，王小凤，Ryerson J F，等. 西藏西南部普兰盆地东缘伸展构造初步研究[J]. 地质论评，1999，45(3)：295～300

崔军文，李朋武，李莉，等. 青藏高原的隆升：青藏高原的岩石圈结构和构造面貌[J]. 地质论评，2001，47(2)：157～163

崔作舟，等. 青藏高原速度结构和深部构造[M]. 北京：地质出版社，1992

邓晋福，赵海玲，莫宣学，等. 中国大陆根—柱构造：大陆动力学的钥匙[M]. 北京：地质出版社，1996

邓万明. 西藏阿里地区北部新生代板内火山岩——兼论陆内俯冲作用[J]. 岩石学报，1989(3)：1～12

邓万明. 青藏高原北部新生代板内火山岩[M]. 北京：地质出版社，1998

邓万明，孙宏娟. 青藏北部板内火山岩的同位素地球化学与源区特征[J]. 地学前缘，1998，5(4)：307～317

高锐，李朋武，李秋生，等. 青藏高原北缘碰撞变形的深部过程——深地震探测成果的启示[J]. 中国科学 D 辑，2001，31(1)：66～71

郭铁鹰，梁定益，张宜智，等. 西藏阿里地质[M]. 武汉：中国地质大学出版社，1991

韩同林. 喜马拉雅岩石圈构造演化・西藏活动构造[M]. 北京：地质出版社，1987

和钟铧，杨德明，李才. 藏北羌塘盆地褶皱形变研究[J]. 中国地质，2003，30(4)：357～360

黄志勋，马召军，刘协章. 用现代地层学方法判别冈瓦纳大陆的北界[J]. 沉积与特提斯地质，2000，20(4)：1～19

姜春发，等. 昆仑开合构造[M]. 北京：地质出版社，1992

刘宝珺，曾允孚. 岩相古地理基础和工作方法[M]. 北京：地质出版社，1985

刘增乾，刘宝田，郑海翔，等. 对特提斯—喜马拉雅构造域的再认识[C]//中国地质学会. 青藏高原地质文集第 9 集. 北京：地质出版社，1984

李才，王天武，杨德明，等. 西藏羌塘中央隆起区物质组成与构造演化[J]. 长春科技大学学报，2001，31(1)：25～31，36

李才. 羌塘基底质疑[J]. 地质论评，2003，49(1)：4～9

李才，程立人，张以春，等. 西藏羌塘南部发现奥陶纪—泥盆纪地层[J]. 地质通报，2004，23(5—6)：602～604

李才，程立人. 羌塘及邻区地质与资源学术研讨会在长春召开[J]. 地质通报，2004，23(1)：97

李才，程立人，胡克，等. 西藏龙木错——双湖古特提斯缝合带研究[M]. 北京：地质出版社，1995

李春昱，王荃，张之孟，等. 中国板块构造的轮廓[J]. 地球学报，1980，2(1)：11～22

梁定益，聂泽同，郭铁鹰，等. 西藏阿里北部二叠、三叠纪古生物研究的新进展[J]. 地质论评，1982，28(3)：245～246

梁定益，聂泽同，郭铁鹰，等. 阿里喀喇昆仑南部的冈瓦纳-特提斯相石炭—二叠系[J]. 地球科学，1983(1)：9～27

李勇，王成善，伊海生. 西藏晚三叠世北羌塘前陆盆地构造层序及充填样式[J]. 地质科学，2000，37(1)：27～37

李祥辉，王成善. 西藏特提斯喜马拉雅显生宇的超层序[J]. 沉积与特提斯地质，1997(21)：8～24

潘桂棠. 全球洋陆转换中的特提斯演化[C]//地质矿产部成都矿产研究所，中国地质科学院特提斯地质研究中心. 特提斯地质. 北京：地质出版社，1994：18

潘桂棠，王培生，徐耀荣，等. 青藏高原新生代构造演化[M]. 北京：地质出版社，1990

潘桂棠，陈智梁，李兴振，等. 东特提斯地质构造形成演化 [M]. 北京：地质出版社，1987：174～175

潘裕生. 西藏阿里地区地质构造特征 [C]//张文佑. 断块构造文集. 北京：科学出版社，1983

潘裕生. 昆仑山区构造区划初探 [J]. 自然资源学报，1989，4(3)：196～203

潘裕生. 西昆仑山构造特征与演化[J]. 地质科学，1990，27(3)：224～232

潘裕生，孔祥儒. 青藏高原岩石圈结构演化和动力学[M]. 广州：广东科技出版社，1998

任纪舜，姜春发，张正坤，等. 中国大地构造及其演化[M]. 北京：科学出版社，1980

任纪舜，姜春发，张正坤，等. 中国大地构造及其演化[M]. 北京：科学出版社，1980

全国地层委员会. 中国地层指南及中国地层指南说明书[M]. 北京：地质出版社，2001

史卜庆，周瑶琪，朱岳年. 大陆岩石圈流变学研究及其在伸展盆地动力学中的应用[J]. 地球科学进展，1999，14(5)：446～450

孙东立，徐均涛. 西藏日土地区二叠纪、侏罗纪、白垩纪地层及古生物[M]. 南京：南京大学出版社，1991

孙东立，张梓歆．喀喇昆仑地区侏罗纪腕足动物群及古生物地理意义[M]//中国科学院青藏高原综合科学考察队．喀喇昆仑山—昆仑山地区古生物．北京：科学出版社，1998
沈显杰，朱元清，石耀霖．青藏热流与构造热演化模型研究[J]．中国科学B辑，1992(3)：311～321
石耀霖，王其允．高喜马拉雅淡色花岗岩形成的热模拟[J]．地球物理学报，1997，40(5)：667～676
滕吉文，王绍舟，姚振兴，等．青藏高原及其邻区的地球物理场特征与大陆板块构造[J]．地球物理学报，1980，23(3)：254～268
滕吉文，张中杰，王光杰，等．喜马拉雅碰撞造山带的深层动力过程与陆-陆碰撞新模型[J]．地球物理学报，1999，42(4)：481～493
王乃文．新藏地区白垩纪[M]．北京：地质出版社，1986
文世宣．喀喇昆仑—昆仑山地区古生物基本面貌[C]//中国科学院青藏高原综合科学考察队．喀喇昆仑山—昆仑山地区古生物．北京：科学出版社，1998
汪云亮，张成江，修淑芝．玄武岩类形成的大地构造环境的Th/Hf-Ta/Hf图解判别[J]．岩石学报，2001，17(3)：413～417
王泽利，何樵登，孟令顺，等．青藏高原北缘深部地壳结构特征及其形成机制探讨[J]．世界地质，2002，21(2)：105～110
肖序常，李廷栋，李光岭，等．喜马拉雅岩石圈构造演化总论[M]．北京：地质出版社，1988
肖序常，李廷栋．青藏高原的构造演化与隆升机制[M]．广州：广东科技出版社，2000
肖序常，刘训，高锐，等．西昆仑及邻区岩石圈结构构造演化[J]．地质通报，2002，21(2)：63～68
肖庆辉，邓晋福，马大铨，等．花岗岩研究思维与方法[M]．北京：地质出版社，2002
夏代祥，刘世坤．西藏自治区岩石地层[M]．武汉：中国地质大学出版社，1997
西藏自治区地质局综合普查大队．1∶100万日土幅区域地质调查报告[R]．西藏自治区地质局，1987
西藏自治区地质矿产局．西藏自治区区域地质志[M]．北京：地质出版社，1993
熊盛青，周伏洪，姚正煦，等．青藏高原中西部航磁调查[M]．北京：地质出版社，2001
许志琴，张建新，徐惠芬，等．中国主要大陆山链韧性剪切带及动力学[M]．北京：地质出版社，1997
许志琴，姜枚，杨经绥．青藏高原北部隆升的深部构造物理作用[J]．地质学报，1996，70(3)：195～206
许志琴，崔军文．大陆山链变形构造动力学[M]．北京：冶金工业出版社，1996
余钦范，孙运生，楼海．青藏高原磁力测量与地壳结构研究[M]．北京：地质出版社，1993
杨立强，张中杰，王光杰，等．青藏高原的隆升过程与地球动力学模型研究进展[J]．地球物理学进展，2001，16(1)：70～81
姚建新，肖序常，高联达，等．西昆仑——喀喇昆仑二叠纪加温达坂组孢粉化石新发现[J]．地质通报，2004，23(5－6)：620～621
尹安．喜马拉雅-青藏高原造山带地质演化——显生宙亚洲大陆生长[J]．地球学报，2001，22(3)：193～230
尹集祥．青藏高原及邻区冈瓦纳相地层地质学[M]．北京：地质出版社，1997
雍永源．羌塘及可可西里地区几个重要地质、构造与资源问题[J]．沉积与特提斯地质，2004，24(1)：1～12
杨遵仪，聂泽同，梁定益．西藏阿里地区白垩纪固着蛤类及其地质意义[J]．地质学报，1982，56(4)：293～300
杨遵仪，聂泽同，梁定益，等．西藏阿里古生物[M]．武汉：中国地质大学出版社，1990
张国成．西昆仑造山带前陆构造带的沉积-构造演化[C]//陈海泓，侯泉林，肖文交．中国碰撞造山带研究．北京：海洋出版社，1999
张健，石耀霖．青藏高原隆升及伸展变形中的重力位能[J]．地球物理学报，2002，45(2)：226～232
赵冬冬，陈汉林，杨树锋，等．西昆仑甜水海地区前陆褶皱冲断带的构造样式及演化[J]．地质学报，2000，74(2)：134～141
赵政璋，李永铁，叶和飞，等．青藏高原大地构造特征及盆地演化[M]．北京：科学出版社，2001：178
郑来林，潘桂棠，金振民，等．喜马拉雅造山带西构造结研究的启示[J]．地质论评，2001，47(4)：350～355
郑永飞．化学地球动力学[M]．北京：科学出版社，1999
钟大赉，丁林．青藏高原的隆起过程及其机制探讨[J]．中国科学D辑，1996，26(4)：289～295
中国科学院青藏高原综合科学考察队．喀喇昆仑山—昆仑山地区冰川与环境[M]．北京：科学出版社，1998
中国科学院青藏高原综合科学考察队．喀喇昆仑山—昆仑山地区自然地理[M]．北京：科学出版社，1999
中国科学院青藏高原综合科学考察队．喀喇昆仑山—昆仑山地区地质演化[M]．北京：科学出版社，2000
中国科学院青藏高原综合科学考察队．喀喇昆仑山—昆仑山地区古生物[M]．北京：科学出版社，2000

中国科学院青藏高原综合科学考察队.喀喇昆仑山—昆仑山地区晚新生代环境变化[M].北京:科学出版社,2000
中国科学院青藏高原综合科学考察队.青藏高原地质构造[M].北京:科学出版社,1982
中国科学院成都地质矿产研究所.青藏高原及邻区地质图[M].北京:地质出版社,1988
朱志文,滕吉文.冈瓦纳大陆解体后印度板块分块北移并与欧亚板块碰撞的古地磁证据[C]//李兴岑,麦尔西叶.中法喜马拉雅考察成果.北京:地质出版社,1984

图版说明及图版

图版Ⅰ

1 志留系普尔错群粉砂岩中的头足类化石 饮水河剖面

2 志留系普尔错群粉砂岩中的头足类化石 饮水河剖面

3 志留系普尔错群生物碎屑灰岩中的牙形刺 拉竹龙剖面

3-1 *Fragment of polyplacognathids* 多板颚刺科(碎片)

3-2 *Bergstroemognathus* sp. 贝斯特龙刺属(未定种)

3-3 *Ansella* sp. 安瑟拉刺属

3-4 *Walliserodus* sp. 瓦立塞刺属

3-5 *Belodella* sp. 针刺属

3-6、3-7 *Qzarkodina wurmi* 乌尔姆奥译克刺

3-8 *Ozarkodina pandora* 舟奥译克刺

3-9、3-11 *O. excavata* 外穴奥译克刺

3-10 *Prologanthodus* sp. 原腭齿刺(未定种)

3-12 *Panderodus* sp. 潘德尔刺(定种)

3-13 Fich scale(鱼鳞)

图版Ⅱ

1 志留系普尔错群钙屑浊积岩 饮水河剖面

2 志留系普尔错群钙屑砂岩 饮水河剖面

3 泥盆系兽形湖组砂泥韵层理 兽形湖剖面

4 泥盆系兽形湖组生物遗迹 兽形湖剖面

5 泥盆系兽形湖组对称波痕 兽形湖剖面

6 泥盆系兽形湖组大型交错层理 兽形湖剖面

7 泥盆系拉竹龙组珊瑚礁地貌特征 饮水河剖面

8 泥盆系拉竹龙组礁块岩 饮水河剖面

图版Ⅲ

1 泥盆系拉竹龙组叠层石礁灰岩 兽形湖剖面

2 泥盆系拉竹龙组生物骨架灰岩 兽形湖剖面

3 泥盆系拉竹龙组造礁珊瑚 兽形湖剖面、拉竹龙剖面

3-1、3-2 六方珊瑚 *Hexagonaria*

3-3、3-4 鳞巢珊瑚(*Squameofavosites* sp.)横切面×4、纵切面×4

3-5、3-6、3-7 枝孔珊瑚(*Cladopora* sp.)横切面×5、纵切面×5、弦切面×6

图版Ⅳ

泥盆系拉竹龙组中的珊瑚化石

1、2 假厚巢珊瑚(*Pseudopachyfavosites* sp.)横切面×4、纵切面×4 饮水河剖面

3、4、5 灌木孔珊瑚(*Thamnoprora*)横切面×5、纵切面×5、弦切面×5 饮水河剖面

6、7、8 珍珠孔珊瑚(*Margaretopora* sp.)横切面×5、纵切面×5、弦切面×5 兽形湖剖面

9 日射珊瑚(*Heliolies* sp.)斜切面×4 饮水河剖面

10 速壁珊瑚(*Tachylasma* sp.)横切面×4 双点达坂剖面

图版Ⅴ

1 泥盆系拉竹龙组中的腕足类化石

1-5 单褶鹰头贝 *Gypidula uniplicata* Zhao 兽形湖剖面

1-1、1-2、1-3 后、侧、腹视×2；1-4 腹视×2；1-5 腹视×3

1-6～1-13 小洛朗贝 *Lorangella* sp. 兽形湖剖面
1-6～1-9 背、侧、前、腹视×1；1-10～1-13 背、侧、前、腹视×1
1-14～1-16 小洛朗贝 *Lorangella* sp.（前、背、腹、侧视×1.5） 兽形湖剖面
2 泥盆系拉竹龙组中的腕足类化石
2-1、2-2 音德拉简巴龙哈勒欣贝 *Barunkhutaraya indrengyensis* Lazarev 双点达坂剖面
背外模×3；腹外模×1.5
2-3～2-5、2-7～2-9 平塘岩关贝 *Yanguania pingtangensis* Yang 双点达坂剖面
2-3～2-5 腹、侧、后×1.5；2-7～2-9 腹、侧、后×1.5
2-6 和丰皱箱贝（和丰贝亚属）*Leptaenopyxis*（*Hefengia*）*Hefengensis* Xu 饮水河剖面
腹视×1.5
2-10 先驱桑托贝 *Sentosia pyaecursor*（Stainbrook） 双点达坂剖面
腹视×2

图版Ⅵ

泥盆系拉竹龙组中的腕足类化石
1、2 剥鳞贝近似佘田桥种 *Desquamatia* cf. *shetienchiaoensis*（Ten） 兽形湖剖面
腹视×1；腹×1.5
3-9 刺无洞贝近似宁乡种 *Spinatrypa* cf. *ningxiangensis* Zhao 兽形湖剖面
3、4 背视、腹视×1.5；5 腹视×2；6～9 腹、前、侧、背视×1.5
10～15 剥鳞贝 *Desquamatia* sp. 兽形湖剖面
10～12 侧视、腹视、背视×1.5；13～15 背、侧、腹视×1.5
16～21 刺无洞贝 *Spinatrypa* sp. 兽形湖剖面
16～17 背视、腹视×3；18～21 前、侧、腹、背视×5

图版Ⅶ

泥盆系拉竹龙组中的腕足类化石
1～8 近似中庸帐幕石燕广西变种 *Tenticospirifer* cf. *vilis* var *kwangsiensis* Tien 兽形湖剖面
1～2 腹、背视×2 ×3；3、4 腹、背视×2 ×5；5～8 前、腹、侧视×3
9～12 近似亚早坂帐幕石燕 *Tenticospirifer* cf. *subhayasakai* Grabau 兽形湖剖面
9、10 背视、腹视×1.5；11、12 腹视、背视×1 ×1.5
13～17 近似中庸帐幕石燕 *Tenticospirifer* cf. *vilis* Grabau 兽形湖剖面
13 背视×1；14、15 腹视×2；16、17 腹视×1.5
18、19 近似帐幕帐幕石燕 *Tenticospirifer* cf. *tenticulum*（Verneuil） 兽形湖剖面
18 腹视×1.5；19 后视×1.5

图版Ⅷ

泥盆系拉竹龙组中的腕足类化石
1～4 有褶阿杜尔法贝近似种 *Adolfia* cf. *plicata* Zhao 兽形湖剖面
腹、腹视和背、背视×5 ×6 ×5 ×6
5～11 准双分贝 *Meristina* sp. 兽形湖剖面
5～7 背视、侧视、腹视×1；8～11 前、腹、背、侧视×5
12 小房褶贝 *Camarophonella*? sp. 腹壳×6 兽形湖剖面
13 小沃伦贝 *Warrenella* sp. 背视×1.5 兽形湖剖面
14 近似中庸帐幕石燕广西变种 *Tenticospirifer* cf. *vilis* var *kwangsiensis* Tien 背视×5

图版Ⅸ

1 石炭系月牙湖组泥晶灰岩与钙质泥岩互层 双点达坂剖面
2 石炭系月牙湖组含丰富腕足化石的灰岩 双点达坂剖面
3 石炭系月牙湖组腕足化石 双点达坂剖面
3-11～3-13 美丽矮小长身贝 *Tomiproductus elegantulus*（Tolmatchoff）
腹视、侧视、后视 ×1.5
3-15～3-17 花桥矮小长身贝 *Tomiproductus huaqiaoensis*（Tan）
背外模×1.5，腹视、后视 ×1.5

18、19 羌多小球贝 *Globiella qiangduensis* Sun 腹视、后视 ×1.5

3-20～3-22 湖南边脊贝 *Marginatia hunanensis* Tan 侧视、后视、腹视×1.5

3-23～3-26 类似薄角贝 *Leptagonia analoga*(Phillips) 前、腹、背、侧视×1

图版Ⅹ

1 石炭系月牙湖组中腕足类化石

1-4～1-7 忽略大双板石燕 *Dimegelasma neglietum*(Hall) 腹、侧、前、背视 ×1.5 双点达坂剖面

1-8 多褶乌奇特石燕 *Uchtospirifer multiplitacus* Brice. 腹壳×1 双点达坂剖面

1-9～1-12 鸭子塘无窗贝 *Athyris yazitangensis* Jin et liao 侧、前、背、腹视 ×1 双点达坂剖面

1-13～1-16 细纹卷曲单石燕 *Unispirifer striatoconvolutus*(Benson & Dun)

前、背、腹、侧视×1 双点达坂剖面

2 石炭系月牙湖组中腕足类化石

2-6～2-9 大塘纹窗贝(比较种)*Phricodothyris* cf. *datangensis* Yan

背、腹、前、侧视×2 双点达坂剖面

3 石炭系月牙湖组中腕足类化石

3-23 云南房褶贝 *Rhipidomella yunnanensis* Jin et Fang 腹视 ×1.5 双点达坂剖面

3-29 杜内单石燕 *Unispirifer* cf. *tornacensis*(Konirck)背视×1.5 双点达坂剖面

图版Ⅺ

1 霍尔巴错群曲地组泥质粉砂岩中层片关系 美马错剖面

2 吉普日阿组与霍尔巴错群曲地组的接触关系 清澈湖剖面

3 吉普日阿组礁灰岩地貌特征 清澈湖剖面

4 三叠系万泉河群潮汐层理 雅西尔沟剖面

5 三叠系万泉河群波状层理、小型斜层理 雅西尔沟剖面

6 三叠系万泉河群双壳灰岩层(生物死亡富集层) 雅西尔沟剖面

7 三叠系万泉河群泥岩层面生物遗迹特征 雅西尔沟剖面

8 三叠系万泉河群 SH-V 型叠层石 雅西尔沟剖面

图版Ⅻ

1 三叠系万泉河群双壳类化石 雅西尔沟剖面

1-1 射饰克氏哈 *Claraia stachei* Bittner 左外模×1

1-2、1-3 法萨蚌形哈 *Unionites fassaensis*(Wissmann) 左侧视、左外模 ×3

1-4、1-5 新裂齿哈 *Myophoria*(*Neoschizodus*) sp. 左外模×2

1-6、1-10 延长新裂齿哈 *Myophoria* (*Neoschizodus*) cf. *laevigata elongate* Philippi

右侧视、右外模、左内模、左侧视均为 ×3

1-11、1-12. 正海扇 *Eumorphotis* sp. 左内模、右内模×2

1-13～1-20 小耳光海扇 *Entolium discites microtis* Bittner 右内模、左内模×1、右外模×2

1-21～1-23 琴氏褶翅蛤? *Lyriomyophoria* ? sp. 右侧视、左侧视均为 ×3

2 三叠系万泉河群腹足类化石 雅西尔沟面

图版ⅩⅢ

1 三叠系康鲁组下部砾岩夹砂岩 月牙湖剖面

2 三叠系康鲁组砾岩之砾石特征 月牙湖剖面

3 三叠系康鲁组粉砂岩间砂砾岩 月牙湖剖面

4 侏罗系雁石坪群生物屑灰岩及生物遗迹 邦达错剖面

5 新近系康托组砂砾岩夹泥岩及断裂构造 清澈湖南

6 新近系唢呐湖组泥岩中的网状石膏脉 胜利达坂

7 擦蒙组中发育的褶皱 骆驼湖南

8 新近系康托组中发育的褶皱 清澈湖西

图版ⅩⅣ

1 土则岗日构造带遥感影像特征

2 土则岗日构造带中安山岩岩片

3 土则岗日构造带南部曲地组遥感影像特征

图版 I

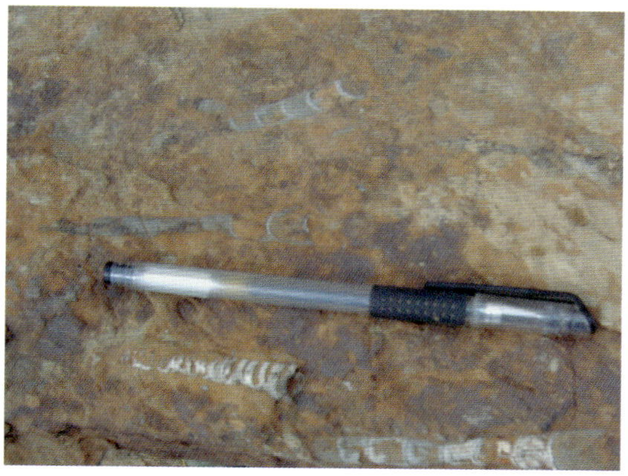

1

2

3

图版Ⅱ

1

2

3

4

5

6

7

8

图版Ⅲ

1

2

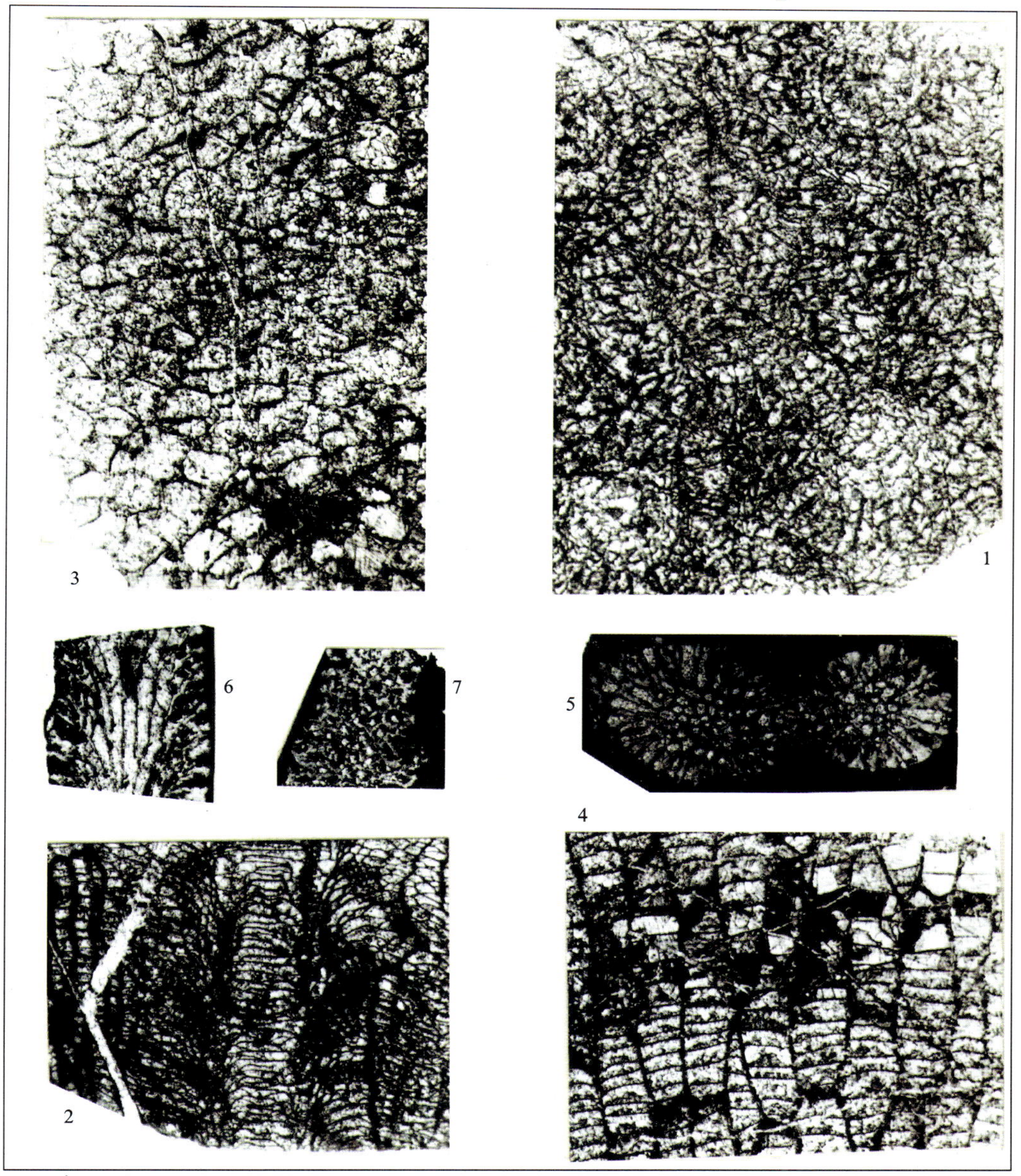

3

图版Ⅳ

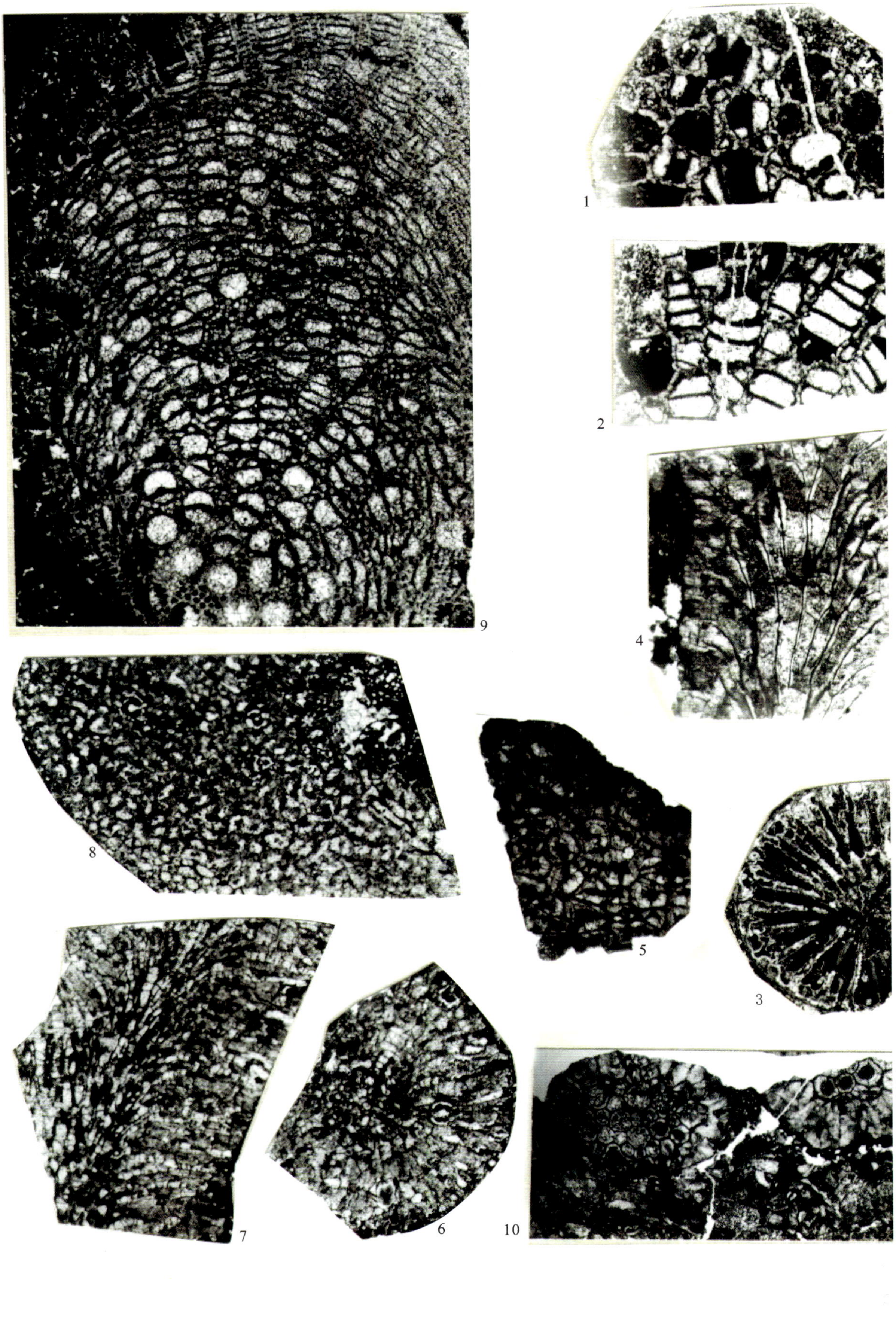

图版Ⅴ

1

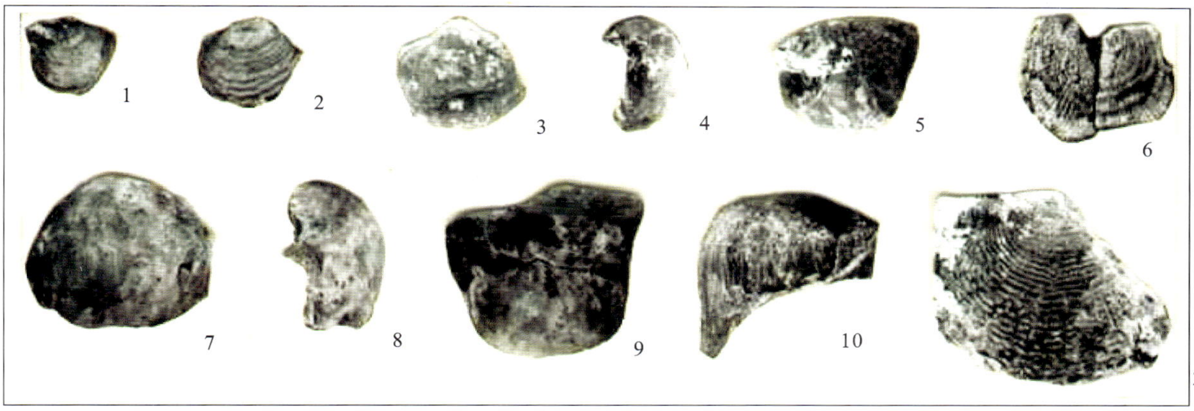

2

图版Ⅵ

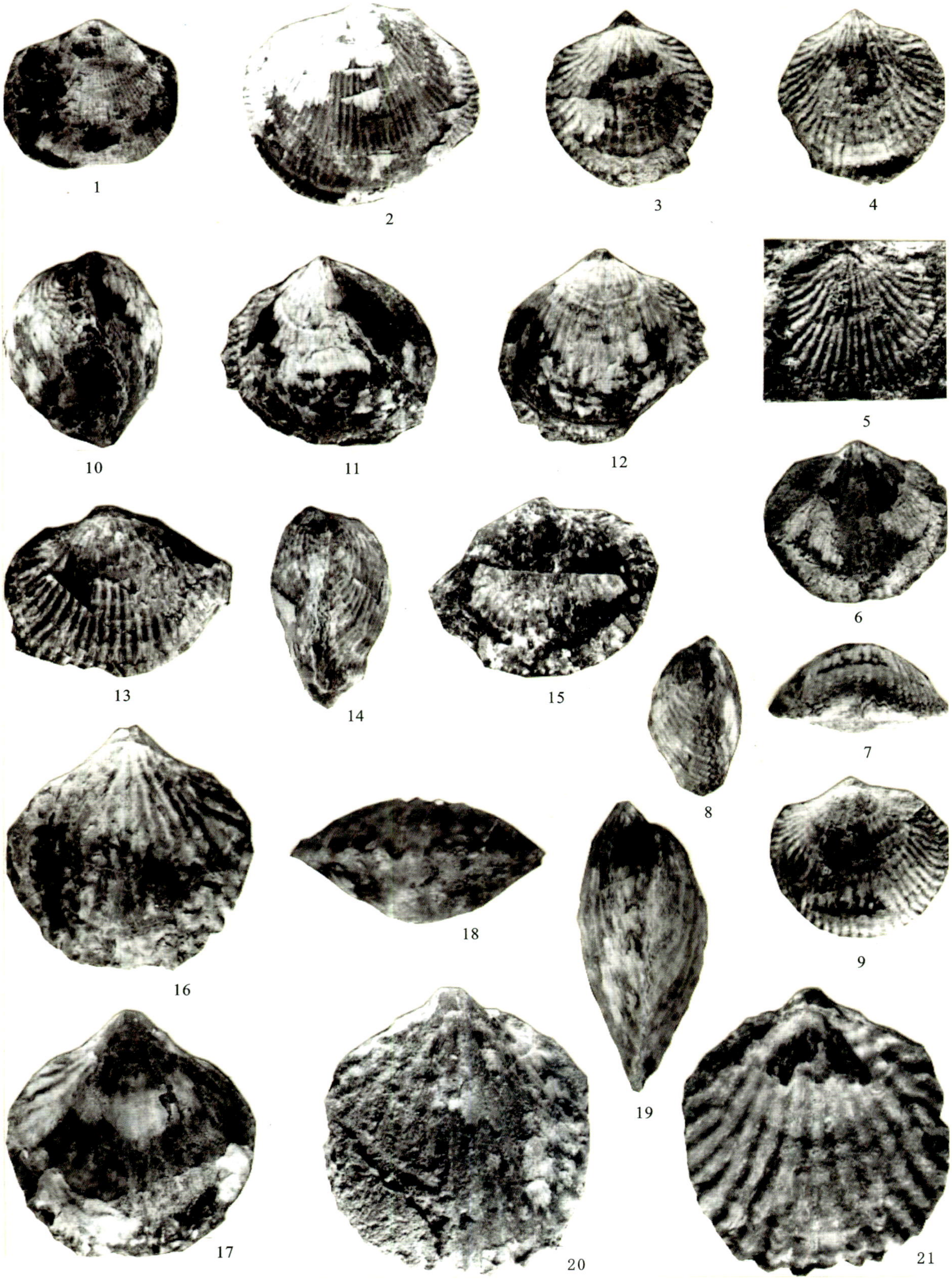

图版Ⅶ

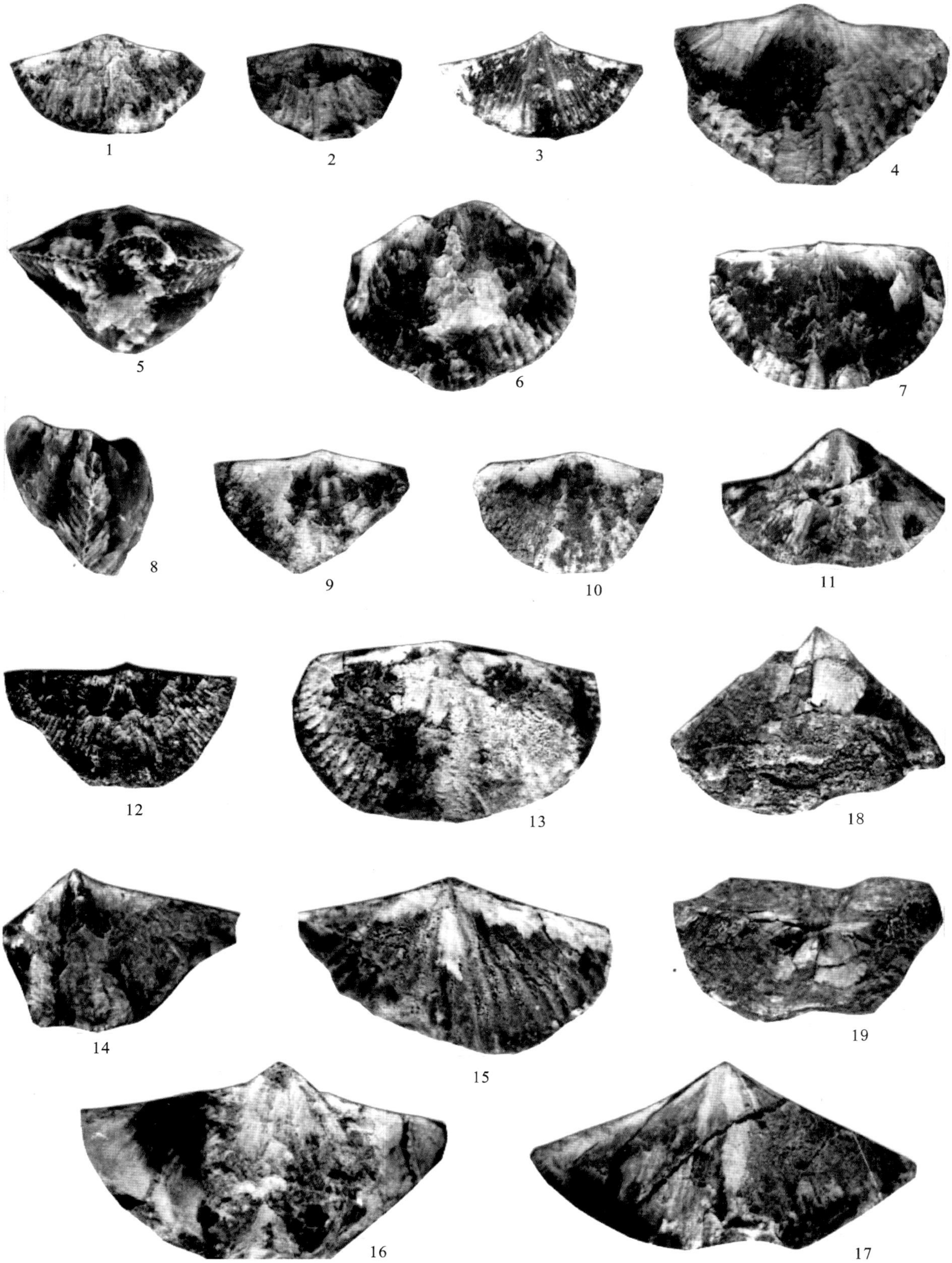

图版Ⅷ

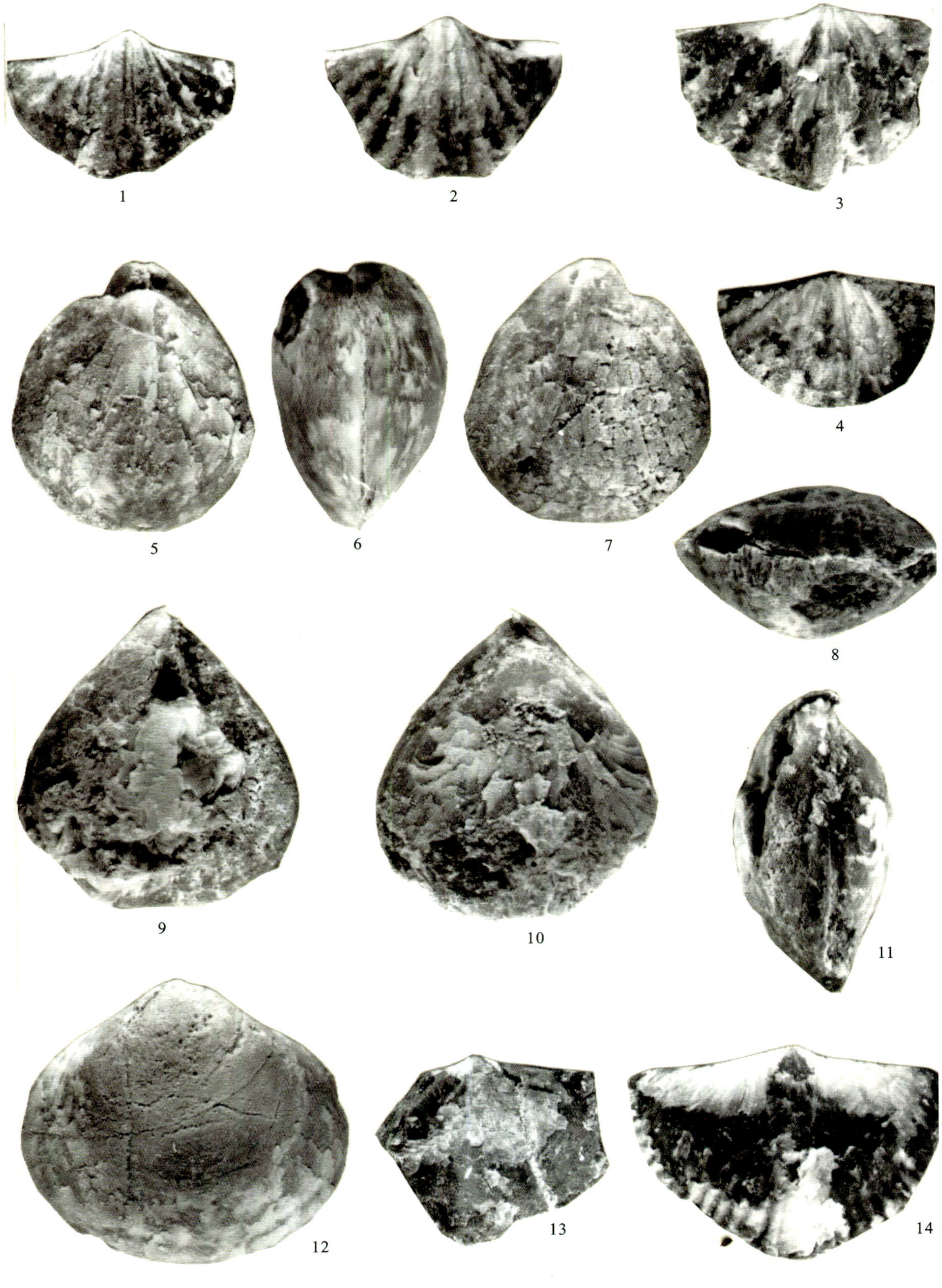

图版Ⅸ

1

2

3

图版 X

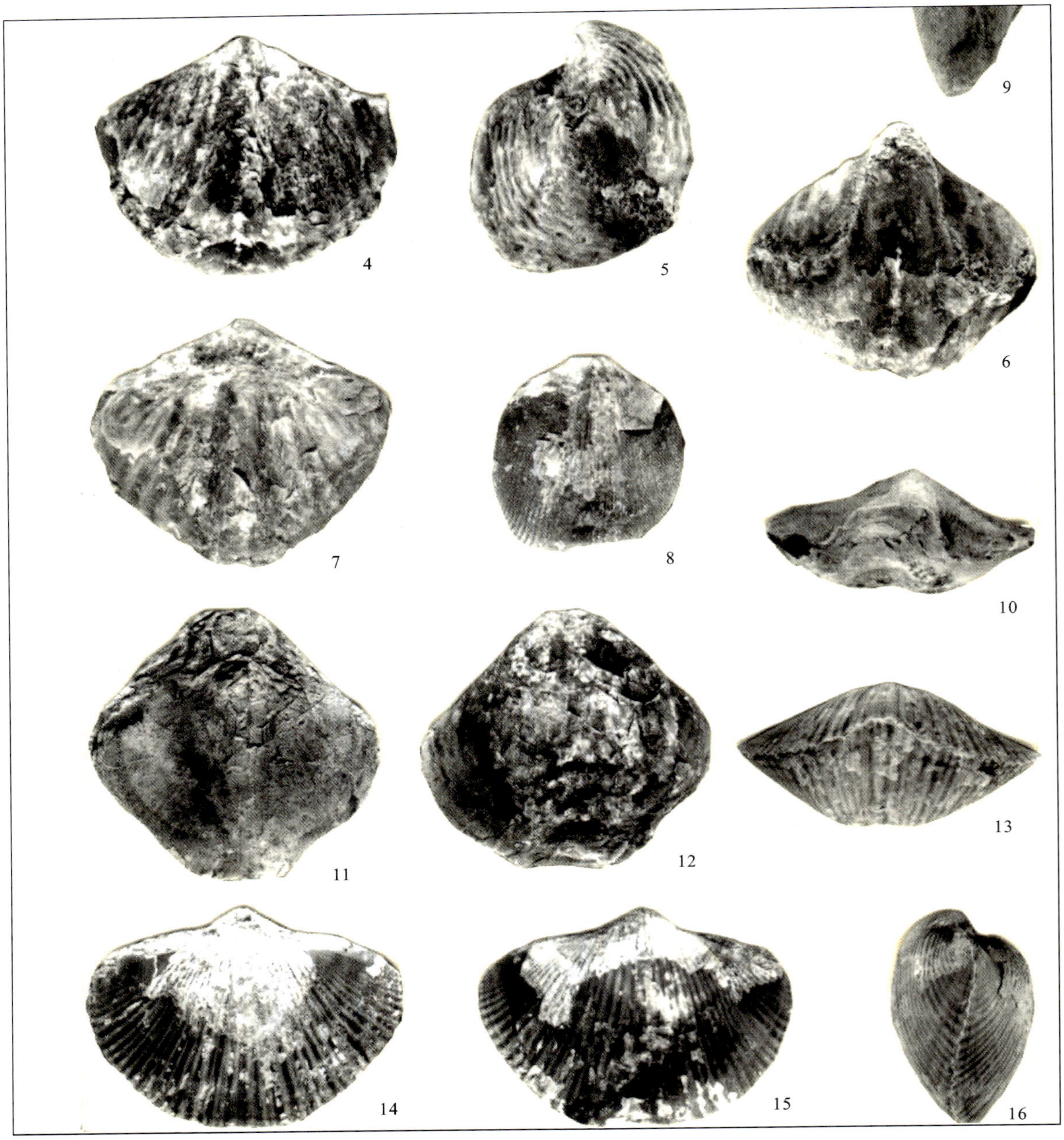

1

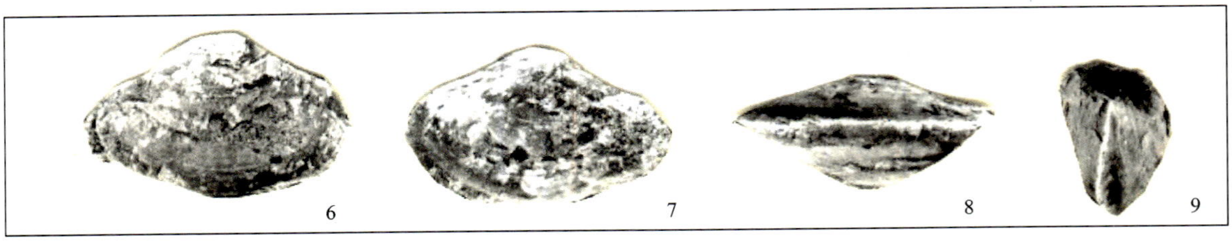

2

3

图版XI

1

2

3

4

5

6

7

8

图版 Ⅻ

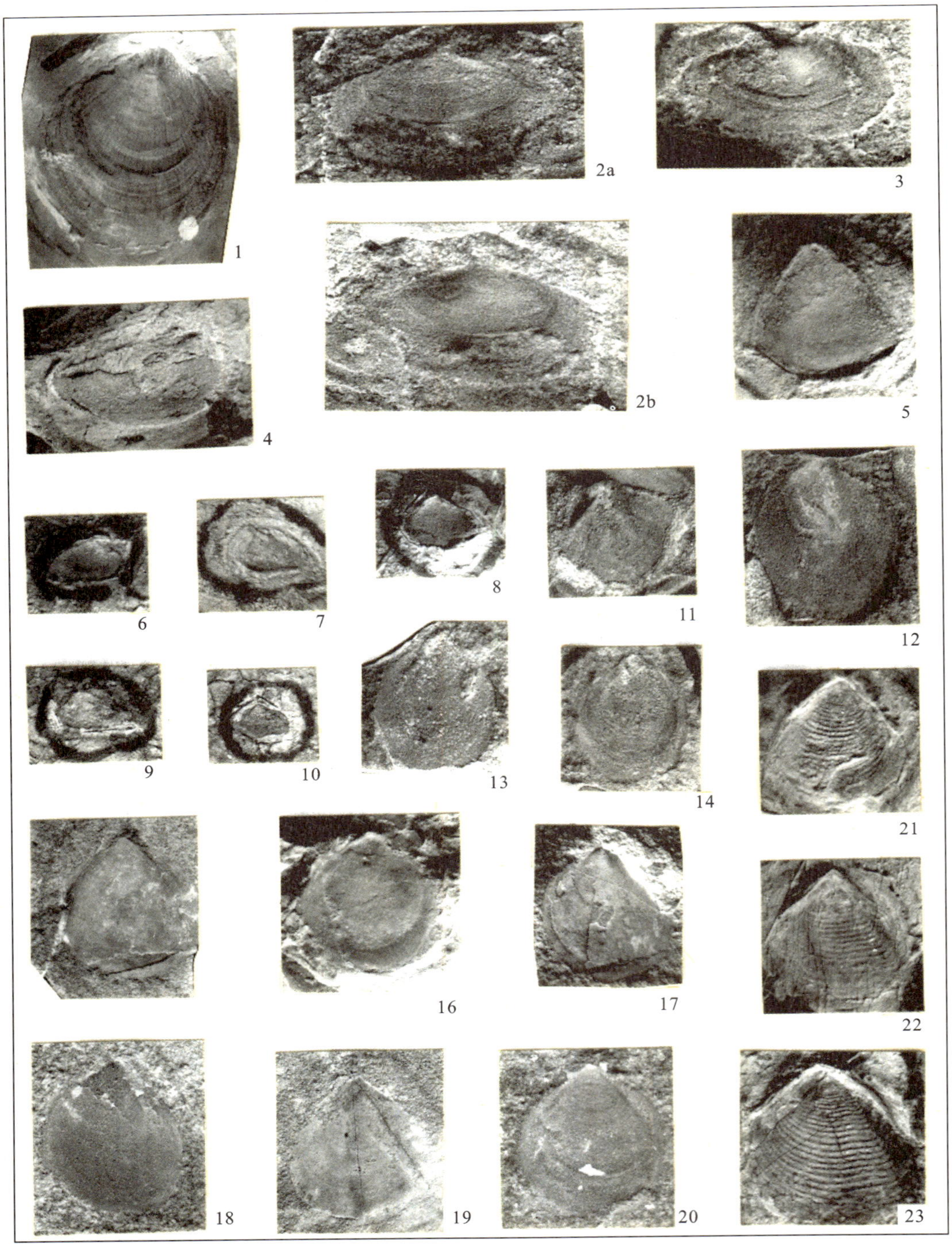

1

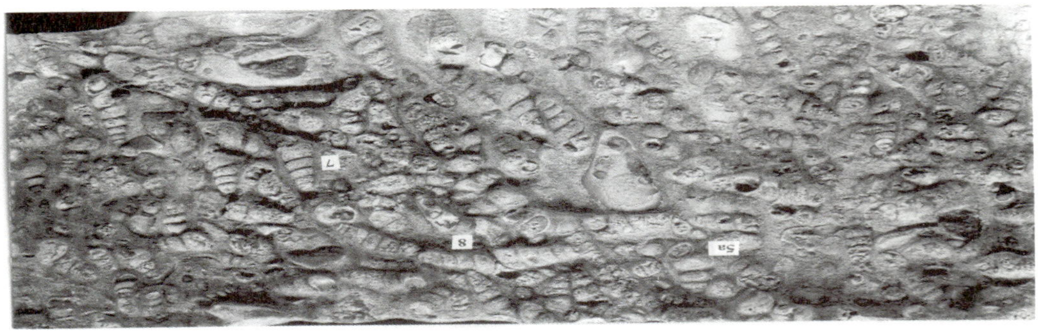

2

图版ⅩⅢ

1

2

3

4

5

6

7

8

图版XIV

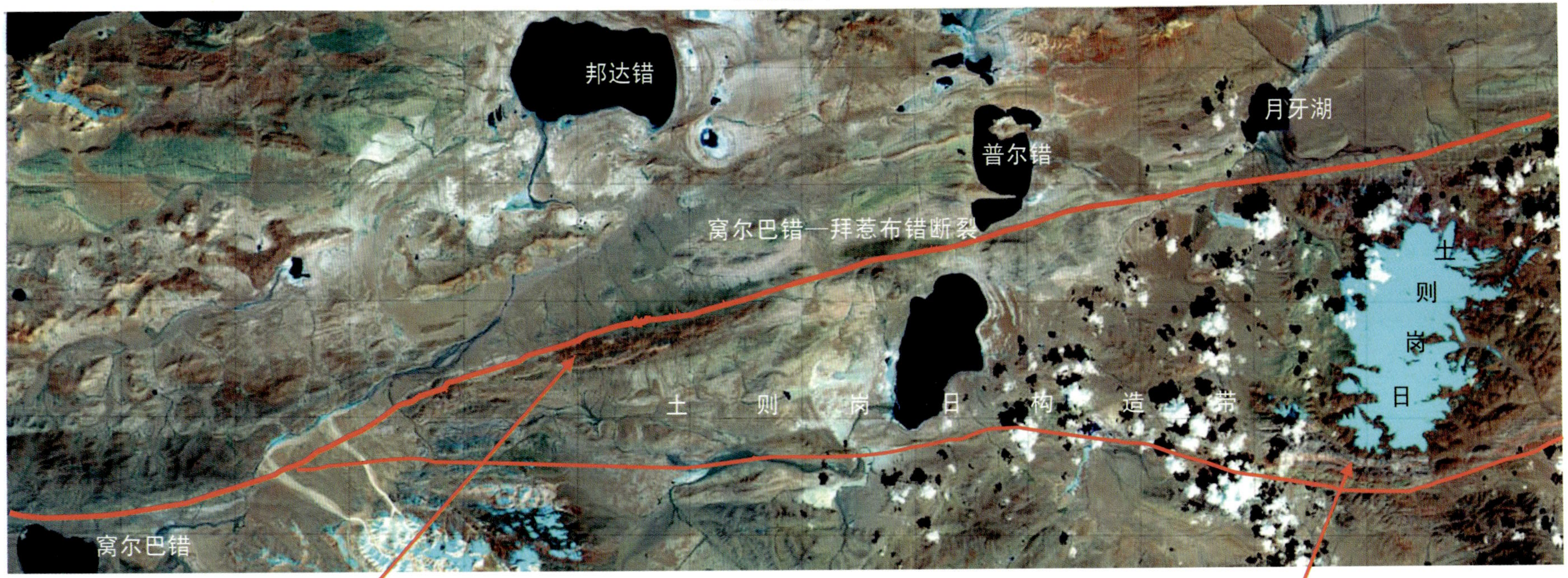

1

2

3